高等院校计算机应用系列教材

Python 语言程序设计

田晖　应晖　编著

清华大学出版社

北　京

内 容 简 介

Python 是目前深受用户欢迎的程序设计语言之一。由于 Python 语言具有简洁性、易读性及可扩展性等优点，国内外采用 Python 进行科学计算的研究机构日益增多，一些知名大学已经采用 Python 来教授程序设计课程。

本书从入门学习者的角度出发，详细介绍了 Python 语言的基础语法。全书可分成三大部分：第 1 部分包括第 1～6 章，主要介绍了 Python 语言程序设计的三种基本结构；第 2 部分包括第 7～10 章，主要介绍了 Python 语言的序列结构、面向对象的思考方式、异常的处理及文件的读写；第 3 部分，即第 11 章，以贪食蛇游戏为例介绍了基于 Python 的完整项目开发过程。本书语言通俗易懂，提供了大量的编程实例，引导初学者领悟编写程序的方法，并在每一章的最后提供了大量的课后习题，供读者检查自己的学习成果。

本书可作为高等院校程序设计语言通识课的教材，也可作为 Python 语言入门读者的学习参考书。

图书在版编目(CIP)数据

Python 语言程序设计 / 田晖，应晖编著. —北京：清华大学出版社，2022.1（2025.8重印）
高等院校计算机应用系列教材
ISBN 978-7-302-59636-3

I. ①P… II. ①田… ②应… III. ①软件工具—程序设计—高等学校—教材 IV. ①TP311.561

中国版本图书馆 CIP 数据核字(2021)第 248802 号

责任编辑：王　定
封面设计：高娟妮
版式设计：孔祥峰
责任校对：成凤进
责任印制：丛怀宇

出版发行：清华大学出版社
网　址：https://www.tup.com.cn，https://www.wqxuetang.com
地　址：北京清华大学学研大厦 A 座　　邮　编：100084
社 总 机：010-83470000　　邮　购：010-62786544
投稿与读者服务：010-62776969，c-service@tup.tsinghua.edu.cn
质 量 反 馈：010-62772015，zhiliang@tup.tsinghua.edu.cn
印 装 者：北京同文印刷有限责任公司
经　销：全国新华书店
开　本：185mm×260mm　　印　张：17　　字　数：435 千字
版　次：2022 年 2 月第 1 版　　印　次：2025 年 8 月第 6 次印刷
定　价：59.80 元

产品编号：091284-01

前　言

2022 年 10 月，习近平总书记在党的二十大报告中指出：“教育、科技、人才是全面建设社会主义现代化国家的基础性、战略性支撑。”“我们要坚持教育优先发展、科技自立自强、人才引领驱动，加快建设教育强国、科技强国、人才强国，坚持为党育人、为国育才，全面提高人才自主培养质量，着力造就拔尖创新人才，聚天下英才而用之。”“培养什么人、怎样培养人、为谁培养人是教育的根本问题。”

科技的不断发展推动了计算机软硬件的发展，两者之间相互促进、相互影响。对于计算机硬件来说，科技的发展推动了芯片技术、存储技术、通信技术等的不断进步，使得计算机的性能和处理能力不断提高。对于计算机软件来说，科技的发展推动了编程语言、算法、框架等的不断发展和完善，使得软件开发变得更加高效和便利。同时，科技的发展也带来了更多的应用场景和需求，推动了软件功能和应用的不断拓展和创新。例如，在人工智能领域，机器学习算法和框架的发展推动了计算机视觉、自然语言处理等应用的发展和应用。

在计算机编程语言中，Python 语言可谓是后起之秀，它的简洁易学和强大的库支持为科技领域的研究和应用带来了很大的便利。程序员们在尝试了 Python 第三方库带来的各种好处之后，不断的为 Python 添加好的口碑，并且带动更多的程序员投入到 Python 应用的开发之中。业界也公认：Python 语言易学、易懂、易用。

Python 语言实现应用是一件简单的事情。有一种广为流传的说法：使用 C 语言开发人脸识别需要 5000 行代码，使用 Java 语言需要 1000 行代码，使用 Python 只需要 7 行。这种说法可能过于夸张，因为 7 行代码只是调用第三方库。第三方库的开发者的工作量并没有被统计进去。但是，作为 Python 语言的初学者，与学习其他语言的初学者相比，的确是站在了“巨人”的肩膀之上，而且这个“巨人”还在成长，未来的肩膀必然会更高、更宽。近些年，人工智能的火爆成为 Python 口碑爆炸的背后推手，Python 在人工智能领域的应用也是基于各种第三方库被不断推出、推广和完善。

从实际应用出发，很多人学习 Python 的目的就是使用 Python 快速实现某些场景的应用开发。以强大的 Python 算法库为基础，大多数编程爱好者在经过简单的 Python 语言学习之后，即可实现自己的开发目标。

本书作者都是华侨大学的一线教师。华侨大学是中央统战部直属，由中央统战部、教育部、福建省人民政府共同建设的普通高等学校，是 1960 年经周恩来总理批准创办的我国唯一一所以“华侨”命名的高等学府。华侨大学每年招收近 7000 名新生，其中包括 1500 多名港澳台侨及留学生。华侨大学的教师们每年都会面对不同基础、不同语言、不同文化背景的学生。计算机科学与技术学院的教师们在几十年的教学过程中积累了大量的教学经验，结合各类学生学习程序设计语言的特点，以“易教、易学、易懂、易做”为目标，历经数载，最终完成了本书的编写。

本书具有以下特点：

(1) 本书内容浅显易懂，图文并茂，力图通过通俗易懂的例题带领读者快速进入 Python 开发领域。

(2) 本书设计了 100 多道典型例题，在例题讲解时，以行为单位解析代码，不仅帮助读者了解代码的含义而且启发读者掌握程序设计的思维方式。

(3) 本书的例题讲解已被录制成视频，读者研读本书的时候可在视频的帮助下加深理解。

(4) 本书例题的源代码可以扫二维码获取。

(5) 本书提供了大量的精选习题（参考答案可以扫二维码获取），读者可在完成每一章的学习之后，对自己的学习成果进行检测。

(6) 本书免费提供教学课件、电子教案、教学大纲，扫二维码即可下载。

本书是集体智慧的结晶，由田晖、应晖编著，衷心感谢为本书出谋划策、提供帮助的华侨大学计算机公共基础教学部全体教师。同时，感谢李美丽和毕司祈同学参与本书讲解视频的录制。

由于 Python 语言程序设计的内容涉及面广，要将其很好地贯穿起来难度较大，加之作者水平有限，书中不足之处在所难免，恳请专家、学者和广大读者多提宝贵意见。

教学课件　　电子教案　　教学大纲　　例题源代码　　习题参考答案

编　者

2023 年 6 月

目　录

第3部分 实战篇

第 1 部分　基 础 篇

第 1 章 Python概述

很多同学会问一个问题：“哪一种计算机编程语言的使用范围最广？”PYPL(Popularity of Programming Language，编程语言流行指数)网站(https://pypl.github.io/PYPL.html)于 2021 年 7 月发布了图 1-1 所示的调查结果，回答了这个问题。

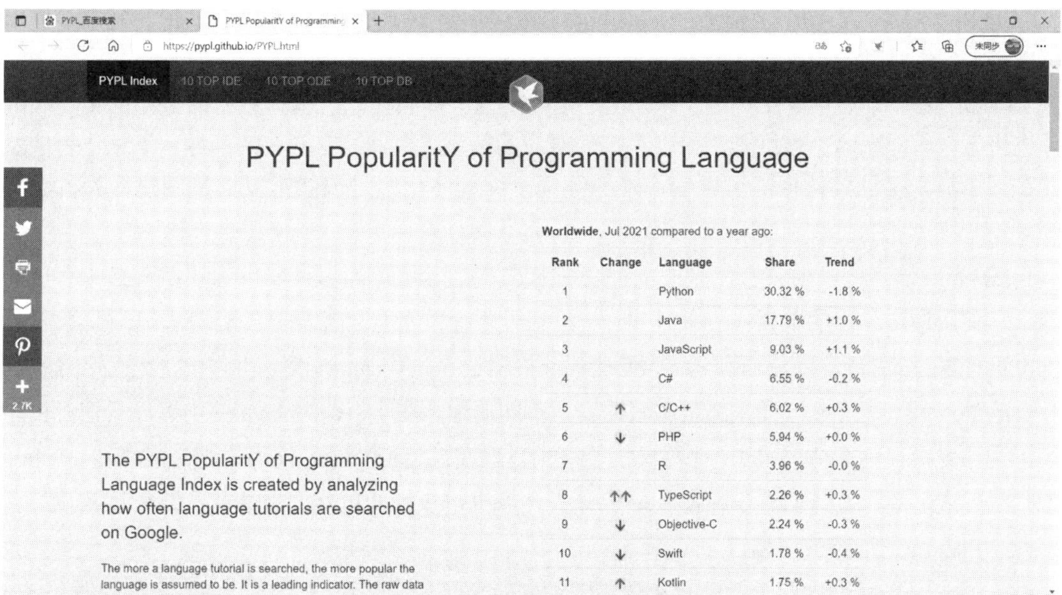

图 1-1 计算机编程语言流行指数 Top10

由图 1-1 能够看出，Python 语言风头正盛。

事实上，每种语言都有自己擅长的领域。编程语言，特别是高级语言，没有绝对的好与不好，但是对于初学者来说，Python 无疑是一个较好的入门选择。

1.1 Python 简介

Python 语言诞生于 1991 年，由荷兰人吉多・范罗苏姆(Guido Van Rossum，见图 1-2)创造。英国有一部电视喜剧集，名为 *Monty Python's Flying Circus*(巨蟒飞行马戏团)在当时颇为流行。

吉多很喜欢追这个剧，因此吉多将他创造的语言命名为Python，实际上是希望Python语言能够像这部喜剧集一样在西方世界流行起来。在30年后的今天，Python成为目前世界上最流行的高级语言之一。

图1-2　吉多・范罗苏姆

Python是一种通用语言，它的目标是服务于任何编程任务。以下是几个使用Python的知名机构与场景：

(1) NASA使用Python进行数据分析与运算；

(2) 谷歌使用Python作为网络应用的后端；

(3) 雅虎使用Python完成了群组交流平台；

(4) 豆瓣所有的业务都是Python开发的；

(5) 大家常用的网络下载工具BitTorrent是使用Python完成的；

(6) 一些游戏中使用了Python，如《战地2》《文明4》。

计算机程序设计语言的发展经历了机器语言、汇编语言和高级语言三个阶段。

(1) 机器语言是由0、1组成的，不同的CPU有不同的指令集，难学、难记、难用，使用机器语言的编程效率很低，不利于计算机语言的普及。

(2) 汇编语言是机器语言的一种进化，是人类为了提高计算机编程效率而做出的第一次翻译进化尝试。汇编语言与机器语言存在一一对应的关系。机器语言存在的问题，汇编语言依然存在，虽然人类能够读懂汇编语言，能够编写汇编程序，但是依然难以大量创建计算机应用程序。

(3) 高级语言可以独立于计算机本身，在形式上更接近英文(因此学计算机编程必须有英文基础)，使用通俗易懂的单词作为关键字；一条高级语言程序能取代若干条汇编语句、机器语句。Python的某些命令能代替几百条，甚至几千条机器语言语句(如turtle模块中的绘图命令)。

Python和C、Java一样，都是高级语言，不同的地方在于，C与Java使用编译器把源程序编译为计算机目标文件，然后让计算机执行这个目标文件，而Python使用的则是翻译器。Python源代码完成之后，翻译器逐条将源代码翻译为计算机可执行的机器码，并让计算机逐条执行。因此，Python的运行效率要低于C和Java。

Python是一种面向对象的计算机语言。面向对象是一种编程方法。C是面向过程的，Java是面向对象的，Python也是面向对象的。Java更倾向于团队协同完成大型开发项目，而Python则被更多的小型开发者所使用。Python中的数据类型是基于对象创建，更接近人类思维模式。在对象类中，定义有对象属性与对象方法，因此Python的可重用性得到了保障。同一类型的多个对象能使用同样的对象方法进行操作。

最初的Python到目前的Python 3.9版本，Python在不断地进化。目前使用较多的是Python 3以上版本。需要指出的是，Python 3版本并不向下兼容Python 2版本。全球存在许多活跃的Python网上社区，不断地推出Python的各种第三方模块，数据分析领域、数据可视化编程、游戏开发、文件读写，甚至神经元网络模型搭建，都有成熟的第三方模块可以调用。感兴趣的同学可以从网上获取各种资源进行研究。

1.2 学习环境的搭建

进行程序设计的时候，需要安装编程语言的编程环境。条件允许的话，可以安装该语言的集成开发环境。本书主要讲解 Python 的编程方法，尽管 Python 有自带的内置集成开发工具 IDLE，但是在本书中，我们会以功能更加强大的集成开发环境 PyCharm 作为编程工具。本节将介绍 Python 和 PyCharm(Community)的安装。

1.2.1 Python 的安装

在 Microsoft Edge 浏览器的地址栏输入 Python 的官网地址 https://www.python.org/，进入 Python 官网。本书中使用的 Python 环境为 Python 3.9.1，在 Python 官网的 Downloads 页面即可下载该编程环境的安装包。本书以 Windows 10 操作系统为例，介绍 Python 的安装方法。

Python 的安装步骤如下。

(1) 打开 Python 官网(https://www.python.org/)的欢迎页面，如图 1-3 所示。

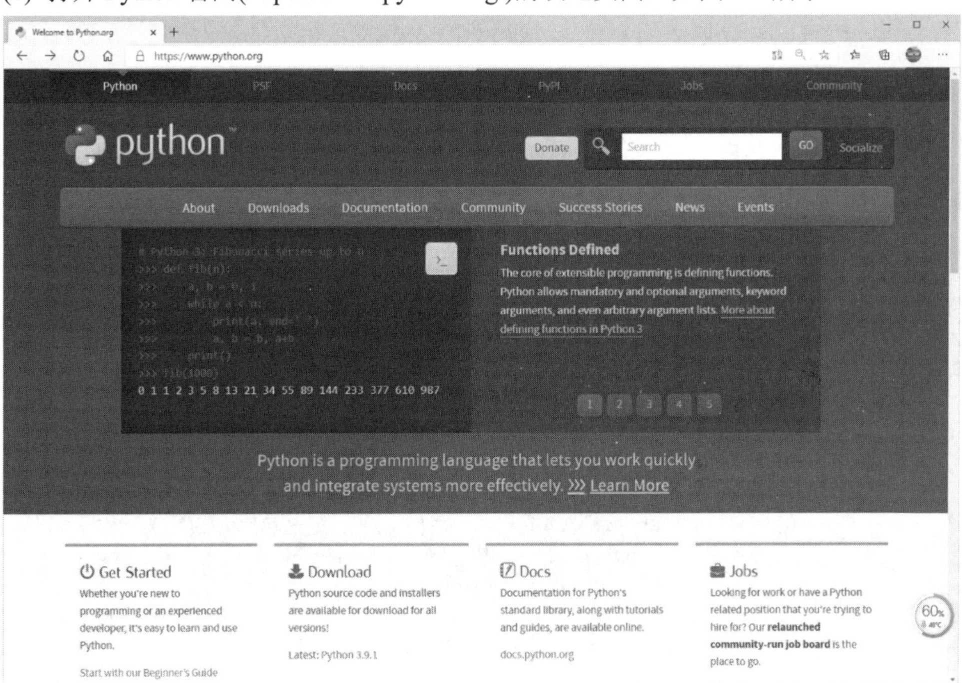

图 1-3　Python 官网的欢迎页面

(2) 根据自己的计算机选择对应的操作系统。例如使用 Windows 10 操作系统，可以在 Downloads 页面选择 Windows(如果使用 Mac 系统，可以选择 Mac OS X)，如图 1-4 所示。

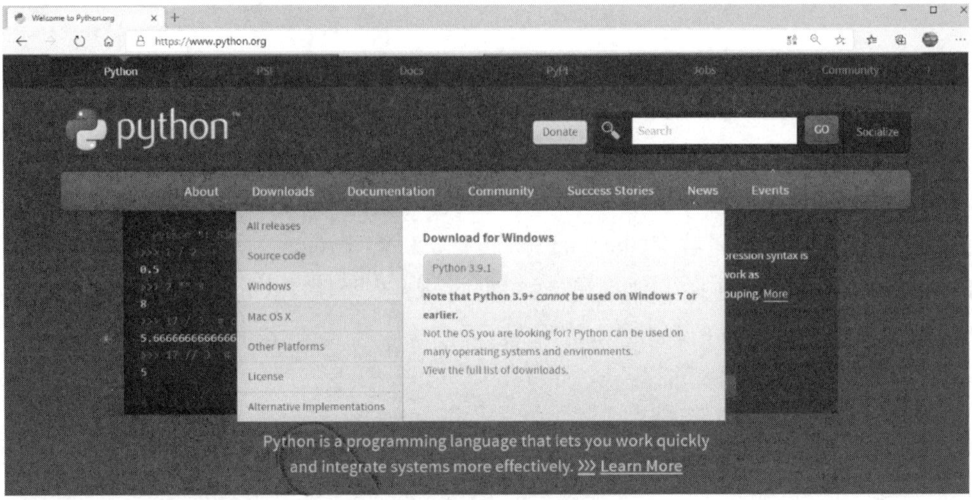

图 1-4　选择对应的操作系统

编写本书的时候，Python 的最新版本为 Python 3.9.1，这个版本的 Python 已经无法在 Windows 7 上使用了。同学们可以选择下载最新版的 Python 安装包，或者根据自己的计算机操作系统的情况，选择合适的 Python 安装包。

(3) 如果希望下载最新版本的安装包，单击图 1-4 中的 Python3.9.1 按钮开始下载，Edge 中将出现图 1-5 所示的下载提示。

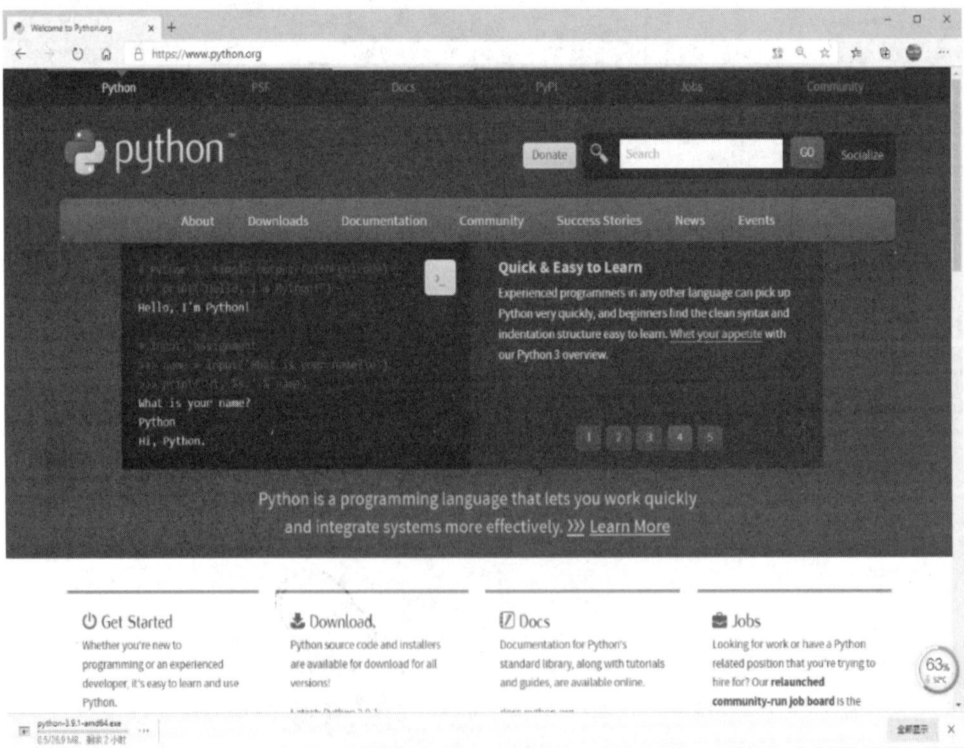

图 1-5　下载提示

(4) 下载完成，如图 1-6 所示，单击“打开文件”，即可开始安装过程。

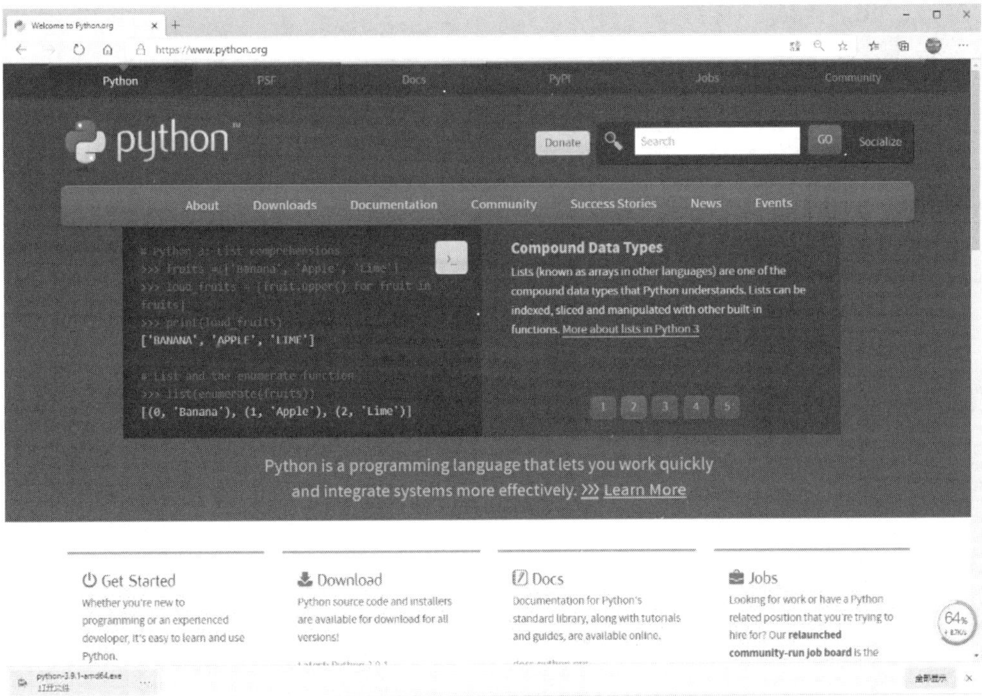

图 1-6　下载完成

也可以双击已经下载好的 Python 安装文件进行安装，如图 1-7 所示。

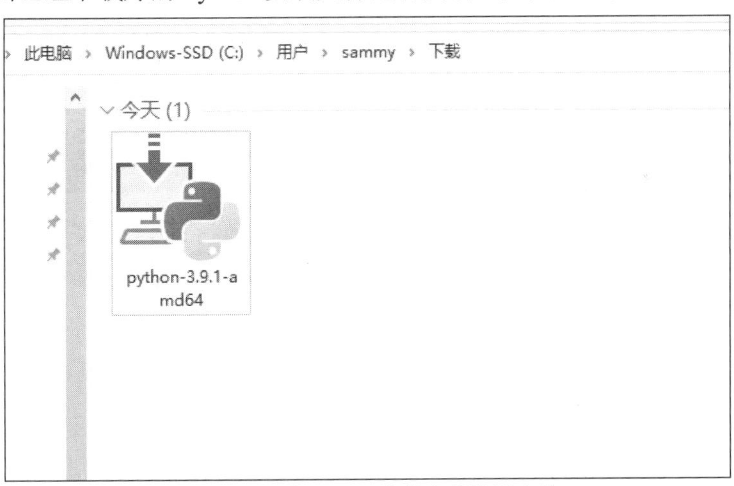

图 1-7　双击 Python 安装文件进行安装

如果想下载其他版本的安装文件，可以访问 https://www.python.org/downloads/windows/，在网页上选择下载希望使用的 Python 安装文件进行安装，如图 1-8 所示。

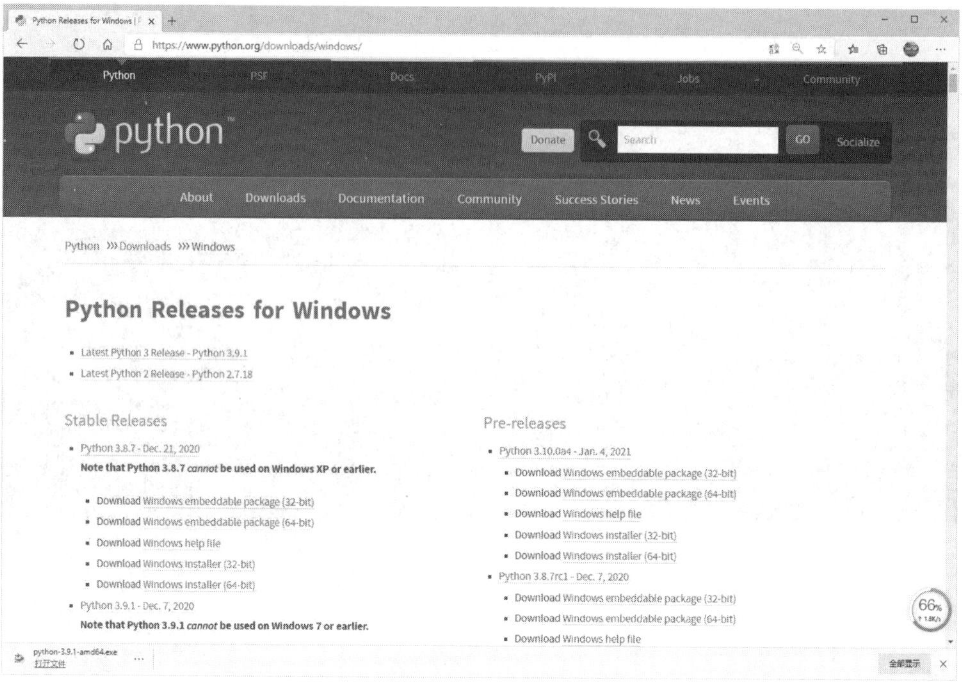

图 1-8　其他版本的 Python 安装文件

如果想下载适合在 Mac OS 系统上使用的 Python，可以访问 https://www.python.org/downloads/mac-osx/，在网页上选择并下载希望使用的 Python 版本安装文件进行安装，如图 1-9 所示。

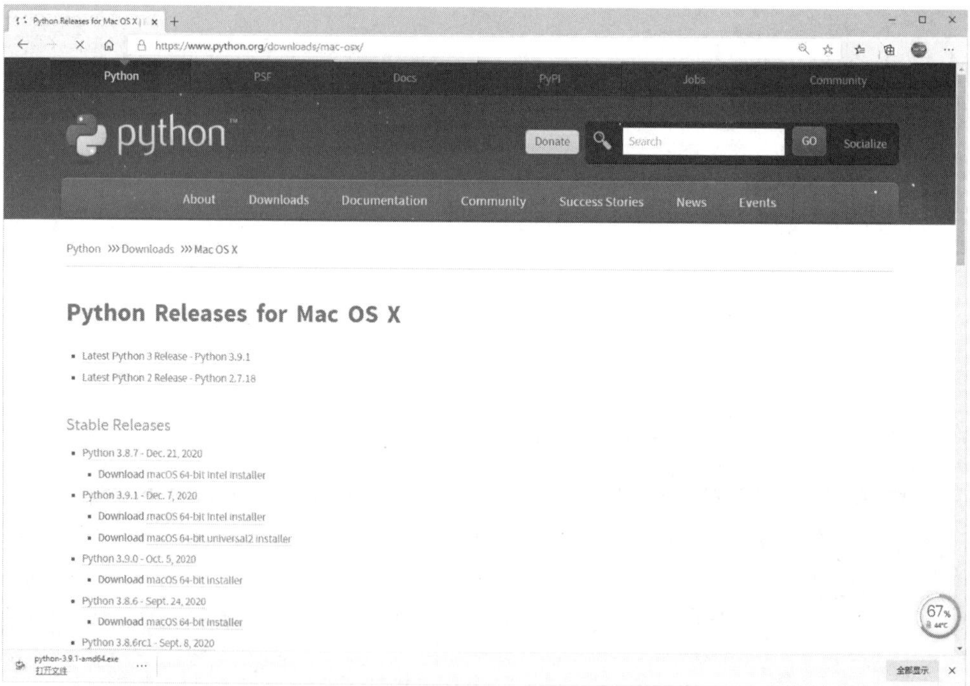

图 1-9　可以在 Mac OS 系统上安装的 Python 版本

(5) 下载完成后，在本地计算机上安装 Python 编程环境，单击“运行”按钮开始安装，如图 1-10 所示。

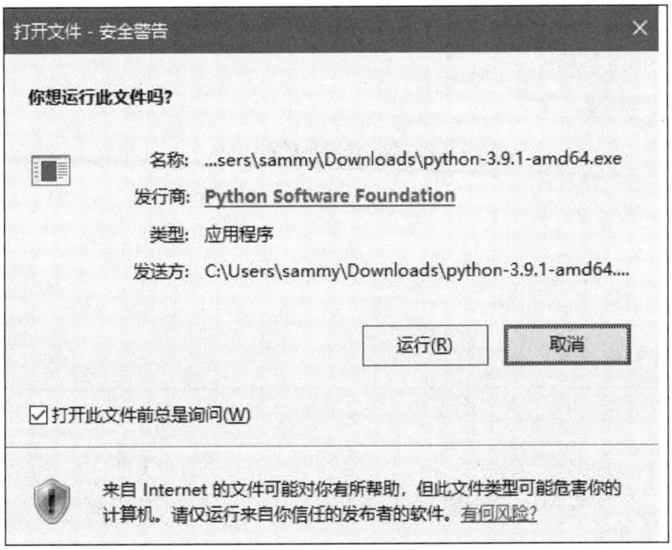

图 1-10　运行 Python 安装文件

(6) 首先勾选 Add Python 3.9 to PATH 选项，如图 1-11 所示，此步骤非常关键。勾选了这个选项之后，Windows 系统会自动配置环境变量。设置好之后，使用命令行窗口命令的时候，会自动查看 Python 安装路径文件夹中的文件。

单击 Install Now 就可以将 Python 安装至默认目录。如果需要将 Python 安装到自己指定的文件夹中，则需要单击 Customize installation。此处建议选择默认目录安装，如图 1-11 所示。

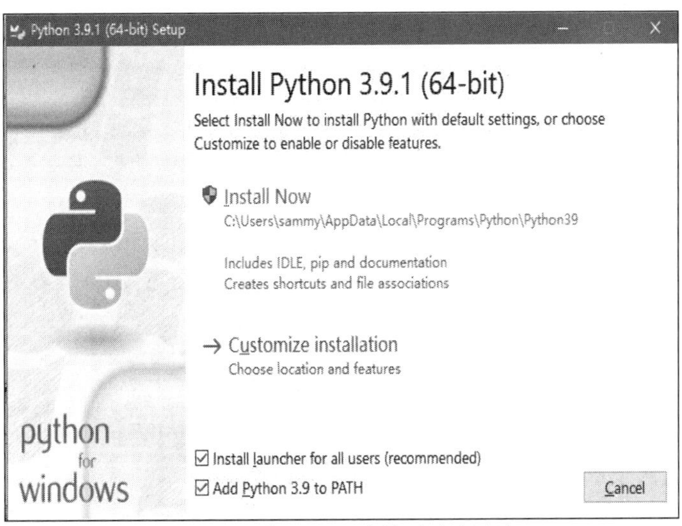

图 1-11　将 Python 安装至默认目录

在 Windows 系统中安装 Python 的过程如图 1-12 所示。

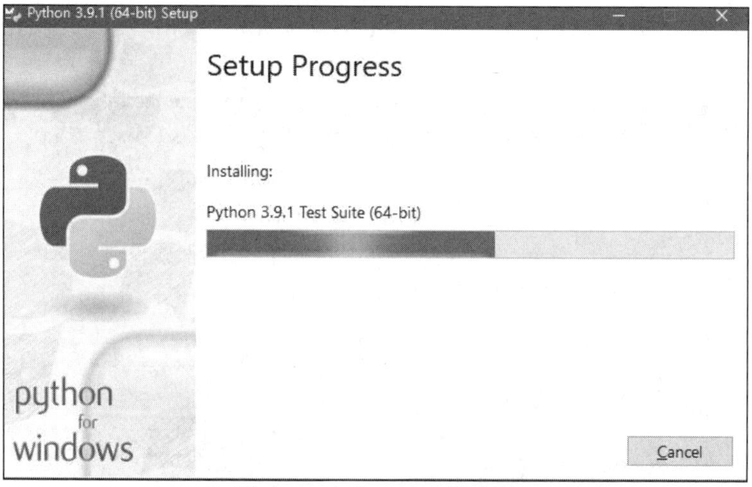

图 1-12 安装 Python 的过程

(7) 完成安装后，会出现安装成功的提示对话框，如图 1-13 所示。

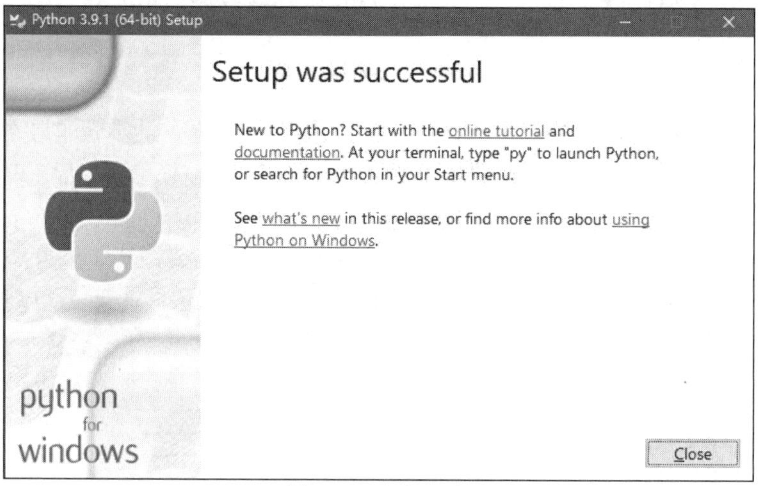

图 1-13 安装成功

这时，在 Windows 的开始菜单中，最近添加的程序中会出现图 1-14 所示的 4 个快捷方式。

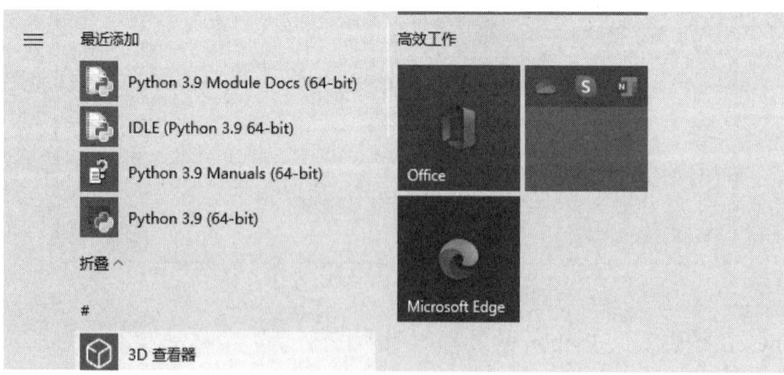

图 1-14 4 个快捷方式

4 个快捷方式的说明如下：

- Python 3.9 Module Docs：模块说明文档。
- IDLE：Python 自带的简易开发环境，可以供安装 Python 的计算机使用。
- Python 3.9 Manuals：Python 手册。
- Python 3.9：运行 Python。单击 Python 3.9 就可以打开一个运行 Python 的命令行窗口，如图 1-15 所示。

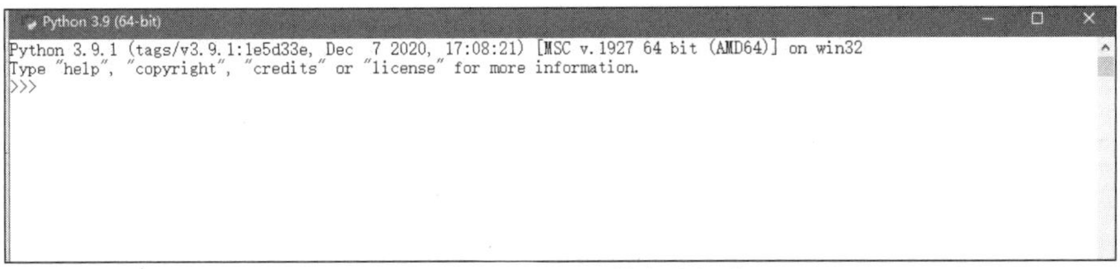

图 1-15　运行 Python 的命令行窗口

图 1-15 中显示了安装的 Python 版本号及符号“>>>”，说明执行 Python 3.9 命令成功，这时 Python 编程环境已经可以使用了。

例如，输入 1+2 后，按 Enter 键，运行结果如图 1-16 所示，说明 Python 已经处于可用状态。

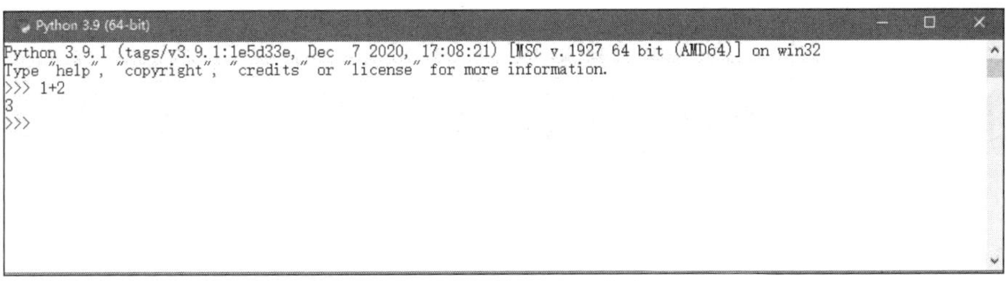

图 1-16　运行 Python 命令

如果命令行窗口中的命令运行失败，极大可能是在安装的时候未选择 PATH 环境变量，需要重新安装一次，或者在网上搜索失败原因并修改 PATH 环境变量。对于初学者来说，卸载后重新安装，并在重新安装的过程中特别注意勾选图 1-11 中的 Add Python 3.9 to PATH 选项，解决问题的速度更快。

1.2.2　PyCharm 的安装

PyCharm 是一个比较好用的 Python 语言编程集成开发环境，包括 Professional(收费版)和 Community(免费版)两个版本。对于非计算机专业的学生，Community 版本足够使用。如果希望学习 Python 的进阶功能，最好使用 Professional 版本。本书以 Community 版本为例，介绍 PyCharm 集成开发环境，全书均使用 Community 版本的 PyCharm 集成开发环境。

PyCharm 集成开发环境的官网地址是 https://www.jetbrains.com/pycharm/，可以按照以下步骤进行下载和安装操作。

(1) 进入 PyCharm 的官方网页 https://www.jetbrains.com/pycharm/，如图 1-17 所示。

图 1-17　PyCharm 的官方网页

(2) 单击 Download 按钮进入下载页面，如图 1-18 所示。此处选择 Community 版本，单击 Download 按钮下载。

图 1-18　单击 Download 按钮下载

这时页面会跳转，不用做什么操作，等待下载即可，如图 1-19 所示。

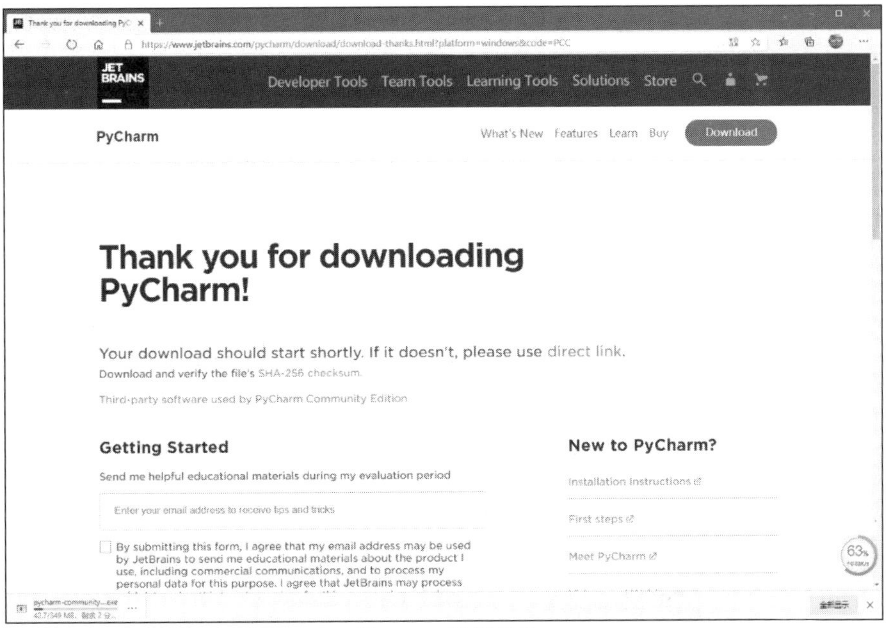

图 1-19　等待下载

(3) 下载完成后，就可以开始安装工作了。双击已经下载好的 PyCharm 安装文件进行安装。

需要指出的是，Professional 和 Community 两个版本均不支持 32 位系统的安装，如果读者的计算机是 Windows 7 的 32 位系统，而不是 Windows 10 的 64 位系统，则需要寻找其他版本的安装文件。

开始安装的时候，直接单击“运行”按钮，就可以开始安装 PyCharm 了，如图 1-20 所示。

(4) 单击 Next 按钮，在安装过程中可以自定义安装路径，也可以使用默认安装路径，如图 1-21 所示。

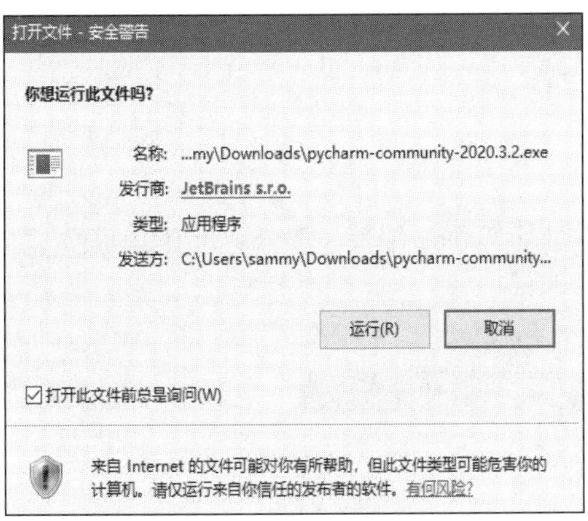

图 1-20　运行 PyCharm 安装文件

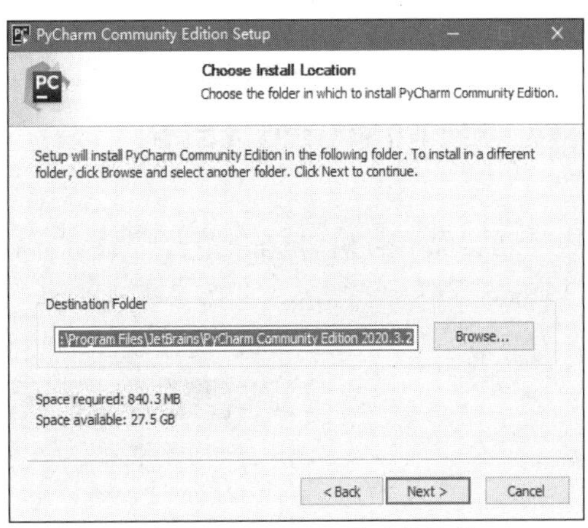

图 1-21　PyCharm 的安装路径

在对话框中单击 Next 按钮，选择安装选项时，建议选中所有的可选项，如图 1-22 所示。单击 Next 按钮，然后单击 Install 按钮，开始安装操作，如图 1-23 所示。

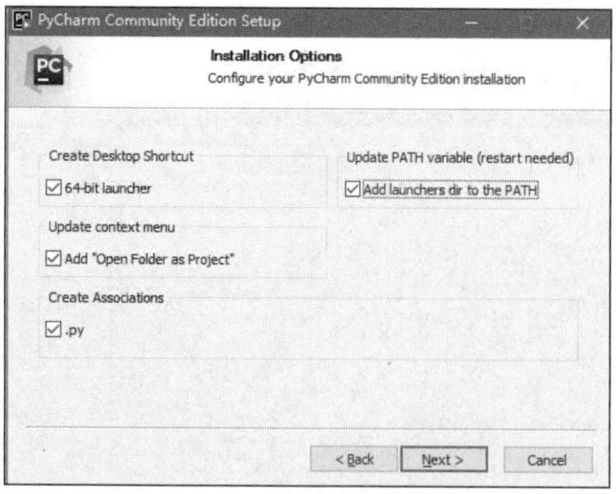

图 1-22　PyCharm 的安装选项

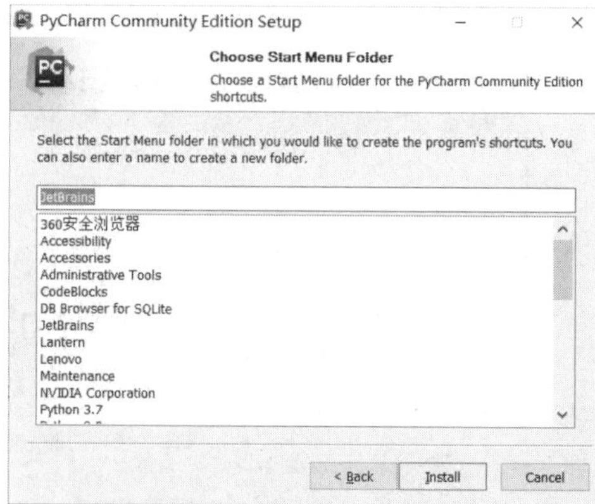

图 1-23　开始安装 PyCharm

(5) 安装完成后，显示如图 1-24 所示界面，单击 Finish 按钮后重启计算机，桌面上会出现 PyCharm Community 快捷方式。

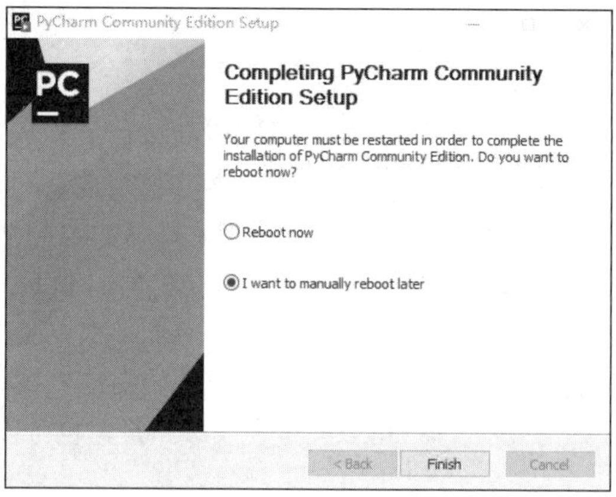

图 1-24　完成 PyCharm 的安装

1.3　HelloWorld 程序

双击桌面上的 PyCharm 图标，在 PyCharm 中进行 Python 编程。本节将介绍如何生成简单的 Python 程序。

(1) 第一次运行 PyCharm 会出现图 1-25 所示对话框，可以根据个人喜好进行设置。

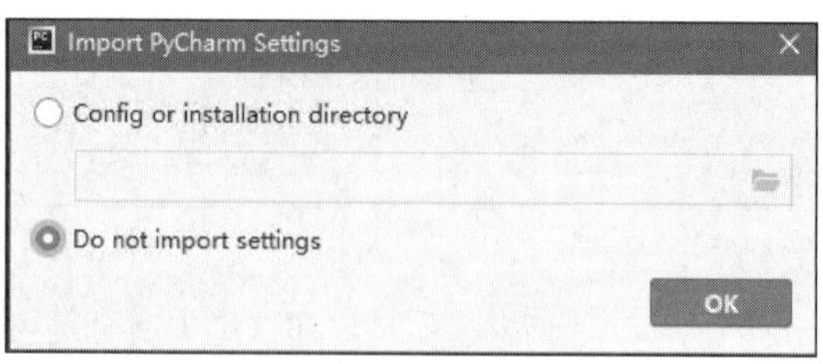

图 1-25　PyCharm 的个人喜好设置

(2) 在 PyCharm 窗口中，选择 Customize 命令，调整主题色调，本书以 IntelliJ Light 主题色调为例进行讲解，如图 1-26 所示。

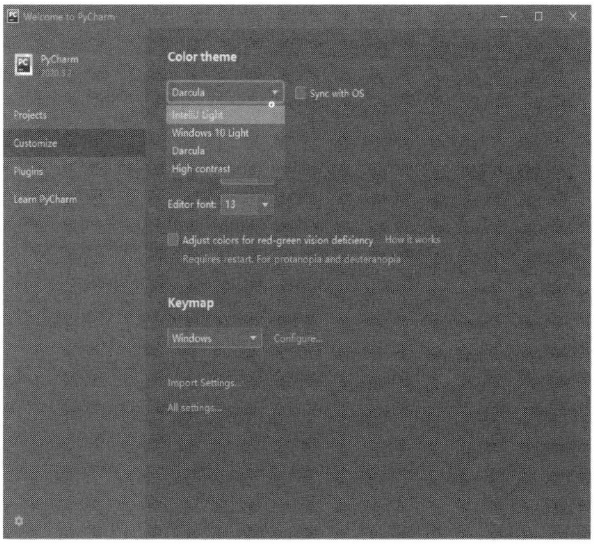

图 1-26　设置主题色调

(3) 选择 Project 选项，在欢迎窗口中单击 New Project 选项按钮，创建新项目，如图 1-27 所示。

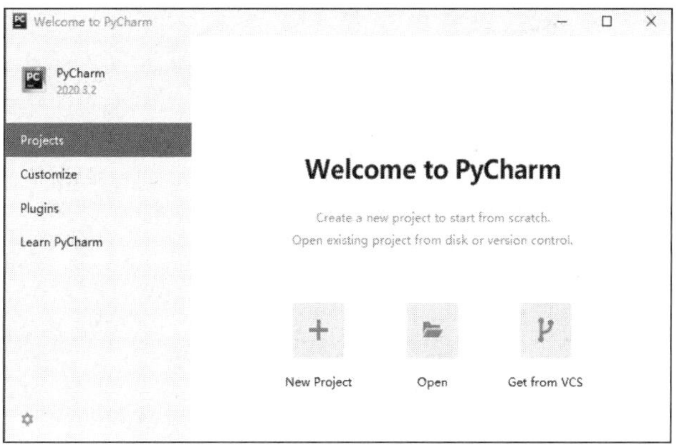

图 1-27　PyCharm 的欢迎窗口

(4) 在 New Projects 对话框的 Location 文本框中设定项目所在文件夹及项目名称，如图 1-28 所示。

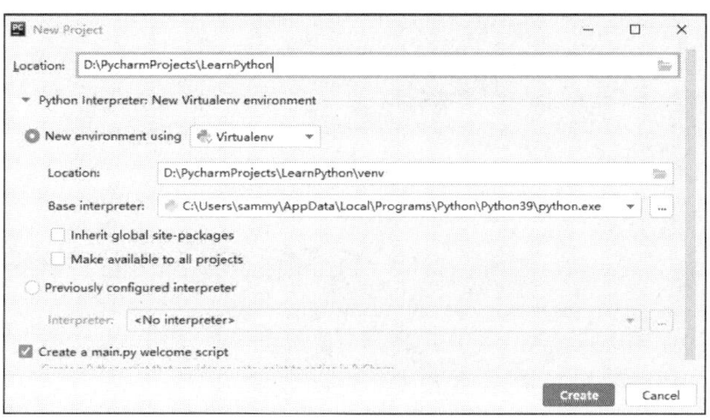

图 1-28　设定项目所在文件夹及项目名称

(5) 单击 Create 按钮，这时会跳出每日提示，可以直接单击 Close 按钮关闭每日提示，如图 1-29 所示。

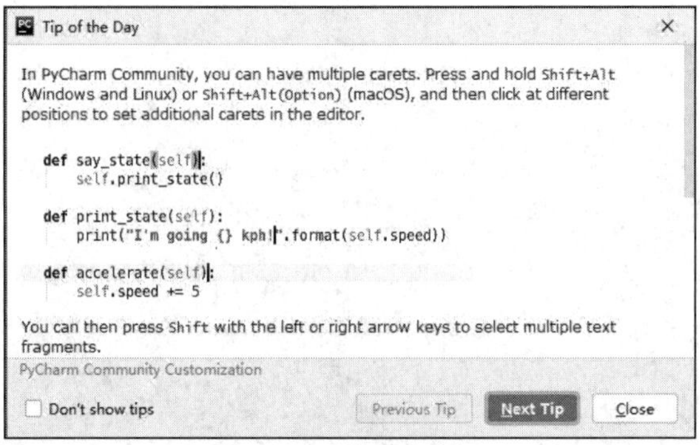

图 1-29　关闭每日提示

(6) 这样就创建了第一个 Python 项目，新建项目所在的位置如图 1-30 所示。

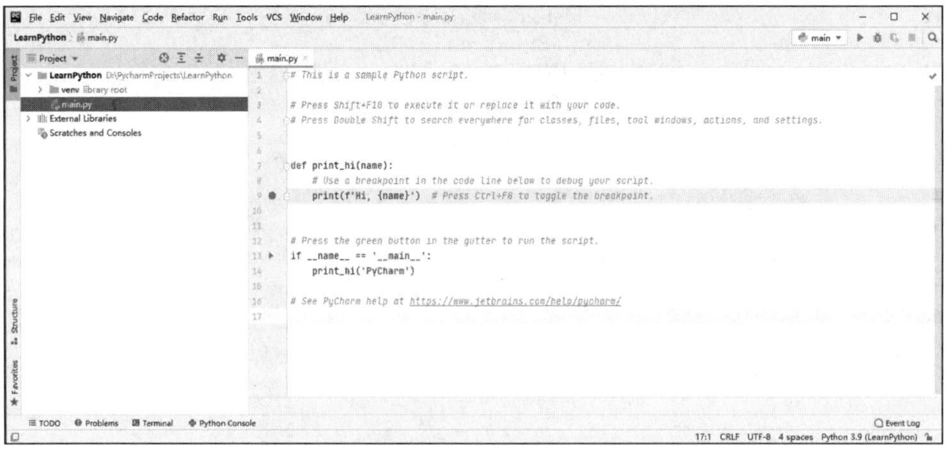

图 1-30　新建项目所在的位置

(7) 第一个项目建好之后，在项目名称上右击，在弹出菜单中选择 New → Python File 命令创建第一个 Python 文件，如图 1-31 所示。

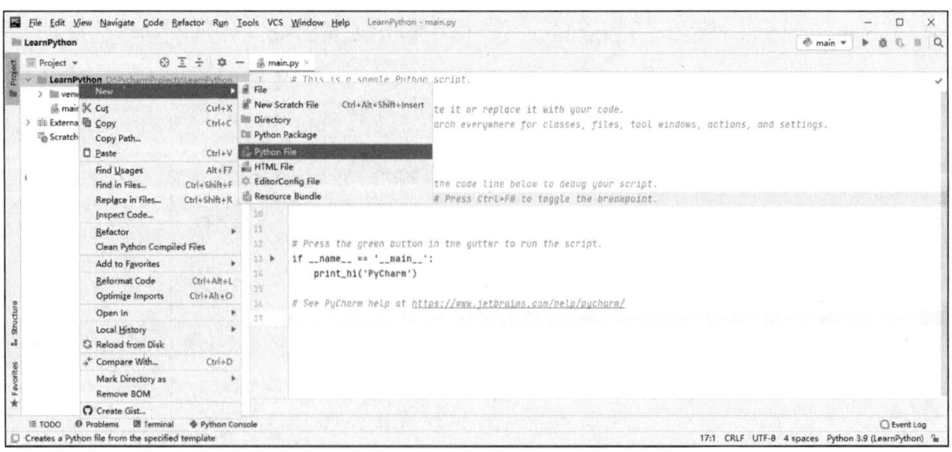

图 1-31　创建第一个 Python 文件

(8) 将这个 Python 文件命名为 HelloWorld，双击 Python file，即可创建 Python 文件，如图 1-32 所示。

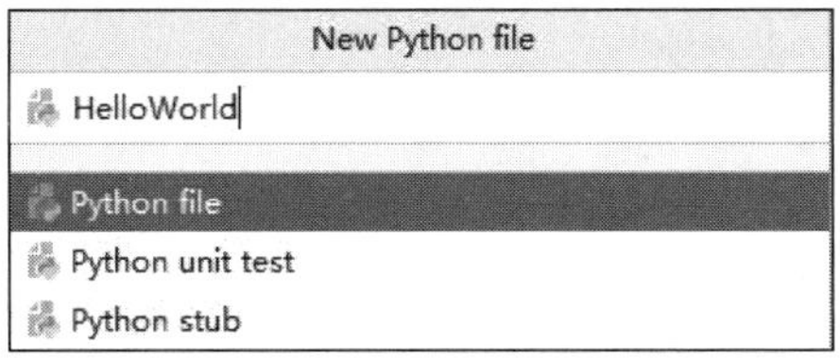

图 1-32　创建名为 HelloWorld 的 Python 文件

(9) 打开刚才创建的名为 HelloWorld.py 的 Python 源文件，右侧空白区域为文件编辑区，可以在该区域输入 Python 命令，如图 1-33 所示。

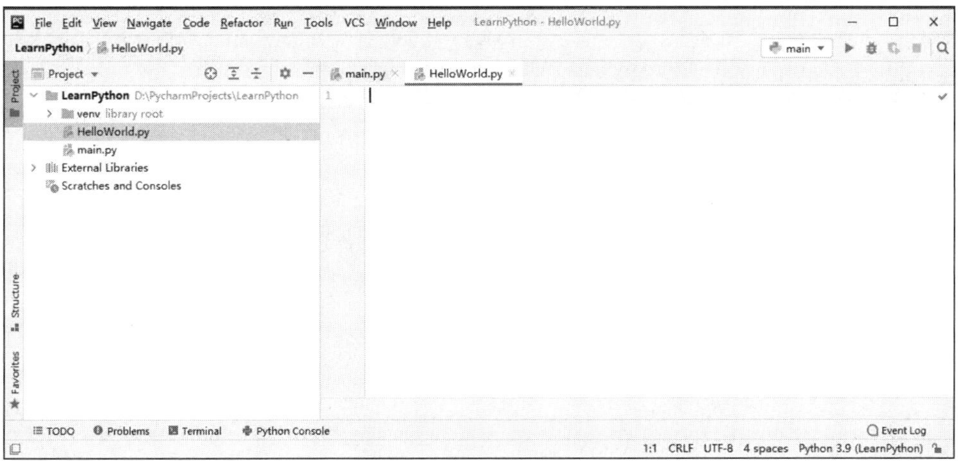

图 1-33　打开 HelloWorld.py 文件

【例题 1.1】 编辑 HelloWorld.py 源文件，输出 Hello World。

例题 1.1 源代码如下：

```
print('HelloWorld')
```

在文件编辑区输入源程序代码 print('HelloWorld')，如图 1-34 所示。

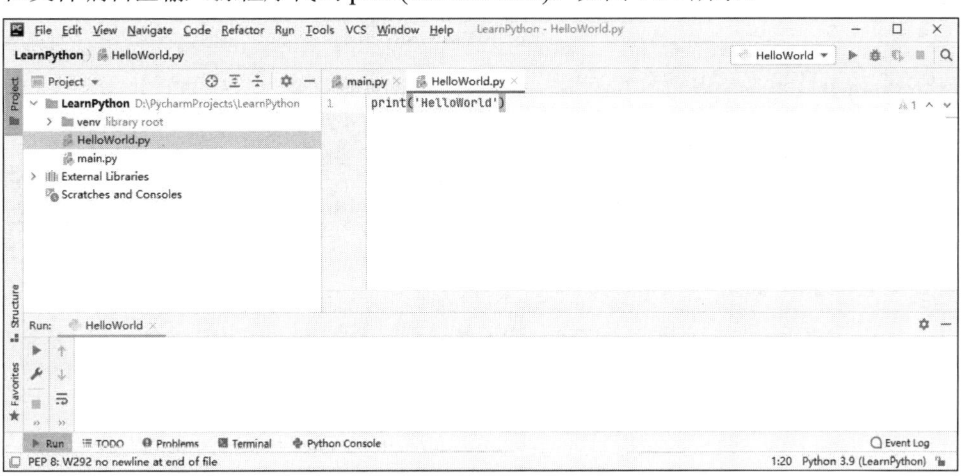

图 1-34　将源代码输入文件编辑区

在菜单栏中选择 Run → Run 命令，运行程序，如图 1-35 所示。

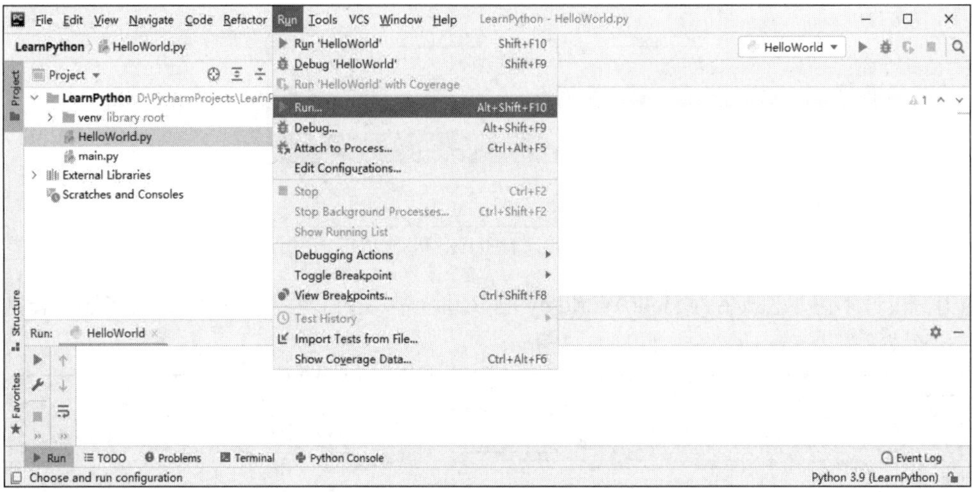

图 1-35　选择 Run→Run 命令

成功运行之后，就会在控制台显示 HelloWorld 的运行结果，如图 1-36 所示。

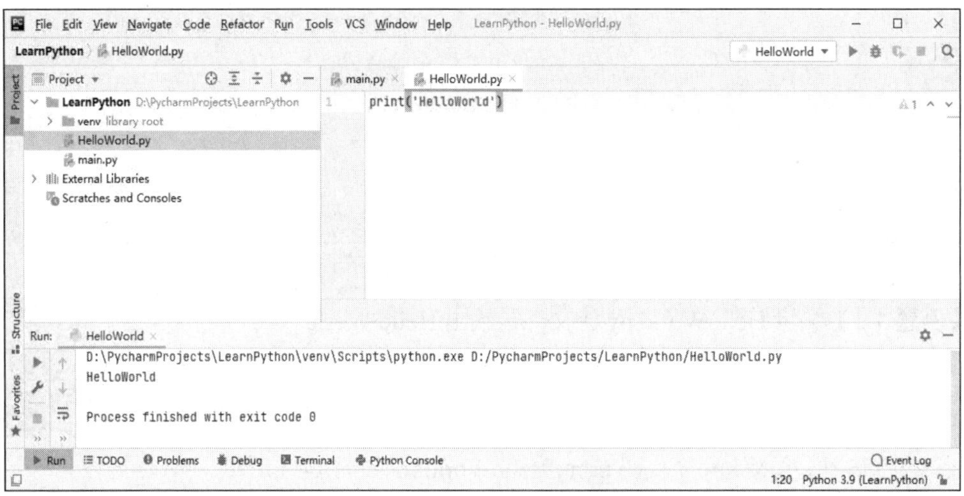

图 1-36　HelloWorld 运行结果

【代码分析】这是一个很简单的语句。print()是一个函数命令，命令中单引号('…')之间的内容：HelloWorld，会被直接输出显示在控制台上。下面，我们稍微扩展一下这个程序。

【例题 1.2】生成一个 SayHi.py 文件，将这个文件放到 Chapter01 文件夹中，编辑源文件，使得程序在控制台的第一行显示 Hi，第二行显示 Good Morning，第三行显示 Nice to meet you。

实现方法如下。

(1) 如图 1-37 所示，在项目名上右击，弹出菜单后，选择 New → Directory 命令，从此处以后，将使用文件夹 Directory 对整个项目的源文件进行管理。

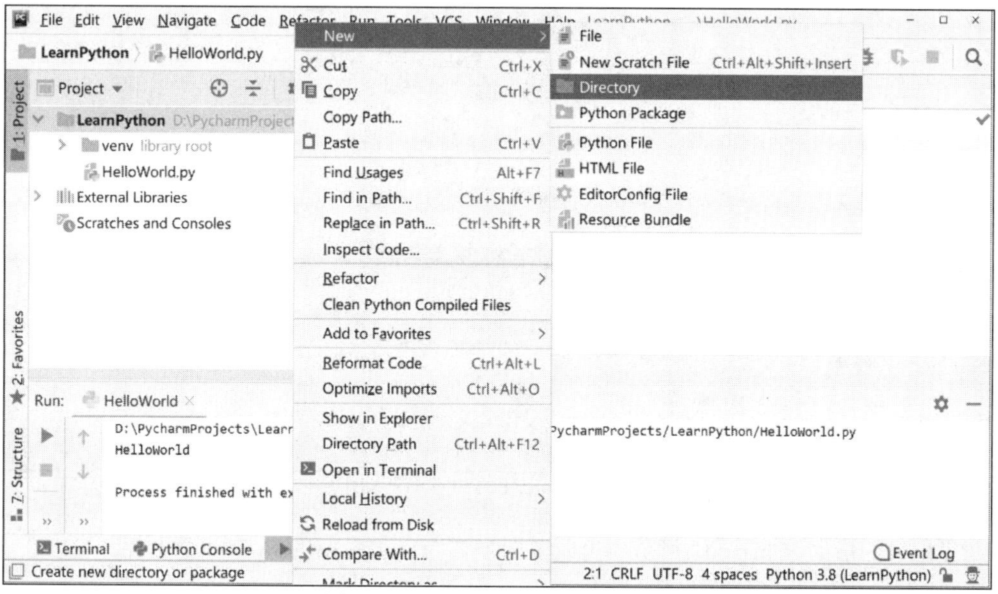

图 1-37　选择 New → Directory 命令

(2) 在图 1-38 所示对话框中输入文件夹名：Chapter01，然后按 Enter 键，Pycharm 界面上会出现 Charpter01 文件夹，如图 1-39 所示。可能大家会注意到背景，PyCharm 的工作区域显示的是上一次打开 PyCharm 后最后一次编译过的文件。

图 1-38　命名目录

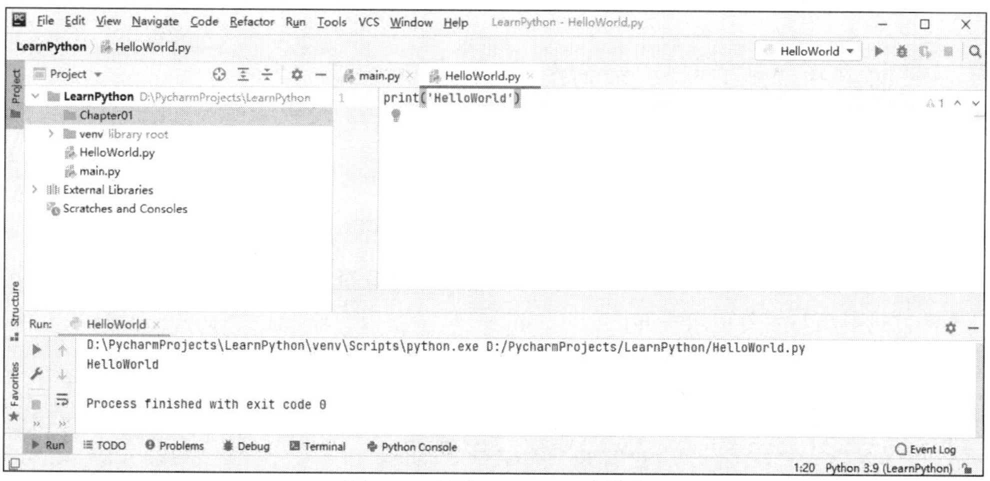

图 1-39　创建 Chapter01 文件夹

(3) 在 Chapter01 文件夹上右击，弹出菜单后，选择 New → Python File 命令，创建 Python 源文件。在对话框中输入文件名：SayHi，双击 Python file，即可创立 Python 文件 SayHi，如图 1-40 所示。

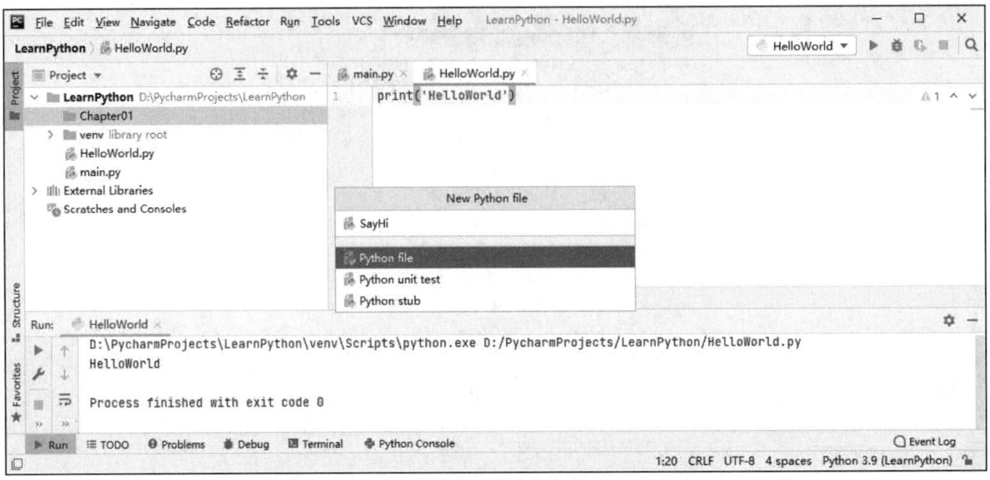

图 1-40　在 Chapter01 文件夹中创建名为 SayHi 的 Python 文件

如图 1-41 所示，Chapte01 目录中出现了一个名为 SayHi.py 的 Python 源文件，可以在文件编辑区对此文件进行编辑。

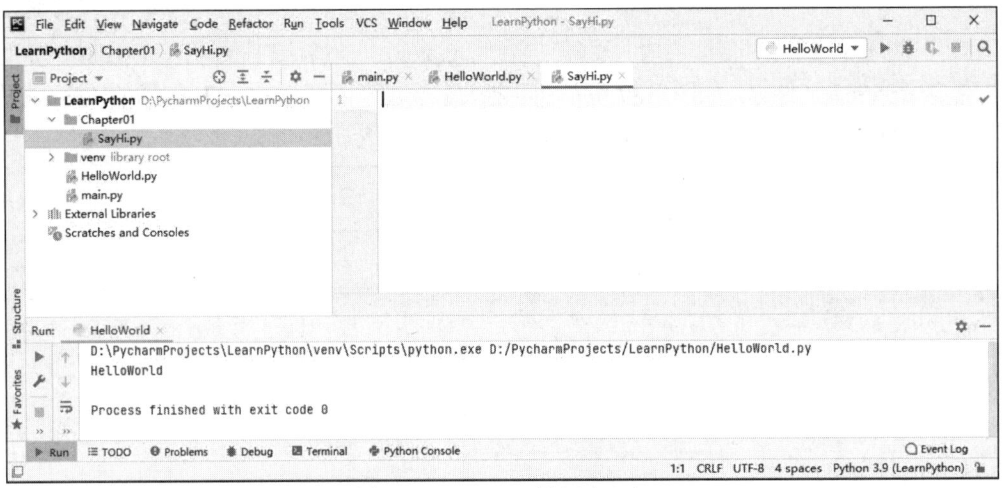

图 1-41　SayHi.py 被创建出来

例题 1.2 要求输出三句话，因此需要使用三次 print()命令。

例题 1.2 源代码如下：

```
#【例题 1.2】源代码
print('Hi')
print('Good morning')
print('Nice to meet you')
'''
以上为 1.3 中的【例题 1.2】的解答
'''
```

(4) 如图 1-42 所示，在 PyCharm 的文件编辑区输入 Python 源代码。

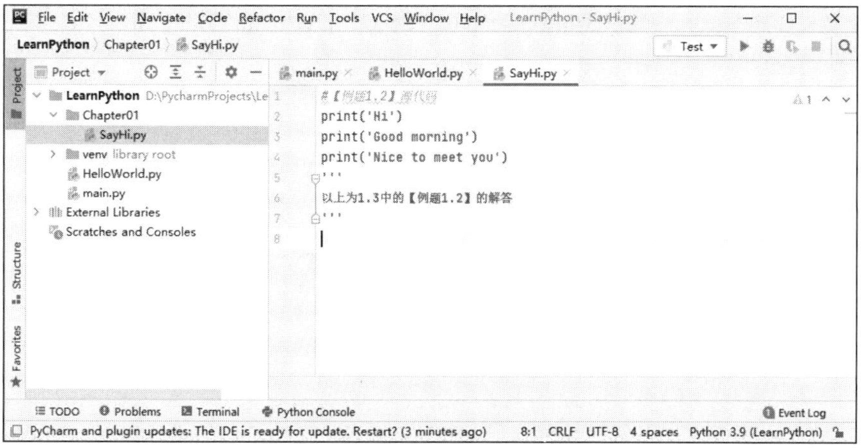

图 1-42　输入例题 1.2 源代码

(5) 选择 Run → Run 命令运行 SayHi.py，如图 1-43 所示。

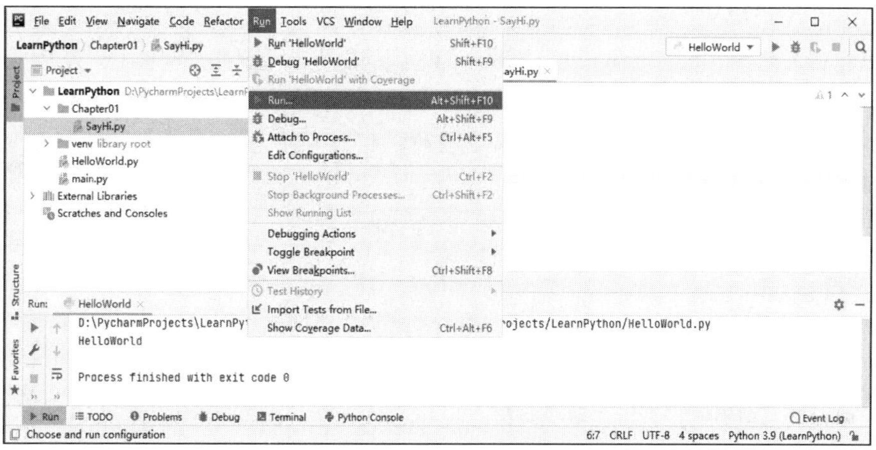

图 1-43　选择 Run → Run 命令

(6) 如图 1-44 所示，在 Run 对话框中选择 SayHi 文件。

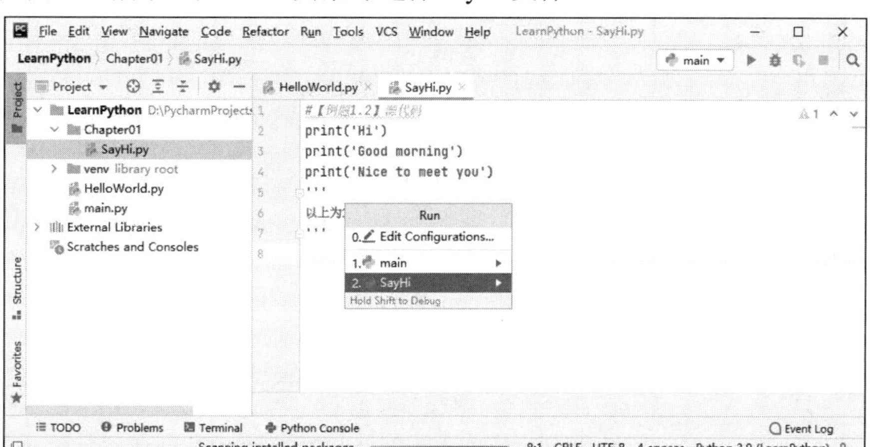

图 1-44　运行 SayHi 文件

控制台上显示例题 1.2 中要求依次输出的三句话，如图 1-45 所示。

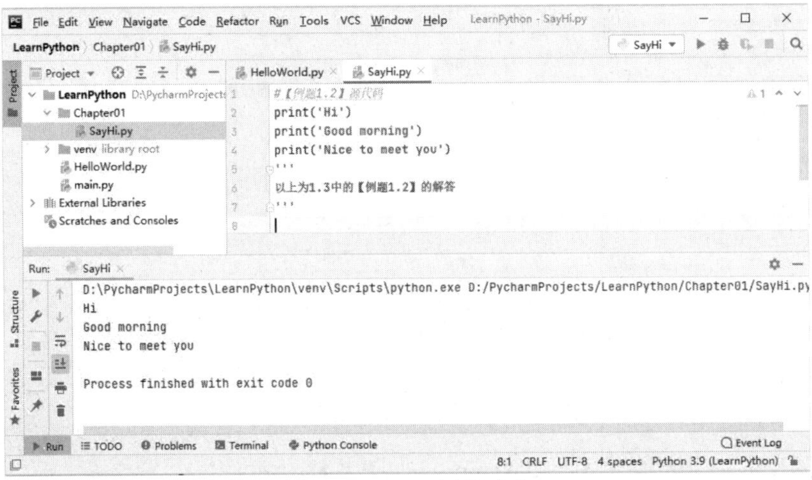

图 1-45　SayHi 运行成功

【代码分析】 大家可能注意到了，单引号('…')之间的内容被显示在控制台上。在 Python 中，使用一对单引号('…')或者一对双引号("…")都可以标识出一个字符串。字符串在后续章节中会有介绍。

【例题 1.3】 生成一个名为 TestArea.py 的文件，计算半径为 5 的圆的面积是多少？

例题 1.3 源代码如下：

```
"""
【例题 1.3】
计算半径为 5 的圆的面积
"""
print('圆的面积是', '5 * 5 * 3.14 =', 5 * 5 * 3.14)
```

在 Chapter01 目录中新建一个名为 TestArea 的源文件，在文件编辑区输入源代码，运行后的结果如图 1-46 所示。

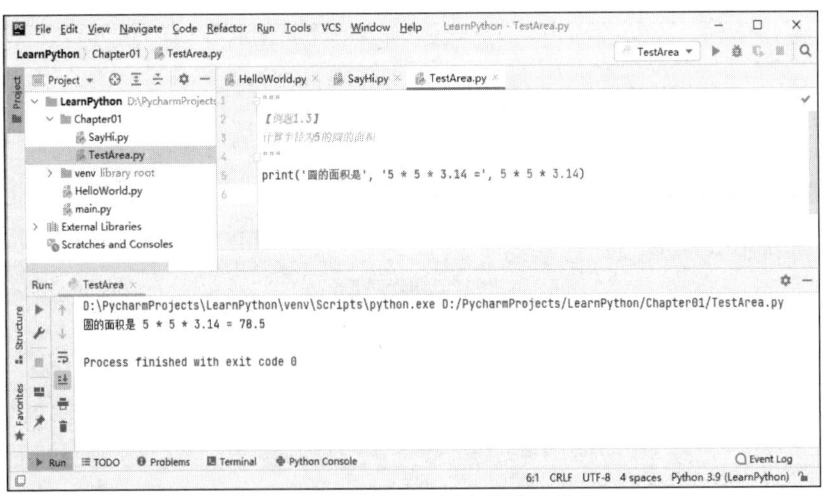

图 1-46　TestArea.py 源文件运行成功

【代码分析】由例题 1.1～1.3 可以得知，print()方法可以用来显示字符串或者算式的结果。既需要显示字符串，又需要显示算式结果，即需要将多个内容一起显示的时候，可以用英文逗号(,)间隔字符串与算式。一对单引号或者一对双引号之间的内容都可以被称为字符串。

截至目前，书中已经讲解了 3 个例题，如果同学们未运行成功，请观察字母的大小写是否一致，以及所使用的符号是英文符号还是中文符号。Python 编程语言中所使用的符号应为英文符号。无法运行程序的原因很可能是输入的命令中字母的大小写不一致，或括号、引号、逗号等符号为中文符号。

1.4 程序注释

程序的注释非常重要。如果大家编写程序的时候遵守统一的注释原则，编写的程序就比较容易被别人理解。在编写程序之前应写上若干行注释，以帮助读者理解代码。

注释是为帮助写代码或者读代码的人理解代码，而由程序员人为添加的，不会被程序编译器翻译或编译成机器语言去执行的字符串。只要是注释，就不会被程序执行。

本书中用到的 Python 注释有两种。

1.4.1 单行注释

例题 1.2 源代码中的第 1 行，如图 1-47 所示，被称为单行注释。单行注释的标志符号是#。#之后的同一行中的任意内容的字符串会被翻译器忽略，成为单行的注释内容。

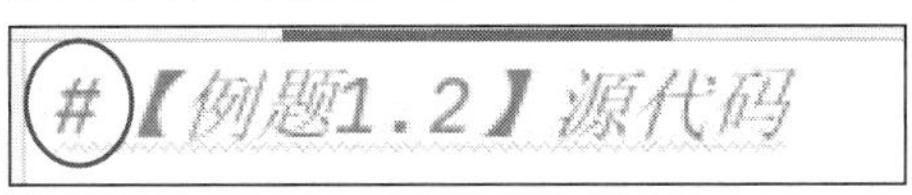

图 1-47　单行注释

1.4.2 多行注释

例题 1.2 源代码中的第 5～7 行，如图 1-48 所示，例题 1.3 源代码中的第 1～4 行，如图 1-49 所示，均被称为多行注释。

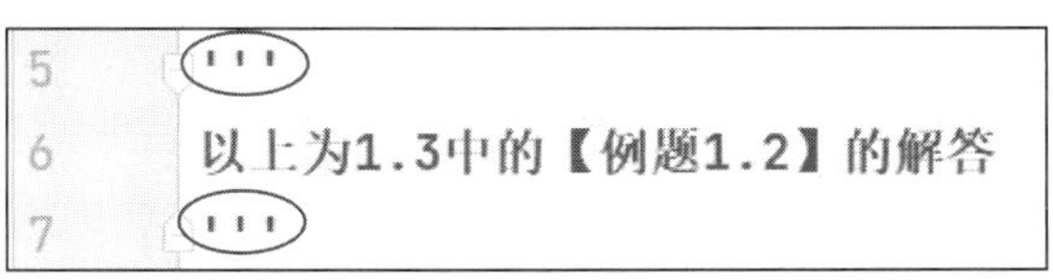

图 1-48　例题 1.2 源代码中的多行注释

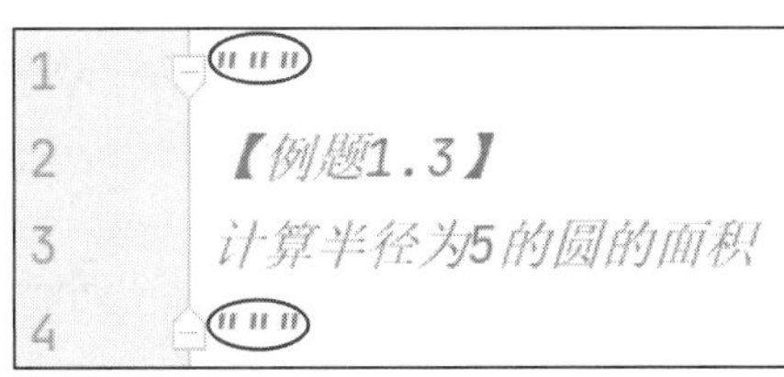

图 1-49　例题 1.3 源代码中的多行注释

多行注释的标志符号为三个单引号对或者三个双引号对。三个单引号对或三个双引号对之间的任意多行内容都会被 Python 的翻译器认为是多行注释，而不去翻译。

在后续章节的学习中，会在源代码中添加一些注释以帮助大家理解代码。

1.5 课后习题

一、选择题

(1) 下列选项中，不属于 Python 特点的是(　　)。

A. 面向对象　　B. 丰富的库　　C. 运行效率高　　D. 免费和开源

(2) Python 内置集成开发工具是(　　)。

A. PythonWin　　B. Pydev　　C. IDE　　D. IDLE

(3) 用户程序编写的 Python 程序(避免使用依赖于系统的特性)，无须修改就可以在任何支持 Python 的平台上运行，这体现了 Python 语言的(　　)。

A. 可嵌入性　　B. 可移植性　　C. 可扩展性　　D. 简单

(4) Python 程序文件的扩展名为(　　)。

A. .py　　B. .pt　　C. .python　　D. .cpp

(5) 下列关于 Python 语言的说法中，错误的是(　　)。

A. Python 是跨平台的

B. Python 是解释型语言

C. Python 语言出现较晚，因而其具有其他高级语言的一切优点

D. Python 可用于数据抓取(爬虫)

(6) Python 语言属于(　　)。

A. 面向对象的高级语言　　B. 面向过程的高级语言

C. 机器语言　　D. 汇编语言

(7) 使用 print 函数将字符串 Hello World 输出到终端，并要求将这两个单词分行输出，以下语句正确的是(　　)。

A. print("Hello/nWorld")

B. print("""Hello　World""")

C. print("Hello\
　　　World")

D. print("Hello")
　print ("World")

(8) 以下语句中，(　　)不是 Python 的注释代码。

A. # Python 语言注释　　B. // Python 语言注释

C. """ Python 文档"""　　D. ''' Python 文档'''

(9) 以下符号中，(　　)不是 Python 的注释符号。

A. #　　B. """　　"""

C. /**　　**/　　D. '''　　'''

(10) Python 是一种通用语言，以下不是使用 Python 的知名机构与场景的是(　　)。

A. NASA 使用 Python 进行数据分析和运算

B. 豆瓣网所有的业务都是 Python 开发的

C. 百度贴吧使用 Python 作为数据库

D. 雅虎使用 Python 完成了群组交流平台

(11) 以下关于 Python 中 print()函数的说法中，错误的是(　　)。

A. print()函数用于将输出内容输出到终端

B. print()函数可以用来打印字符串或数值

C. print()函数可以用于直接打印算式结果

D. print()函数默认不换行

(12) 以下有关 Python 注释语句的叙述中，不正确的是(　　)。

A. Python 的注释语句可以出现在任何位置，以#开始，到行末结束

B. Python 的解释器会忽略所有注释语句，所以注释语句是不会执行的

C. 符号//可用于 Python 的相关语句注释

D. Python 注释语句中可使用中文注释

(13) 语句 print("""hello, world! """)的输出结果为(　　)。

A. "hello, world! "　　B. hello, world!　　C. hello, world　　D. hello,world! """

(14) 以下关于 Python 语句书写规则的叙述中，错误的是(　　)。

A. 一般情况下，一行一条语句

B. 斜杠(\)可用于一个代码跨越多行的情况，即如果一行语句过长，想要分为多行，可使用\来作为续行标志

C. Python 语句前面可以有任意空格，不会引起误会

D. 英文分号(;)可以用于分隔在同一行上书写的多条语句

(15) 以下有关程序语言的描述中，不正确的是(　　)。

A. Python 是一种脚本语言

B. 机器语言是直接操作计算机硬件的语言

C. 计算机语言经历了机器语言、汇编语言、脚本语言

D. Python 是翻译性语言，需要逐行对程序进行翻译

(16) 以下对 Python 程序设计风格的描述中，错误的选项是(　　)。

A. Python 中不允许把多条语句写在同一行

B. Python 语句中，使用缩进表示语句块的所属作用域范围

C. Python 可以将一条长语句分成多行显示，使用斜杠(\)分行

D. Python 中允许使用英文分号(;)分隔不同语句

(17) Python 的函数不包括(　　)。

A. 标准函数　　B. 第三方函数库　　C. 内置函数　　D. 参数函数

(18) 以下对 Python 程序的缩进格式描述错误的是(　　)。

A. 不需要缩进的代码顶格写，前面不能留空白

B. 缩进可以用 Tab 键实现，也可以用多个空格实现

C. 严格的缩进可以约束程序结构，可以多层缩进

D. 缩进是用来美化 Python 程序的格式，没有什么特殊含义

(19) 用于将 Python 程序打包成可执行文件的工具是(　　)。

A. Panda3D　　B. pygame　　C. pip　　D. PyInstaller

(20) 关于 Python 语言的特点，以下选项描述正确的是(　　)。

A. Python 语言不支持面向对象，它是面向过程的编程语言

B. Python 语言是解释型语言

C. Python 语言是编译型语言

D. Python 语言是非跨平台语言

(21) Python 源程序执行的方式为(　　)。

A. 编译执行　　B. 解释执行　　C. 直接执行　　D. 边翻译边执行

(22) 在 Python 中，由于字符串是一串连续的字符序列，若想用 print()函数方法换行输出一串较长的字符串，以下使用的方法不能达到要求的是(　　)。

A. 使用换行转义字符

B. 使用多个 print()函数分别输出

C. 使用空格来填充剩余长度，使其分行

D. 在 print()函数中将其分行书写并用符号''' '''引用

(23) 以下数据类型中，不被 Python 支持的是(　　)。

A. 字符串　　B. 浮点型数值　　C. 整型数值　　D. char 字符数值

(24) 以下有关 Python 的叙述正确的是(　　)。

A. Python 是解释语言　　B. Python 是汇编语言

C. Python 是非开源的　　D. Python 是面向过程的编程语言

(25) 在 Python 3 版本中，语句 print "hello+world! "的输出结果为(　　)。

A. 语法错误　　B. hello+world!　　C. hello world!　　D. helloworld!

(26) 下列代码正确的运行结果为(　　)。

```
a = "hello"
# a = "hi"
print(a, ", world")
```

A. hi, world　　B. hello , world　　C. hello　　D. 语法出错

(27) 以下程序的输出结果为(　　)。

```
print("这个圆的面积为：", 3.14 * 2 * 2)
```

A. 12.56　　B. 这个圆的面积为：, 12.56

C. 这个圆的面积为：12.56　　D. 语法出错，无法计算

(28) Python 的设计具有很强的可读性，以下关于 Python 具有的特色语法的描述中，不正确的是(　　)。

A. 交互式　　B. 解释型　　C. 面向对象　　D. 面向服务

(29) 安装好 Python 之后，有 3 种方式可以对 Python 源程序进行编辑、运行，下列描述中，无法运行 Python 源文件的方式是(　　)。

A. 浏览器中运行　　B. 交互式解释器　　C. 命令行　　D. PyCharm

(30) 以下关于 Python 的叙述中，正确的是(　　)。

A. Python 程序的每一行都只能编写一条语句

B. 同一层次的 Python 语句必须对齐

C. 在编写 Python 程序的过程中，可发现注释语句中的拼写错误

D. Python 程序可以从任意位置开始编写

(31) 以下解释器中，不属于 Python 解释器的是(　　)。

A. CPython　　B. PyPy　　C. JPython　　D. PyCharm

(32) Python 解释器的作用为(　　)。

A. 运行文件　　B. 编写程序　　C. 观看视频　　D. A、B、C

(33) 以下不属于 PyCharm 的内部集成功能的是(　　)。

A. Project 管理　　B. 调试代码　　C. 解释代码　　D. 管理文件

(34) Python 语言中用来标识语句块的标记是(　　)。

A. 分号　　B. 逗号　　C. 缩进　　D. /

(35) print(−5/4)的结果为(　　)。

A. −1.25　　B. − 1　　C. −2　　D. 0

(36) 以下关于 Python 的描述中，正确的为(　　)。

A. Python 是面向对象的编程语言，其不支持面向过程的编程

B. Python 语言被广泛用于各行各业，是当今最流行的语言之一

C. Python 是一种非开源的脚本语言

D. 我国学习、使用 Python 语言的人群较多，同时也拥有众多优秀的原创学习资料及书籍供学习者查阅

二、判断题

(1) Python 中，一行可以书写多条语句，每条语句以英文分号(;)分隔即可。(　　)

(2) Python 程序编写方式灵活，如果语句过长，可以直接分成多行书写。(　　)

(3) Python 中，多行注释的符号为英文的三个单引号或双引号。(　　)

(4) 在 Windows 平台上编写的 Python 程序无法在 Unix 平台运行。(　　)

(5) 不可以在同一台计算机上安装多个 Python 版本。(　　)

(6) Python 变量使用前必须先声明，一旦声明就不能再改变其类型了。(　　)

(7) Python 采用的是基于值的自动内存管理方式。(　　)

(8) 在 Python 3 中，不可以使用中文作为变量名。(　　)

(9) Python 使用缩进来体现代码之间的层次逻辑关系。(　　)

(10) Python 代码的注释只有一种方式，即使用符号#。(　　)

(11) 在 Python 3 中，语句 print('abcde') 不能正确执行。(　　)

(12) 使用 print()函数无法将信息写入文件。(　　)

(13) Python 中，一切变量都可以称为对象。(　　)

(14) 在 IDLE 交互模式下，下画线(_)表示解释器中最后一次显示的内容或最后一条语句正确执行的输出结果。(　　)

(15) Python 程序只能在安装了 Python 环境的计算机上以源代码形式运行。(　　)

(16) Python 使用符号 // 作为注释符号。(　　)

(17) 在 Python 3 中，对多个变量进行赋值时，变量之间需要使用逗号隔开。(　　)

(18) Python 是一种面向过程的高级程序语言。(　　)

(19) Python 是一种面向对象的解释型语言。(　　)

(20) Python 由荷兰人 Guido Van Rossum 于 1991 年正式发布可用版本。(　　)

(21) Python 有着丰富的扩展库，可以轻易完成各种高级任务，开发者可以用 Python 实现一个完整应用程序所需的大多数功能。 ( )

(22) 在 Python 中使用变量时也需要像其他语言一样先定义变量。 ( )

(23) Python 既可以支持多进程，又可以支持多线程。 ( )

(24) Python 程序文件的扩展名主要有.py 和.pyw 两种，而 Python 源代码程序在翻译之后，文件扩展名为.pyc。 ( )

(25) Python 是一门交互式语言，即其可在终端进行命令行交互编程。 ( )

(26) Python 具有易于维护和学习、广泛的标准库(提供了大量的工具)、可扩展性、语法简单等特点，因而其没有什么缺点。 ( )

(27) Python 程序运行时，先翻译字节码并保存到内存中，当程序运行结束后，Python 解释器将内存中的字节码对象写到.pyc 文件中。 ( )

(28) 安装完 Python 运行环境后，不需要再安装集成开发环境，就可以编写复杂的 Python 程序。 ( )

(29) Python 是一种脚本语言，工作效率优于 C 或 C++语言。 ( )

(30) Python 中没有编译的过程，它是通过解释器直接执行程序的。 ( )

(31) 由于注释语句用来解释所编写语句的功能、作用、结果、注意点之类的内容，所以注释语句越多越好。 ( )

(32) Python 支持命令式编程、函数式编程，完全支持面向对象程序设计，拥有大量的第三方扩展库。 ( )

(33) Python 有多种运行方式，运行代码少的程序时多使用交互式命令符，而随着代码的增多会采用脚本的方式。 ( )

(34) Python 被广泛应用于各个领域，其中最主要的应用领域有人工智能、云计算、爬虫、数据库管理等。 ( )

(35) Python 语言和 C、C++、Java 都是静态类型语言。 ( )

(36) Python 2 和 Python 3 版本中的 print()函数使用方法一样，没有任何区别。 ( )

(37) Python 3 中，print()函数可用“%”对输出的内容进行格式化。 ( )

(38) Python 有四大主要应用：一是网络爬虫，二是 Web 开发，三是人工智能设计，四是自动化运维。 ( )

(39) Python 应用范围十分广阔，所以其相关方面都有着大量较实用的原创中文资料以供想学习 Python 的人查阅。 ( )

(40) Python 自发布以来，主要有三个版本：1990 年发布的 Python 版本、2000 年发布的 Python 2.0 版本和 2008 年发布的 Python 3.0 版本。 ( )

(41) Python 是一门独立的编程语言，并不是由其他语言发展而来。 ( )

(42) 在 Python 3 中，用#表示注释开始，多行注释在第一行开始处使用#即可。 ( )

(43) PyCharm 是一种 Python IDE(集成开发环境)。 ( )

(44) Python 注释语句的书写方式只有两类，分别是单行注释和多行注释。 ( )

(45) 在 Python 中，print()函数不仅可以输出字符串，还可以输出表达式的值。 ( )

(46) 在 Python 中，print()函数默认是换行的，要想不换行应该在参数列表中加入 end 参数，如 print(i, end = "")。 ( )

(47) print()函数不能将数据格式化输出。 (　)

(48) print()函数可以输出任何一种类型的数据。 (　)

(49) Python 3 和 Python 2 中 print 函数的用法有很多不同，Python 3 中需要使用括号。(　)

(50) Python 中存在丰富的函数库，即具有其他语言中所有的函数库。 (　)

(51) Python 语句中一般以换行作为一条语句的结束标志，但是可以使用斜杠(\)将一条语句分为多行显示。 (　)

(52) Python 采用交互式编程方式编程，因而不需要创建脚本文件，可以通过 Python 解释器的交互模式进行代码编写。 (　)

(53) 空行与代码缩进相同，空行也是 Python 语法的一部分。书写时不插入空行，Python 解释器运行也会出现相应的错误。 (　)

(54) Python 可以在同一行中使用多条语句，但是语句之间要使用分号(;)分割。 (　)

(55) 面向对象的语言具有封装性、继承的、多态的特点，而 Python 也是面向对象的语言，故而其也具有这三个特点。 (　)

(56) 缩进相同的一组语句构成一个代码块，语句结束必须加分号。 (　)

(57) Python 语言中使用的运算符号可以是中文字符，也可以是英文字符。 (　)

(58) 在 Python 语句中，只要是注释语句，就一定不会被程序所执行。 (　)

(59) 可以在同一台计算机上安装多个 Python 版本。 (　)

(60) Python 语言虽然应用广泛，但其还未用于开发游戏。 (　)

(61) 由于 Python 语言的源代码是可以获取的，所以其是一种开源语言，但这就造成了其保密性较差的缺点。 (　)

三、编程题

(1) 使用 Python 中的 print()函数输出两行中文文字，并注意切换中英文输入法。

第一行：你好！中国！

第二行：我爱我的祖国！

程序运行后期望结果如下所示：

```
你好！中国！
我爱我的祖国！
```

(2) 已知圆周率为 3.14，用 print()函数输出一个半径为 4 的圆的面积以及周长，并要求对输出数据有相应的文字介绍。

程序运行后期望结果如下所示：

```
圆的周长是：25.12
圆的面积是：50.24
```

(3) 用 print()函数输出 5!的运行结果。(提示：5! = 5 * 4 * 3 * 2 * 1。)

程序运行后期望结果如下所示：

```
5! = 120
```

(4) 在控制台输出 3 行“nice to meet you!”。

程序运行后期望结果如下所示：

```
nice to meet you!
nice to meet you!
nice to meet you!
```

(5) 计算一个长为 15.21 米，宽为 11.79 米的矩形房间的面积。

程序运行后期望结果如下所示：

```
房间面积是：179.3259
```

(6) 将以下代码输入 PyCharm 集成开发环境，创建名为 Ch01Exe06.py 的 Python 程序，运行后观察结果。

```
# 在《西游记》中，乱石山碧波潭的两只鱼精。
print("奔波儿灞与灞波儿奔")
# 在《水浒传》中，东京欺行霸市的街头泼皮。
print("牛二")
# 在《三国演义》中，太守韩馥的无双上将。
print("潘凤")
# 《红楼梦》中，只知道姓，不知道名的主要人物。
print("贾母")
```

第 2 章 Python基本编程

人们研制电子计算机的目的就是让它代替人来做计算。第一台电子计算机电子数字积分计算机(electronic numerical integrator and computer，ENIAC)诞生于 1946 年，是美国宾夕法尼亚大学与阿伯丁弹道实验室联合研制的。

在 20 世纪 40 年代的美国，女生成为计算主力。电子计算机诞生前，如果介绍一个人的职业的时候，说一个人的工作是 computer，则工作人员的性别很大概率是女性。图 2-1 所示为计算员们利用老式机械计算机进行计算工作的工作场景。

图 2-1 计算员们利用老式机械计算机进行计算工作

普雷斯伯 • 埃克特(见图 2-2，最左侧)是电子计算机的设计发明者。在计算机发明之初，编制程序需要用到编织袋、尼龙绳、木制脚架、金属固定卡扣、电线、电子管等材料，设计一个程序就像玩乐高积木。世界上第一批程序员一共有 6 位，全部是女性，她们被称为“摩尔小姐”(见图 2-3)。她们心灵手巧，比较擅长做编织工作，能够比男性更有细心与耐心地将算法编织成程序。利用编织袋、尼龙绳、电线进行经线(纵向线)和纬线(横向线)的交错编织可以赋予程序非常多的可能性。女性身材娇小，能够在机柜缝隙中爬行，她们爬过机器内部的电线和真空管，将程序块编织到指定位置，以实现指定的计算功能，如图 2-4 所示。

图 2-2　普雷斯伯·埃克特和 ENIAC

图 2-3　4 位女性程序员与手上拿的编织程序

图 2-4　程序员正在调试程序

2.1 节将介绍一个简单计算火炮投射距离的例题，让大家体会使用现代计算机编程的过程。

2.1 使用变量进行编程

冯·诺依曼(见图 2-5)被称为“现代计算机之父”。他在 1945 年 3 月提出一个全新的存储程序通用电子计算机方案——离散变量自动电子计算机(electronic discrete variable automatic computer，EDVAC)方案，具体内容如下。

(1) 计算机采用二进制。

(2) 存储程序，由程序指导计算机完成任务。

(3) 计算机由 5 个部分组成，即运算器、控制器、存储器、输入设备、输出设备。

图 2-5　冯·诺依曼

1951 年，EDVAC 投入使用，EDVAC 是世界上第一台使用二进制的、程序存储执行的电子计算机。需要它计算的数据通过输入设备存放到存储器内，使用时被调入寄存器，然后被运算器计算，结果被输出设备显示出来。在计算的时候，由控制器控制计算机各部件协调操作。

现代计算机的冯·诺依曼体系的第一个原则：计算机中的各种值都是使用二进制表达的。换句话说，各种值存储在内存中后，表现形式都是 0 和 1。这些 0 和 1 被称为位(bit)，在计算机计算的时候，这些 0 和 1 会被一个一个地调用，放入计算机寄存器。EDVAC 发展之初，人们用不同的存储策略来存放整数与小数。在后来的高级语言发展过程中，为了区分整数与小数，人们在使用数值之前，会事先告诉计算机需要输入的是整数还是小数，这个过程叫作声明变量。

使用 Python 进行编程，数值存入计算机的时候，也变成了很多 0 和 1。虽然十进制整数(如 1)和十进制浮点数(如 1.0)转换为二进制存储数据的策略是不一样的，但是在 Python 中使用变量不需要特别申明变量类型的，这一点与其他高级语言不同。换句话说，一个数赋值给一个变量后，Python 将自动识别这个数是整数类型的还是浮点小数类型的，完全不需要程序员预先告诉计算机。赋值完成之后，变量名就指向存储进计算机内存中的数值了。

学习变量与赋值之前，先来看一个实例。

本书中涉及的例题都会讲解例题的源代码，并演示程序运行结果。

【例题 2.1】 某型 155mm 榴弹炮的炮弹出口速度为 563m/s，发射角度为 45°，在不计空气阻力的情况下，该炮管发射的炮弹能打多远？

已知火炮发射的距离公式为 $s = v^2 * \sin 2A/g$，其中 v 为炮弹出口速度，A 为发射角度，g 为常量 9.8m/s^2。

在解析题目时，首先对这个问题进行建模，把用文字描述的问题转变成一个数学模型，然后编写计算机算法，一步一步计算并输出结果。

例题 2.1 算法如下：

(1) 向计算机输入炮弹初速度 v 的值 563。

(2) 向计算机输入重力加速度 g 的值 9.8。

(3) 根据公式 $s = v^2 * \sin 2A/g$ 进行计算。

(4) 输出结果。

所谓算法，就是分步骤对需要解决的问题进行数学模型构建与描述。在实践上，可以用伪代码或自然语言来对数学模型进行描述，例题 2.1 的算法就是使用自然语言进行算法描述。

首先创建名为 TestArtillery.py 的 Python 程序，源代码如下：

```
1.  # 将 563 赋值给变量 v
2.  v = 563
3.  # 将 9.8 赋值给变量 g
4.  g = 9.8
5.  # 根据公式进行计算，算出射程 s
6.  s = v * v * 1 / g
7.  # 使用 print()函数输出结果
8.  print("该炮管理论上射程为：", s)
```

【程序运行结果】

```
该炮管理论上射程为：32343.77551020408
```

【代码分析】这段程序代码中，第 1、3、5、7 行为程序注释，分别解释了第 2、4、6、8 行代码的作用。例如第 2 行将 563 赋值给变量 v；第 4 行将 9.8 赋值给变量 g；第 6 行根据公式进行计算，算出射程 s；第 8 行使用 print()输出结果。为了让读者回忆起高中时候学过的公式，本程序中使用 v 指向速度，g 指向重力加速度，s 指向距离。在高级语言中，类似的用来指向某含义的标识符被称为变量。变量的引入是为了更容易地使用抽象数学模型。变量最好选择使用单词、词组来命名，而不是使用单个字母，比如将速度命名为 speed，将距离命名为 distance，方便读程序的人了解变量的意义。

本书中的程序都将尽可能地使用注释的方式对程序进行说明，读者可以通过阅读程序中的注释了解程序的含义。

所谓赋值操作，指的是将某一数值赋给某个变量的过程。该操作是通过赋值操作运算符“=”来完成的。基本的语法为

```
变量名 = 运算表达式
```

赋值操作语句的规范写法是在赋值运算符的两端都留一个空格。一般来说，在运算符两端留一个空格，比较容易看清楚被运算符连起来的两个值，编写程序的时候应注意。

变量 v 与变量 g 代表了存储在内存中的数值 563 与 9.8，通过公式 $v^2 * \sin 2A/g$ 的计算得到一个新的数值。CPU 运算出这个结果之后，将其存储到内存中，由变量 s 代表。最后的输出语句中，s 就代表了运算结果，因此 print()函数会输出这个运算结果。

2.2 使用键盘输入

例题 2.1 中，根据公式算出了一门大炮的理论射程。不同的大炮，不同的炮弹，有不同的炮弹出口速度。即使炮口都是上翘 45°，由于初速度不一样了，射程也就不一样了。如果像例题 2.1 一样计算不同炮的理论射程，则每进行一次新的计算，就需要修改一次源代码。为了实现一次编码多次使用，可以采用 input()函数进行键盘输入操作。在本小节结束之前，我们将使用键盘输入一门大炮的炮弹出口速度，计算理论射程。

2.2.1 input()函数

在 Python 中，我们需要使用一个名为 input()的函数从键盘输入数值。

【例题 2.2】键盘输入一个值，并把这个值输出到控制台。

例题 2.2 算法如下：

(1) 从键盘输入一个值。

(2) 输出这个值。

例题 2.2 源代码(TestInput1.py)如下：

```
# 使用 input()函数，从键盘获取输入，并赋值给 message
message = input("输入一个值：")
# 使用 print()函数输出这个值
print(message)
```

【程序运行结果】

```
输入一个值：
```

此时，在冒号后输入一个值然后按 Enter 键，程序就会将这个值输出到控制台上。例如：

```
输入一个值：8
8
```

或

```
输入一个值：A
A
```

或

```
输入一个值：ABC
ABC
```

从键盘任意输入的内容都可以被原样输出。例题 2.2 源代码中的 message 变量代表由键盘输入到计算机中的内容，因此使用 print()函数输出 message 变量就能够在控制台输出由键盘输入的内容。

需要指出的是：

(1) input()函数是从键盘获取输入的一个函数。

(2) 在 input()函数的括号内输入一个字符串，字符串内容会被当成提示语，出现在控制台上。例如，源代码第 2 行中，字符串“输入一个值：”就是一个提示语。这个提示语会被首先输出到控制台上，然后在这个字符串之后，用户通过键盘进行输入。

【例题 2.3】 通过键盘输入一个值，把这个值进行乘 3(* 3)操作。

例题 2.3 算法如下：

(1) 从键盘输入一个值。

(2) 将这个值乘 3(* 3)，然后输出结果。

例题 2.3 源代码(TestInput2.py)如下：

```
# 使用 input()函数从键盘获取输入，赋值给变量 message
message = input("输入一个值：")
# 将 message * 3，使用 print()函数输出这个值
print(message * 3)
```

【程序运行结果】

```
输入一个值：
```

此时，在冒号后输入一个值然后按 Enter 键，程序就会将结果输出到控制台上。例如：

```
输入一个值：8
888
```

或

```
输入一个值：A
AAA
```

或

```
输入一个值：ABC
ABCABCABC
```

【代码分析】

(1) 进行了乘 3(* 3)操作之后，从键盘获取的值被重复了 3 遍并输出，如"A" * 3 的结果就是 AAA；

(2) 键盘输入的 8 并没有被当成数值，没有进行 8 * 3 的数值运算，而是进行了"8" * 3 的运算，输出字符串 888。

2.2.2 int()函数

例题 2.3 的源代码中，input()函数将由键盘输入的值当作字符串处理。当我们需要由键盘输入一个数字的时候，可以使用 int()函数，将输入的字符串转换成整数进行运算(int 是 integer 的缩写)。

【例题 2.4】由键盘输入一个整数，输出这个整数的 3 倍。

例题 2.4 算法如下：

(1) 从键盘输入一个值，将这个值转换成整数。

(2) 输出这个整数的 3 倍。

例题 2.4 源代码(TestInput3.py)如下：

```
# 使用 input()函数，从键盘获取输入
# 使用 int()函数，将输入转换为整数并赋值给变量 value
value = int(input("输入一个值："))
# 使用 print()函数输出这个值
print(value * 3)
```

【程序运行结果】

```
输入一个值：
```

此时，在冒号后输入一个整数然后按 Enter 键，程序就会求出这个整数的 3 倍，并输出到控制台上。例如：

```
输入一个值：8
24
```

但是如果输入的不是一个整数，程序运行结果就会出错，出现以下错误提示：

```
输入一个值：ABC
Traceback (most recent call last):
  File "D:/PycharmProjects/LearnPython/ChapterTwo/TestInput3.py", line 3, in <module>
    value = int(input("输入一个值："))
ValueError: invalid literal for int() with base 10: 'ABC'
```

【代码分析】ValueError: invalid literal for int() with base 10: 'ABC'提示出错类型：

(1) ValueError 是指发生了某种错误(后续章节中会进行讲解)。

(2) 具体错误是以 10 为基数的 int()函数中出现了无效的直接量 ABC。

(3) 输入值 ABC 是一个字符串，并不是一个以 10 为基数的数字。

(4) 当输入一个带有小数点的实数(如 1.5)时，也会报出同样的错误。如果需要转换带有小数点的实数，可以使用 float()函数或者 eval()函数进行转换，这时可以将 value = int(input("输入一个值："))语句改为 value = float(input("输入一个值："))。

2.2.3 eval()函数

输入实数值的时候，如果不确定到底是整数还是小数，可以使用 eval()函数(eval 是 evaluate 的缩写)。

【例题 2.5】改写例题 2.1，输入炮弹出口速度，计算炮弹的理论射程。

例题 2.5 算法如下：

(1) 使用 input()函数向计算机输入炮弹初速度 v 的值，并转换为实数。

(2) 向计算机输入重力加速度 g 的值。

(3) 根据公式 $s = v^2 * \sin 2A/g$ 进行计算。

(4) 输出结果。

例题 2.5 源代码(TestInputArtillery.py)如下：

```
# 使用 input()函数获取键盘输入
# 将键盘输入转换为实数
v = eval(input("输入火炮的炮弹的出口速度："))
# 把 g 赋值为 9.8
g = 9.8
# 根据公式进行计算，算出射程 s
s = v * v * 1 / g
# 输出结果
print("该炮管理论上射程为：", s)
```

【程序运行结果】

```
输入炮管的炮弹的出口速度：
```

此时，在冒号后输入一个数值，如 570.4，然后按 Enter 键，程序就会求出结果并输出到控制台上。例如：

```
输入火炮的炮弹的出口速度：570.4
该火炮理论上射程为：33199.6081632653
```

2.3 标识符与关键字

在计算机的发展过程中，程序员们发现，在写程序时，如果只使用类似寄存器 1、寄存器 2 等设备名来指向数据时，会导致编写的程序非常难以被人理解。经过几十年发展，进入高级语言编程时代之后，人们会用标识符来指向存放在内存中的数据。

2.3.1 标识符

标识符是指向存储在内存中数据或代表某个函数过程的由合法字符组成的字符串，是用来标识特定数据的符号。编写程序的时候，通常使用一个有具体含义的单词作为标识符。s 可以是标识符，distance 也可以是标识符，但是 distance 就明显具有比 s 更具体的含义，更适合作为程序中的标识符。

作为初学者，尽量使用单词作为程序中的标识符。如果一个单词无法表明想表达的意义，可以考虑使用词组作为标识符。例如给一些方法命名时，就可以使用动词+名词的标识符命名方式，第二个单词以大写字母开头，如 getDistance、operateString，这种标识符的命名方式被称为驼峰命名法。

2.3.2 关键字

有一些特殊的单词是不可以被普通用户用来指向数据或过程、方法的，因为这些单词本身就具有特殊的意义。这些单词被称为关键字或者保留字。Python 中，可以使用 help()方法查看关键字。

【例题 2.6】获取 Python 的关键字。

例题 2.6 源代码(GetHelp.py)如下：

```
help("keywords")
```

【程序运行结果】

```
Here is a list of the Python keywords.   Enter any keyword to get more help.

False       class       from        or
None        continue    global      pass
True        def         if          raise
and         del         import      return
as          elif        in          try
assert      else        is          while
async       except      lambda      with
await       finally     nonlocal    yield
break       for         not
```

本例题中，help("keywords")函数的功能就是输出 Python 所有的关键字。这些关键字都有它们各自特定的含义，用户不可以使用这些关键字作为标识符来指向数据或过程、方法。在后面的章节中还将陆续介绍一些关键字的用法。目前学过的几个简单的程序中没有包括任何关键字，例如 print 是函数名(以后的章节中会介绍函数)，但它不是关键字。

2.3.3　标识符使用规则

所有的标识符都必须符合以下规则，编写程序的时候需要特别注意。

(1) 标识符中必须只含有字母、数字和下画线(_)，其他字符(如各种标点符号)不允许出现。

(2) 标识符必须只以字母或下画线开头，不能以数字开头。

(3) 不能使用关键字作为标识符。

(4) Python 中标识符的长度不限。

(5) Python 中标识符是大小写敏感的，例如 Speed 与 speed 是不同的标识符。

(6) 中文汉字、希腊字母等 Unicode 字符可以被用作标识符，但是不建议使用(后面章节中会介绍 Unicode)。

编写 Python 程序的过程中，使用以下标识符时应特别注意：少用或不用类似于 a1、b1 这样的无具体指向含义的标识符。

下面列举几个合法与不合法的标识符的例子。

合法的标识符：_CAD、AND(and 是关键字，但是由于 Python 大小写敏感，因此 AND 可以作为标识符)、speed、distance 等。

不合法的标识符：2B(不能以数字开头)、s.p.e.e.d(不能使用“.”)、and(不能使用关键字作为标识符)。

2.4 赋值

赋值操作是计算机编程过程中最简单的一种操作，下面将介绍如何给 Python 的变量进行赋值。

2.4.1 变量与常量

与其他高级语言(如 C、Java)不同，Python 中没有变量与常量的区别，只有内存中数值的指向或名字。有一些约定俗成的规则，将一些可以被认为是常量的数值指向用全大写字母表示，一些可以被认为是变量的数值指向用首字母为小写字母的驼峰命名法表示。

一般认为不变化的量是常量，例如：

- 圆周率 PI = 3.1415926
- 自然常数 E = 2.71828
- 一周 7 天 WEEKDAYS = 7
- 一分钟 60 秒 SECONDSOFAMIN = 60

一般认为在运算过程中，可能随着计算进度或对象的不同，而得到不同值或数值的量是变量，例如：

- 圆的半径 radius = 5
- 圆的面积 area = 715.1231
- 一月有 31 天，days = 31
- 二月有 29 天，days = 29
- 学生姓名是张三，studentName = "张三"

一般常量在程序中只会被一次赋值，而变量可能会多次赋值。赋值的时候使用了“=”(赋值运算符)，赋值运算符的左边是常量或变量名，右边则是值。赋值完成之后，常量名或变量名就可以作为存储在内存中的值的指向而使用。

2.4.2 单个变量的赋值

与其他高级语言(如 C、Java)不同，Python 中赋值不需要事先声明某个值的变量类型，只需要使用赋值运算符“=”来表达赋值即可。

回顾例题 2.1 源代码(TestArtillery.py)：

```
1. # 将 563 赋值给变量 v
2. v = 563
3. # 将 9.8 赋值给变量 g
4. g = 9.8
5. # 根据公式进行计算，算出射程 s
6. s = v * v * 1 / g
7. # 使用 print()函数输出结果
8. print("该炮管理论上射程为：", s)
```

第 2、4、6 行都使用了赋值运算符“=”，都是对一个变量进行了赋值。

2.4.3 多个变量的赋值

Python 支持在同一行给多个变量赋值。

【例题 2.7】使用键盘输入 3 个数，求这 3 个数的平均值。

例题 2.7 算法如下：

(1) 使用 input()函数向计算机输入 3 个值，并使用 eval()函数将输入的 3 个值转换成数值，依次赋值给 num1、num2 和 num3。

(2) 使用公式 average = (num1 + num2 + num3)/3 求平均值。

(3) 输出结果。

例题 2.7 源代码(Input3Nums.py)如下：

```
1. # 使用 input()函数向计算机输入三个数 num1、num2 和 num3
2. num1, num2, num3 = eval(input("输入三个数字，以逗号间隔:"))
3. # 使用公式 average = (num1 + num2 + num3)/3 求平均值
4. average = (num1 + num2 + num3)/3
5. # 输出结果
6. print("三个数的平均数是：", average)
```

【程序运行结果】

```
输入三个数字，以逗号间隔:
```

此时，在冒号后输入三个数值(如 3,4,5)，数字间以逗号隔开，然后按 Enter 键，程序就会求出结果，并输出到控制台上。

```
输入三个数字，以逗号间隔: 3, 4, 5
三个数的平均数是：    4.0
```

【代码分析】

(1) 不能使用 int()转换多个数值输入，只能使用 eval()转换多个从 input()函数获取的字符串输入。

(2) 第 2 行中，三个标识符之间用英文逗号进行了间隔。

(3) 运行之后，使用键盘输入多个数字的时候，使用英文逗号对输入的数字进行分隔。若运行出错，大概率是错误使用了中文逗号。

(4) 键盘输入的三个数值按照输入顺序从左到右依次赋值给了 num1、num2、num3。

(5) 第 4 行进行了求和后除以 3 的操作。在 Python 中，两数相除，结果为带小数点的实数。

【例题 2.8】已知两个数：num1 = 10，num2 = 3，交换两个标识符指向的数值，使得 num1 = 3，num2 = 10。

例题 2.8 算法如下：

(1) 分别将 10 和 3 赋值给 num1 和 num2。

(2) 在控制台显示 num1 和 num2。

(3) 交换 num1 和 num2 指向的值。

(4) 在控制台显示 num1 和 num2。

例题 2.8 源代码(Swap2Nums.py)如下：

```
# 分别将 10 和 3 赋值给 num1 和 num2
num1, num2 = 10, 3
# 在控制台显示 num1 和 num2
```

```
print("num1 is", num1, "num2 is", num2);
# 交换 num1 和 num2 指向的值
num1, num2 = num2, num1
# 在控制台显示 num1 和 num2
print("After Swap:")
print("num1 is", num1, "num2 is", num2)
```

【程序运行结果】

```
num1 is 10 num2 is 3
After Swap:
num1 is 3 num2 is 10
```

【代码分析】对两个变量进行数值交换是编程的时候经常用到的一个操作。在 Python 中，可以使用本例题使用的方法简便地交换两个变量的值。

2.5 数学运算符的使用

本节将介绍如何使用数学运算符。

2.5.1 四则运算符及括号的使用

Python 继承了高级语言 C 语言的四则运算符的书写方式，与日常运算习惯保持一致，如表 2-1 所示。

表 2-1 四则运算符

运算符	意义	使用方式	计算结果
+	加	1 + 1	2
-	减	2 - 1	1
*	乘	2 * 2	4
/	除	1 / 2	0.5

表 2-1 中，“+”也可以用来表示正数，“-”也可以用来表示负数。

“先乘除后加减”的四则运算法则依然适用于 Python 中的数学运算。如果想要改变一个算式的运算顺序，需要使用括号，即“(”和“)”，来改变运算顺序(在实际编程中，需要特别注意使用的小括号须为英文括号，不可使用中文括号)。

【例题 2.9】从键盘输入一个摄氏温度读数，将摄氏温度转换为华氏温度，输出该华氏温度值。华氏温度与摄氏温度之间的转化公式为

$$fahrenheit = 32 + celsius * (9/5)$$

例题 2.9 算法如下：

(1) 使用 input()函数向计算机输入摄氏温度读数字符串，并使用 eval()函数将这个读数转换为数值类型，赋值给变量 celsius。

(2) 使用公式 fahrenheit = 32 + celsius * (9/5)求出对应华氏温度读数。

(3) 输出结果。

例题 2.9 源代码(Fahrenheit.py)如下：

```
1. # 使用 input()函数向计算机输入摄氏温度读数
2. # 并使用 eval()函数将这个读数转换为数值类型，赋值给变量 celsius
3. 摄氏温度 = eval(input("请输入摄氏温度读数："))
4. # 使用公式 fahrenheit = 32 + celsius * (9/5)，求出对应华氏温度读数
5. 华氏温度 = 32 + 摄氏温度 * (9/5)
6. # 输出结果
7. print("转换为华氏温度读数为：", 华氏温度)
```

【程序运行结果】

```
请输入摄氏温度读数：
```

此时，在冒号后输入摄氏温度读数(如 36.5)，然后按 Enter 键，程序就会求出结果，并输出到控制台上。

```
请输入摄氏温度读数：36.5
转换为华氏温度读数为：97.7
```

【代码分析】

(1) 第 3 行，使用 eval()函数将输入值转换为数值，此时键盘输入值可以是整数(如 36)，也可以是浮点数(如 36.5)，eval()函数会将输入值转换为数值。

(2) 第 3 行、第 5 行、第 7 行中使用了中文作为变量名。尽管此时程序能运行并得出结果，表明中文可以用来做变量名标识符，但是在实际编写程序的时候应尽量少用非英文标识符。编写大型框架程序或引用外部第三方模块的时候，使用非英文标识符很有可能出现不明错误。

(3) 第 5 行使用了括号，此时要注意，须使用英文括号。若编写程序的时候，在第 5 行括号前后出现红色波浪线，大概率是错误使用了中文括号，需要切换输入法至英文输入法，再输入括号。

(4) 第 5 行计算了 9/5 的值。由于“/”是用来计算浮点数除法的，运算结果是浮点数。9/5 = 1.8，浮点数加入了运算，所以 Python 自动认为华氏温度是一个浮点类型的数值(后面章节将介绍)。

2.5.2 特殊运算符的使用

“//” “**” 和 “%” 是 Python 中比较特殊的运算符，如表 2-2 所示。

表 2-2　特殊运算符

运算符	意义	使用方式	计算结果
**	乘方	2 ** 3	8
//	整数除(向下取整)	3 // 2	1
%	取余数	5 % 3	2

【例题 2.10】已知一个圆锥体底面半径为 12.5，高为 15，求这个圆锥体体积是多少？

圆锥体体积计算公式为

$$volume = 1/3 * area * height$$

例题 2.10 算法如下：

(1) 将圆锥体的底面半径与高分别赋值给 radius 与 height。

(2) 使用公式 area = PI * radius ** 2 求底面圆面积。

(3) 使用公式 volume = 1/3 * area * height 求圆锥体体积。

(4) 输出结果。

例题 2.10 源代码(Cone.py)如下：

```
1. # 将圆锥体的底面半径与高，分别赋值给 radius 与 height
2. radius, height = eval(input("分别输入圆锥体的底面半径与高："))
3. # 使用公式 area = PI * radius ** 2 求底面圆面积
4. area = 3.14 * radius ** 2
5. # 使用公式 volume = 1/3 * area * height 求圆锥体体积
6. volume = 1/3 * area * height
7. # 输出结果
8. print('圆锥体体积是：', volume)
```

【程序运行结果】

```
分别输入圆锥体的底面半径与高：
```

此时，在冒号后输入题设中半径与高的数值，两个数之间用英文逗号隔开，然后按 Enter 键，程序就会求出结果，并输出到控制台上。

```
分别输入圆锥体的底面半径与高：12.5, 15
圆锥体体积是：2453.125
```

【代码分析】

(1) 第 2 行，使用 eval()函数将两个输入值分别转换为数值，并赋值给了 radius 与 height。

(2) 第 4 行，使用了“**”运算符。“**”运算符还可以用来开方，如“**(1/2)”就是求平方根。

【例题 2.11】使用键盘输入一个三位整数，求这个三位整数各位数字之和。例如输入 213，各位数字之和应该为 2 + 1 + 3 = 6，程序结果输出 6。

例题 2.11 算法如下：

(1) 键盘输入三位数，转换为整数，并赋值给 num1。

(2) 求出 num1 这个三位数的各位数字。

(3) 计算这些数字的和。

(4) 输出结果。

例题 2.11 源代码(SumOfEachBit.py)如下：

```
# 键盘输入三位数，转换为整数，并赋值给 num1
num1 = int(input("输入一个三位整数："))
# 求出 num1 这个三位数的各位数字
```

```
4. digit1 = num1 % 10
5. digit2 = num1 // 10 % 10
6. digit3 = num1 // 100
7. # 计算这些数字的和
8. sum = digit1 + digit2 + digit3
9. # 输出结果
10. print(sum)
```

【程序运行结果】

```
输入一个三位整数:
```

此时，在冒号后输入一个三位整数，如 475，然后按 Enter 键，程序就会求出结果，并输出到控制台上。

```
输入一个三位整数：475
16
```

【代码分析】

(1) 第 4～6 行使用了求余运算，整数除运算，分别求出了个位、十位和百位数。

(2) 第 8 行，计算了三个数字的和。

【例题 2.12】假设今天是星期 4，求第 *n* 天之后是星期几，使用键盘输入 *n* 的值。

例题 2.12 算法如下：

(1) 键盘输入 *n* 天之后的 *n* 的数值，并转换为整数，并赋值给 *n*。

(2) 求出 *n* 天之后是星期几。

(3) 输出结果。

例题 2.12 源代码(WeekDay.py)如下：

```
# 键盘输入 n 天之后的 n 的数值，并转换为整数，并赋值给 n
print("今天是星期 4，请问 n 天之后是星期几？")
n = int(input("请输入 n 的值："))
# 求出 n 天之后是星期几
weekDay = (4 + n) % 7
# 输出结果
print(n,"天之后，星期", weekDay)
```

【程序运行结果】

```
今天是星期 4，请问 n 天之后星期几？
请输入 n 的值：15
```

此时，在冒号后输入一个整数，如 15，然后按 Enter 键，程序就会求出结果，并输出到控制台上。

```
今天是星期 4，请问 n 天之后是星期几？
请输入 n 的值：15
15 天之后，星期 5
```

【代码分析】第 5 行，使用除以 7 取余数的操作。因为每周 7 天是一个固定的周期，我们称这种 7 天为一周期的情况是以 7 为模，因此只要使用求余数运算，就能求出星期几。“%”就是计算机取余数运算的运算符。

2.6 课后习题

一、选择题

(1) 以下 input()函数的调用方式中，符合语法的是(　　)。

A. input　　B. input " "　　C. input ' '　　D. input ()

(2) 设 m = A，则 print(m * 3)的输出结果是(　　)。

A. 3*A　　B. AAA　　C. mmm　　D. 报错

(3) 设 m = 8，则 print(m * 3)的输出结果是(　　)。

A. 3*8　　B. 38　　C. 888　　D. 24

(4) 设 m = 'A'，则 print(m * 3)的输出结果是(　　)。

A. 3m　　B. mmm　　C. AAA　　D. 3*A

(5) 设 m = "8"，则 print(m * 3)的输出结果是(　　)。

A. 3m　　B. mmm　　C. 888　　D. 3*A

(6) print(int(3.14))的输出结果是(　　)。

A. 3　　B. 3.1　　C. 4　　D. 3.14

(7) 以下可以作为标识符的是(　　)。

A. global　　B. distance　　C. 2num　　D. &tree

(8) 以下不是关键字的是(　　)。

A. class　　B. pass　　C. try　　D. when

(9) 下列关于标识符规则的描述正确的是(　　)。

A. 标识符中必须含有字母、数字和下画线，其他字符也可以出现

B. 可以使用关键字作为标识符

C. Python 中标识符的长度不限

D. Python 中标识符不区分大小写

(10) 以下符合规则的标识符是(　　)。

A. ! hello　　B. _when　　C. .yield　　D. *word

(11) 在 Python3 中，下列关于标识符规则的描述错误的是(　　)。

A. 只含有字母、数字和下画线，其他 Unicode 符号是不允许出现的

B. 标识符不能以数字开头

C. Python 中，标识符的长度没有限制

D. Python 中，标识符的大小写是敏感的

(12) 以下不是关键字的是(　　)。

A. class　　B. pass　　C. try　　D. when

(13) 整数除的运算符是( )。

A. / B. \\ C. // D. \

(14) 乘方的运算符是( )。

A. ^^ B. || C. ^ D. **

(15) 取余数的运算符是( )。

A. %% B. ** C. % D. ||

(16) Python 中，以下赋值语句正确的是( )。

A. var a = 3 B. int a = 3 C. a == 3 D. a = 3

(17) 能将数值 2.16 转换为整型的语句是( )。

A. int (2.16) B. eval (2.16) C. str (2.16) D. print (2.16)

(18) 变量 a 的值为字符串类型的"5"，能将 a 转换为整型的语句是( )。

A. input(a) B. int(a) C. integer(a) D. castToInt(a)

(19) 某表达式需要求 x 的 y 次方，以下表达式正确的是( )。

A. x ^ y B. x ^^ y C. x %% y D. x ** y

(20) 对 x 除以 y 取余(x、y 均不为零)，以下表达式正确的是( )。

A. x %% y B. x ^^ y C. x || y D. x % y

(21) 2 * 3 ** 2 表达式输出的结果是( )。

A. 18 B. 12 C. 7 D. 以上都不对

(22) 4 ** 2 * 1 表达式输出的结果是( )。

A. 8 B. 7 C. 16 D. 9

(23) 3 * 16 ** (1/2)表达式输出的结果是( )。

A. 24.0 B. 16.0 C. 48.0 D. 12.0

(24) 22 % 11 表达式输出的结果是( )。

A. 2 B. 11 C. 22 D. 0

(25) 关于 14 %% 2 表达式的说法正确的是( )。

A. 输出结果为：2 B. 输出结果为：7 C. 表达式错误 D. 输出结果为：14

(26) 4 + 2 * 3 表达式输出的结果是( )。

A. 18 B. 10 C. 12 D. 以上都不对

(27) 6 / 2 * 5 表达式输出的结果是( )。

A. 15.0 B. 3 / 5 C. 15 D. 以上都不对

(28) 3 // 2 表达式输出的结果是( )。

A. 1.5 B. 2 C. 3 D. 1

(29) 4 // 5 * 5 表达式输出的结果是( )。

A. 0 B. 4 C. 1 D. 0.8

(30) print("6 // 5")输出的结果是( )。

A. 1 B. 1.2 C. 6 // 5 D. 以上都不对

(31) 要实现对 n1、n2、n3 同时赋值，以下语句正确的是( )。

A. n1, n2, n3 = 1, 2, 3 B. n1. n2. n3 =1 2 3

C. n1 n2 n3 = 1 2 3 D. n1 n2 n3 = 1, 2, 3

(32) 如果表达式的算数运算操作符有相同的优先级，则运算规则是(　　)。

A. 从左到右　　B. 从右到左

C. 从上到下　　D. 以上都不对

(33) 下列表达式结果为 1 的是(　　)。

A. 2 % 1　　B. 15 % 4　　C. 25 % 5　　D. 37 % 6

(34) 下列表达式结果为 0 的是(　　)。

A. 4 // 5　　B. 1 / 2　　C. 6 / 1　　D. 2 / 3

(35) 关于赋值语句，以下选项中描述错误的是(　　)。

A. a, b = b, a 可以实现 a 和 b 值的互换

B. a, b, c = b, c, a 是不合法的

C. 在 Python 语言中，=表示赋值，即将=右侧算式的计算结果赋值给左侧变量，包含=的语句被称为赋值语句

D. 赋值与二元操作符可以组合，例如 -=、+=、*= 等

(36) 关于如何获取 Python 关键字，以下语句正确的是(　　)。

A. help("keywords")　　B. question("keywords")

C. keywords("help")　　D. issue("help")

(37) 从键盘输入一个带有小数点的值，将这个值转化为浮点类型的数据的时候，应使用的内置函数是(　　)。

A. int ()　　B. print ()　　C. input ()　　D. eval ()

(38) 下列关于 print()函数的说法正确的是(　　)。

A. 可将带小数点的数转换为整数　　B. 可将字符串数字转化为整数

C. 可用于输出结果　　D. 可给某变量赋值

(39) 下列关于 input()函数的说法正确的是(　　)。

A. 可以从键盘上获取输入的值　　B. 可将字符串数字转化为整数

C. 可用于输出结果　　D. 可给某变量赋值

(40) 下列关于 int()函数的说法正确的是(　　)。

A. 可以从键盘上获取输入的值　　B. 可保留带小数的数字的整数部分

C. 可用于输出结果　　D. 可给某变量赋值

(41) 下列关于 eval()函数的说法正确的是(　　)。

A. 可将从键盘上输入的值转化为实数　　B. 可将实数转化为整数

C. 可用于输出结果　　D. 可给某变量赋值

(42) n = int(input())，从键盘上输入 3.5，n = (　　)。

A. 3.0　　B. 3.5　　C. 3　　D. 以上都不对

(43) n=eval(input())，从键盘上输入 4.9，n = (　　)。

A. 4　　B. 4.0　　C. 5　　D. 4.9

(44) n = (4 / 5)，n = (　　)。

A. 0　　B. 0.0　　C. 1　　D. 0.8

(45) n = int(4 / 5)，n = (　　)。

A. 0　　B. 1　　C. 0.8　　D. 以上都不对

(46) 设 n = eval(8 // 3)，则 print(eval(n))输出的结果是(　　)。

A. 2　　B. 3　　C. 2.66　　D. 以上都不对

(47) n = 5 ** 2 % 4 / 2，n = (　　)。

A. 2　　B. 1　　C. 0.5　　D. 以上都不对

(48) Python 中，下列语句的语法结构非法的是(　　)。

A. x = y = z =1　　B. x = (y = z + 1)　　C. x, y = y, x　　D. x += y

(49) 下列标识符中，不合法的是(　　)。

A. int32　　B. 40XL　　C. self　　D. name

(50) 下列说法正确的是(　　)。

A. “//”是整数除符号　　B. “%%”是整数百分符

C. “**”是乘以符号　　D. “%”是除以符号

(51) 下列不能够作为标识符的是(　　)。

A. _CAD　　B. AND　　C. While　　D. not

(52) 下列关于标识符规则的说法正确的是(　　)。

A. 在特殊情况下可以使用关键字作为标识符　　B. 标识符的长度不限

C. 标识符的大小写不敏感　　D. 标识符可以使用数字开头

(53) 下列关于标识符规则说法正确的是(　　)。

A. 在任何情况下关键字都不能作为标识符　　B. 标识符的长度有限

C. 标识符的大小写不敏感　　D. 标识符可以使用数字作为开头

(54) 下列说法正确的是(　　)。

A. Python 中没有严格地区分变量与常量

B. Python 中赋值时，必须事先声明某个值的变量类型

C. 可以使用 int()函数转换多个数值输入

D. eval()函数能转换多个从 input()函数获取的字符串的输入

(55) 下列说法正确的是(　　)。

A. 使用空格对输入的多个数值进行分割

B. 不能使用 int()函数转换多个数值输入

C. Python 中有严格的变量与常量的分别

D. Python 中赋值时，必须事先声明某个值的变量类型

(56) n = 9 * 2 – 3 // 2，则 n = (　　)。

A. 10　　B. 17　　C. 16.5　　D. 以上都不对

(57) 下列不符合标识符规则的是(　　)。

A. a1　　B. b1　　C. and1　　D. 2

(58) 下列符合标识符规则的是(　　)。

A. not　　B. While　　C. for　　D. break

(59) n = 2 ** 3 + 1，则 n = (　　)。

A. 5　　B. 0　　C. 6　　D. 9

(60) n = 36 ** (4 / 8) + 4，则 n = (　　)。

A. 72.0　　B. 22.0　　C. 10.0　　D. 以上都不对

二、判断题

(1) Python 中使用变量必须声明变量类型。 ( )

(2) Python 不会自动识别某个数是整数类型还是浮点类型。 ( )

(3) print()函数可以用来输出结果。 ( )

(4) print()函数是用来赋值的。 ( )

(5) input()函数可以用来获取键盘上的输入。 ( )

(6) input()函数可以用来给某个变量赋值。 ( )

(7) 已知 x = 3，那么 x = 'ABCD'是无法被执行的语句。 ( )

(8) 在 Python 中可以使用 if 作为变量名。 ( )

(9) Python 中变量名必须以字母或下画线开头。 ( )

(10) Python 中变量名不能以数字开头。 ( )

(11) Python 中可以使用 and 作为标识符。 ( )

(12) Python 中可以使用 for 作为变量名。 ( )

(13) Python 区分大小写。 ( )

(14) Python 区分大小写，所以 teacher 和 Teacher 不是同一个变量。 ( )

(15) 一个数字 8 是一个合法的标识符。 ( )

(16) 可以使用 input()从键盘上获取输入。 ( )

(17) print(6 + 3 * 2)是合法的。 ( )

(18) print(A * 3)的输出是 AAA。 ( )

(19) print("A" * 3)的输出是 AAA。 ( )

(20) print("8" * 3)的输出是 24。 ( )

(21) input 不是一个合法标识符。 ( )

(22) global 可以作为标识符。 ( )

(23) when 不是关键字。 ( )

(24) Python 中标识符的长度不限。 ( )

(25) Python 中标识符只允许出现字母、数字和下画线，但是符合 Unicode 编码标准的中文字也可以作为标识符。 ( )

(26) 标识符可以用字母、下画线或数字开头。 ( )

(27) Python 中标识符的长度有限。 ( )

(28) Python 中标识符的大小写不敏感。 ( )

(29) AND 可以用作标识符。 ( )

(30) 5/4 该式的运算结果是 1。 ( )

(31) 3//2 该式的运算结果是 1。 ( )

(32) 6/3 该式的运算结果是 2.0。 ( )

(33) 5 / 4 = 1，该式是正确的。 ( )

(34) 3 // 2 = 1，该式是正确的。 ( )

(35) 6 / 3 = 2.0，该式是正确的。 ( )

(36) 整除的运算符是/。 ( )

(37) 整除的运算符是//。 (　)
(38) 乘法的运算符是**。 (　)
(39) 乘方的运算符是**。 (　)
(40) 乘方的运算符是*。 (　)
(41) 除法的运算符是/。 (　)
(42) 除法的运算符是//。 (　)
(43) 取余的运算符是%%。 (　)
(44) 取余的运算符是%。 (　)
(45) 在特殊情况下，运算符可以是%%。 (　)
(46) int(a) = 3 是一个合法的赋值语句。 (　)
(47) a = 3 是一个合法的赋值语句。 (　)
(48) a 可以用作标识符，尽管不建议这样使用。 (　)
(49) int(2.16)可将 2.16 转化为整数 2。 (　)
(50) print(2.16)输出的数是 2。 (　)
(51) 一个字符串 n = "8"，可以通过 int(n)转化为整型。 (　)
(52) n 的 m 次方的表达式是 n ^ m。 (　)
(53) n 的 m 次方的表达式是 n ** m。 (　)
(54) 对 n 除以 m 并取余的表达式是 n % m。 (　)
(55) 3 ** 2 * 2 表达式的值为 12。 (　)
(56) 4 ** 2 * 1 表达式的值为 16。 (　)
(57) a, b, c = b, c, a 是不合法的。 (　)
(58) a, b = b, a 可以实现 a 和 b 值的互换。 (　)
(59) 赋值与二元操作符可以组合，例如 -=、+=、*= 等。 (　)
(60) 在 Python 语言中，=表示赋值，即将=右侧算式的计算结果赋值给左侧变量，包含=的语句被称为赋值语句。 (　)
(61) 使用 help("keywords")可以获取 Python 关键字。 (　)
(62) int()函数可以在从键盘上输入一个带有小数点的实数时使用。 (　)
(63) Python 中赋值必须先进行声明。 (　)
(64) Python 中没有变量与常量的分别。 (　)
(65) x == 78 是一个赋值语句。 (　)
(66) 999 ** 8888 在 Python 中无法被运算。 (　)
(67) 5 + "v"不是合法的运算表达式。 (　)
(68) Python 中没有常量，只有可以被多次赋值的变量。 (　)
(69) 使用函数 input()来获取从键盘输入的一个字符串。 (　)
(70) print("6 // 5")的输出结果为 1。 (　)
(71) 4 // 5 * 5 的结果为 4。 (　)
(72) Python 中，表达式中的运算符优先级相同时，从左到右依次运算。 (　)

三、编程题

(1) 从键盘上输入两个数值，分别赋值给num1、num2，然后求它们的乘积。

程序运行后期望结果如下所示：

```
输入第一个数：5
输入第二个数：4
5 * 4 = 20
```

(2) 已知pi = 3.14，使用键盘输入一个球体的半径，求这个球体的表面积及体积。

程序运行后期望结果如下所示：

```
输入一个球体的半径：5
这个球体的表面积是： 314.0
这个球体的体积是： 523.3333333333334
```

(3) 输入一个华氏温度，求这个华氏温度所对应的摄氏温度。华氏温度转摄氏温度的公式如下：celsius = 5/9 * (fahrenheit-32)。

程序运行后期望结果如下所示：

```
输入华氏温度：98
摄氏温度值为：36.66666666666667
```

(4) 使用键盘输入一个正数，求这个数的平方根。

程序运行后期望结果如下所示：

```
输入一个正数：8
2.8284271247461903
```

(5) 输入一个三位正整数，输出它的逆序数，例如输入123，输出321。

程序运行后期望结果如下所示：

```
输入一个三位的正整数：123
逆序数是： 321
```

(6) 已知我国2019年GDP总量为14.36万亿美元，GDP增长率为6.1%。假设今后每一年，GDP增长率均为6%，到了2049年，我国的GDP总量将会达到多少万亿美元？

程序运行后期望结果如下所示：

```
预计到2049年，我国GDP将会达到： 82.47653324303438 万亿美元
```

(7) 已知两地相距120千米，甲乙两人同时从两地出发相向而行。甲的速度是55千米/小时，乙的速度是35千米/小时。请问多少分钟后，甲乙两人会相遇？

程序运行后期望结果如下所示：

```
80.0
```

(8) 陈寿的《三国志·诸葛亮传》中记载：诸葛亮“身高八尺，犹如松柏”。1972 年，在甘肃嘉峪关市新城 2 号墓出土了一把三国时期魏国的骨尺。这把尺证实了，三国时期魏国的一尺换算成现在的长度，大约是 23.8 厘米。请问诸葛亮的身高大约是多少厘米？

程序运行后期望结果如下所示：

```
诸葛亮身高八尺，大约是现在的 190.4 厘米
```

第 3 章
函数与字符串

自从计算机诞生以后，人们想计算的东西越来越多，计算要求越来越高，计算过程越来越复杂，编写的程序也越来越复杂。一个应用程序从头到尾完全由一个人编写，在 21 世纪的今天，这种事情几乎是不可能完成的任务。编写计算机程序的过程必然涉及分工合作，必然需要使用别人的工作成果。

本章将介绍如何使用已经编制好的程序。本章不可能介绍所有的函数、方法，读者在编写程序前，可以先通过网络查找有没有已经编制好的、合适的函数，如果有，就可以直接调用。

3.1 内置函数的介绍

Python 提供给用户的函数库是十分庞大的。在第 1 章、第 2 章的入门学习中，我们已经使用了几个内置函数，如 print()、input()、eval()、int()等。对于 Python 翻译器来说，Python 的内置函数是可以被直接翻译成机器语言供计算机执行的。感兴趣的同学可以运行以下程序，输出所有内置函数的函数名：

```
import builtins
print(dir(builtins))
```

函数的一个比较直观的标志就是标识符后是否紧跟着使用了括号。表 3-1 列出了几个常用的内置函数。

表 3-1 几个常用的内置函数

函数名称	函数功能	使用举例
abs(x)	返回一个数的绝对值	abs(-2)
int(s)	将一个数字字符串转换为整数类型的数值	int("5")
float(s)	将一个数字字符串转换为浮点类型的数值	float("1.5")
max(x1,x2,x3…)	返回最大的一个数	max(1,4,2,3)
min(x1,x2,x3…)	返回最小的一个数	min(1,4,2,3)
pow(x, y)	求 x 的 y 次方	pow(2, 3)

(续表)

函数名称	函数功能	使用举例
str(x)	将一个数转换成字符串	str(1.5)
round(x, y)	将 x 四舍五入，小数保留 y 位	round(3.1415926, 2)

【例题 3.1】 演示几个函数的使用方法。

例题 3.1 源代码(TestBuiltInFunctions.py)如下：

```
1.  print(abs(-2))
2.  print(int("5"))
3.  print(float("5"))
4.  print(max(1,4,2,3))
5.  print(min(1,4,2,3))
6.  print(str(1.5))
```

【程序运行结果】

```
2
5
5.0
4
1
1.5
```

【代码分析】

(1) 第 3 行运行结果为浮点数 5.0，实际上就是将整数 5 转换成含有小数点的浮点数 5.0。

(2) 第 6 行看上去是数字，实际上已经变成了一个字符串。str()函数的具体使用方法后续章节会介绍。要使用表 3-1 中的内置函数，只需要在括号中加入数值参数即可。

3.2 导入模块库与调用模块函数

Python 的强大之处在于 Python 有很多标准库、第三方库，这些库由活跃的 Python 社区来维护。如果需要使用这些库中函数所提供的功能，需要用关键字 import 来导入这些库。本节将介绍几个标准模块库中的函数。

3.2.1 math 模块库

使用计算机解决一些数学运算问题本就是计算机设计的初衷。Python 可以使用 math 模块库，这个模块库里有很多数学函数可以被调用。调用这些数学函数的时候，需要首先导入 math 模块库，然后才能调用 math 模块库中的数学函数。math 模块库中还定义了两个常量：圆周率 pi 和自然常数 e。math 模块库在进行数学运算的时候是十分有用的。

math 模块库中常用的数学函数和常量如表 3-2 所示。

表 3-2　math 模块库中常用的数学函数和常量

名称		函数功能	使用举例
函数	math.fabs(x)	返回一个数的绝对值	math.fabs(-2)
	math.sqrt(x)	求 x 的平方根	math.sqrt(5)
	math.log(x)	求 x 的自然对数	math.log(10)
	math.log(x, y)	求以 y 为底的 x 的对数	math.log(10, 10)
	math.sin(x)	求 x 的正弦值	math.sin(2)
	math.cos(x)	求 x 的余弦值	math.cos(2)
	math.asin(x)	求 x 的反正弦值	math.asin(0.5)
	math.acos(x)	求 x 的反余弦值	math.acos(0.5)
	math.tan(x)	求 x 的正切值	math.tan(1)
	math.degrees(x)	求弧度 x 的对应的角度值	math.degrees(1)
	math.radians(x)	求度数 x 对应的弧度值	math.radians(45)
常量	math.pi	Python 提供的圆周率常数 3.141592653589793	math.pi
	math.e	Python 提供的自然常量 2.718281828459045	math.e

【例题 3.2】某型 155mm 榴弹炮，炮弹出口速度为 563 米/秒，为了打中距离为 25 千米的目标，在不计空气阻力的情况下，该炮管发射角度需要为多少度？结果保留 2 位小数。

已知火炮发射的距离公式为 $s = v^2 * \sin 2A / g$。其中 v 为炮弹出口速度，A 为发射角度，g 为常量 9.8m/s^2。

例题 3.2 源代码(Degree.py)如下：

```
#首先导入 math 模块库
import math
# 火炮的初速度 563 赋值给 speed
speed = 563
# 25 千米转换成米，赋值给 distance
distance = 25 * 1000
# 将 9.8 赋值给 g
g = 9.8
#根据公式求出 sin2A
sin2A = distance / (speed ** 2) * g
# 使用反正弦函数求 2A
angle = math.asin(sin2A)
# 将弧度转换为度数
degree = math.degrees(angle) / 2
# 结果保留 2 位小数
degree = round(degree, 2)
print("炮管发射角度为：", degree)
```

【程序运行结果】

```
炮管发射角度为： 25.31
```

【代码分析】

(1) 第 2 行导入了 math 模块库。除了内置模块库外，使用任何其他模块库的函数之前，都需要首先使用 import 关键字导入模块库。

(2) 第 12 行，使用了 math 模块库中的反正弦函数 math.asin(x)，求出弧度。

(3) 第 14 行，使用了 math 模块库中的转换角度函数 math.degrees(x)，求出弧度所对应的角度。

(4) 第 16 行，先使用了内置函数中的 round(x, y)方法，使用后，角度值保留 2 位小数，得到结果后，赋值给左侧的 degree，替换原来的 degree 值。

3.2.2 time 模块库

统计程序运行的时间是一个很有用的功能。我们可以使用 time 模块库中的 time.time()函数获取程序运行当时的时间值。这个时间值是一个浮点数，整数部分是秒数。一般我们会使用 int()函数取整，这样就能取到当时的秒数。这个秒数是从格林尼治时间 1970 年 1 月 1 日 0 点开始计算的。下面通过一个例题，了解 time.time()函数的调用方法。

【例题 3.3】使用 time.time()函数求出当前距离 1970 年 1 月 1 日 0 点过去了多少秒。

例题 3.3 源代码(TestTime.py)如下：

```
1.  # 导入 time 模块库
2.  import time
3.  # 获取当前距离 1970 年 1 月 1 日 0 点过去多长时间
4.  seconds = time.time()
5.  print(seconds)
6.  # 将获取到的时间值进行取整，得到秒数
7.  seconds = int(seconds)
8.  print("距离 1970 年 1 月 1 日 0 点过去",seconds,"秒")
```

【程序运行结果】

```
1592380149.1276698
距离 1970 年 1 月 1 日 0 点过去 1592380149 秒
```

【代码分析】

(1) 第 4 行，使用 time.time()函数得到了一个浮点数，这个浮点数就是距离 1970 年 1 月 1 日 0 点过去了多长时间。

(2) 第 7 行，使用了 int()函数，只保留了整数部分。也可以使用 round(x)函数进行四舍五入运算后，得到整数部分。

一般来说，一段程序的执行是需要消耗时间的。程序结束时的时间减去程序开始时的时间，即为程序运行消耗的时间。

【例题 3.4】使用键盘输入一个字符串，输出这个字符串后，计算运行这段程序用了多少时间。

例题 3.4 源代码(ComputeTime.py)如下：

```
# 导入 time 模块库
import time
```

```
3.  # 获取当前时间，赋值给 startTime
4.  startTime = time.time()
5.  # 使用键盘输入一个字符串，并打印这个字符串
6.  inputString = input("随便输入一些字符串：")
7.  print(inputString)
8.  # 获取当前时间，赋值给 endTime
9.  endTime = time.time()
10. # 计算这个程序运行了多少时间
11. duration = int(endTime - startTime)
12. print("这个程序用时", duration, "秒")
```

【程序运行结果】

```
随便输入一些字符串：HelloWorld
HelloWorld
这个程序用时 4 秒
```

【代码分析】

(1) 第 4 行，使用 time.time()函数得到一个浮点数，作为 startTime，即起始时间。

(2) 第 9 行，使用 time.time()函数得到一个浮点数，作为 endTime，即结束时间。

(3) 第 11 行，使用 endTime 减去 startTime，计算总运行时间。

3.2.3 random 模块库

Python 中提供了 random 模块库，调用该模块库中的函数可以生成随机数。本节将介绍两个常用的随机函数：random.random()与 random.randint(x, y)，如表 3-3 所示。

表 3-3　常用的随机函数

函数	函数功能	使用举例
random.random()	产生一个在范围[0, 1)前闭后开区间的随机浮点数	random.random()
random.randint(x, y)	产生一个在范围[x, y]的随机整数	random.randint(1, 9)

【例题 3.5】显示表 3-3 中随机函数的运行结果。

例题 3.5 源代码(TestRandom.py)如下：

```
1. import random
2. print(random.random())
3. print(random.randint(1,9))
```

【程序运行结果】

```
0.7030062158249373
6
```

【代码分析】

(1) 如果需要随机数，首先要使用 import 关键字导入 random 模块库。

(2) 每次运行函数的结果都是随机的，本例中第 2 行产生随机浮点数，再次运行该函数出

现同样浮点数的概率小到可以忽略不计。

(3) 第 3 行，随机产生一个随机整数，这个整数的取值范围是大于等于 1，且小于等于 9。

在计算机中，字符也被存储为 0 和 1。除了可以调用随机函数生成一个数，还能通过以下方法随机生成字母。

【例题 3.6】随机生成一个大写字母。

例题 3.6 源代码(RandomChar.py)如下：

```
1.  # 导入 random 模块库
2.  import random
3.  # 使用 random.randint(0, 25)，得到一个随机整数
4.  randValue = random.randint(0, 25)
5.  # 获取“A”的编码值
6.  charValue = ord("A")
7.  # 将 “A” 的编码加上随机数后，得到新的编码值
8.  newCharValue = charValue + randValue
9.  # 使用 chr()函数，将编码转换为字符并输出
10. print("随机生成的大写字母是：",chr(newCharValue))
```

【程序运行结果】

```
随机生成的大写字母是： B
```

【代码分析】

(1) 第 4 行，使用 random.randint(x, y)函数随机生成一个 0～25 范围内的整数。

(2) 第 6 行，使用内置函数 ord()得到大写字母 A 的编码值，并将这个值赋值给 charValue。由于 Unicode 是扩展的 ASCII 编码，ASCII 编码中 A 的编码值为 65，因此，charValue 的值为 65。

(3) 第 8 行，newCharValue 的取值范围为 65 + 0≤newCharValue≤65 + 25，因此可以认为 newCharValue 是一个 65～100 范围内的随机数。

(4) 第 8 行，使用 chr()函数将 newCharValue 编码值转换成对应的字符，并输出结果。

3.3 ASCII 与 Unicode 介绍

计算机内存储的数据，包括数字与字符在内的所有信息，均为 0 与 1。计算机诞生之初，不同的计算机由不同的公司、不同的团队、不同的工程师来设计，这就导致计算机之间由于编码不同陷入了无法沟通的困境。当时，每台计算机都有自己的语言，每台计算机都有自己的编码，每台计算机都有自己独特的机器语言。

图 3-1 鲍勃·比默尔

1956 年，IBM 公司的鲍勃·比默尔(见图 3-1)在给自己公司的 9 台计算机进行编码的时候，使用了 9 种不同的编码方式，他因此感受到了普通程序员 9 倍的困扰。他研究了当时世界上所有的计算机编码集后发现，实际应用到计算机中的编码集竟然达 60 多种。他认

为，人类如果想要进步就必须大力发展计算机运算能力，而横亘在人类与计算机之间的表达模式和编码方式就成了他的研究方向。

作为一个计算机发展的先驱者，他极力游说美国国家标准研究所(ANSI)：计算机的发展必须避免计算机之间无法共用源代码、编码集的现状。1960 年 5 月，比默尔做出了计算机编码的初步设计，并提交给了 ANSI。ANSI 最终接受了比默尔的编码方案，把这个编码方案命名为美国国家标准信息交换码(American Standard Code for Information Interchange，ASCII)。之后，所有的计算机都以这种编码标准来编码存储或运算字符。

ASCII 使用了 7 个二进制位的标准数字来描述 26 个小写字母、26 个大写字母、10 个数字、32 个符号、33 个控制代码和一个空格。对于当时的计算机运算速度、存储容量以及面向的用户来说，这 128 个字符足够了。表 3-4 所示为 ASCII 码中的可显示字符。

表 3-4　ASCII 码中的可显示字符

二进制	十进制	十六进制	字符	二进制	十进制	十六进制	字符	二进制	十进制	十六进制	字符
00100000	32	20	(空格)	01000000	64	40	@	01100000	96	60	`
00100001	33	21	!	01000001	65	41	A	01100001	97	61	a
00100010	34	22	"	01000010	66	42	B	01100010	98	62	b
00100011	35	23	#	01000011	67	43	C	01100011	99	63	c
00100100	36	24	$	01000100	68	44	D	01100100	100	64	d
00100101	37	25	%	01000101	69	45	E	01100101	101	65	e
00100110	38	26	&	01000110	70	46	F	01100110	102	66	f
00100111	39	27	'	01000111	71	47	G	01100111	103	67	g
00101000	40	28	(	01001000	72	48	H	01101000	104	68	h
00101001	41	29	)	01001001	73	49	I	01101001	105	69	i
00101010	42	2A	*	01001010	74	4A	J	01101010	106	6A	j
00101011	43	2B	+	01001011	75	4B	K	01101011	107	6B	k
00101100	44	2C	,	01001100	76	4C	L	01101100	108	6C	l
00101101	45	2D	-	01001101	77	4D	M	01101101	109	6D	m
00101110	46	2E	.	01001110	78	4E	N	01101110	110	6E	n
00101111	47	2F	/	01001111	79	4F	O	01101111	111	6F	o
00110000	48	30	0	01010000	80	50	P	01110000	112	70	p

(续表)

二进制	十进制	十六进制	字符	二进制	十进制	十六进制	字符	二进制	十进制	十六进制	字符
00110001	49	31	1	01010001	81	51	Q	01110001	113	71	q
00110010	50	32	2	01010010	82	52	R	01110010	114	72	r
00110011	51	33	3	01010011	83	53	S	01110011	115	73	s
00110100	52	34	4	01010100	84	54	T	01110100	116	74	t
00110101	53	35	5	01010101	85	55	U	01110101	117	75	u
00110110	54	36	6	01010110	86	56	V	01110110	118	76	v
00110111	55	37	7	01010111	87	57	W	01110111	119	77	w
00111000	56	38	8	01011000	88	58	X	01111000	120	78	x
00111001	57	39	9	01011001	89	59	Y	01111001	121	79	y
00111010	58	3A	:	01011010	90	5A	Z	01111010	122	7A	z
00111011	59	3B	;	01011011	91	5B	[	01111011	123	7B	{
00111100	60	3C	<	01011100	92	5C	\	01111100	124	7C	|
00111101	61	3D	=	01011101	93	5D	]	01111101	125	7D	}
00111110	62	3E	>	01011110	94	5E	^	01111110	126	7E	~
00111111	63	3F	?	01011111	95	5F	_				

随着计算机技术的蓬勃发展，越来越多的国家和地区需要使用计算机技术助力自己的科技发展，人与计算机交互不再局限于使用英文字符了，一些数学符号、希腊罗马字符、简体中文、繁体中文、日文、希伯来文等都需要使用计算机处理。字符数量的需求大大超过了128个，于是又出现了新的编码不统一的问题。比如日本采用 Shift-JIS 编码标准记录日文，我国使用GB-2312 编码标准表示中文简体汉字，我国台湾地区、香港特别行政区、澳门特别行政区使用BIG5 编码的标准编码中文繁体汉字。当标准各不相同的时候，比如，在我国台湾地区的计算机上访问日文编码的网页，计算机会试图用 BIG5 编码标准解析使用 Shift-JIS 编码的网页，就会产生莫名其妙的乱码，如图 3-2 所示。

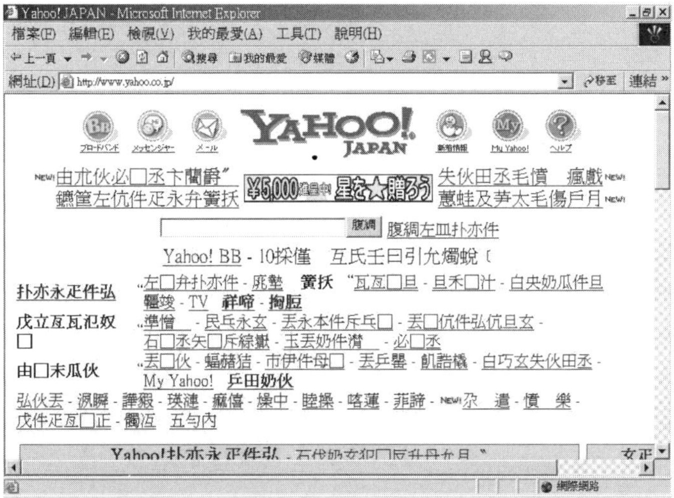

图 3-2　使用 BIG5 编码的计算机解析使用 Shift-JIS 编码的网页

请注意，图 3-2 中 Yahoo！这几个英文字母是正常显示的，因为各个国家的编码方案都是扩展 ASCII 编码增加自己本国的字符编码，因此 ASCII 原本的英文字母编码方案是不变的。

为了解决不同国家计算机编码方案中的乱码问题，国际标准化组织与多语言软件制造商组成的统一码联盟从 1990 年开始对统一编码方案进行研究，并于 1994 年正式公布了统一码(Unicode)方案，建议全球的计算机系统都遵循 Unicode 编码方案。2013 年，Unicode6.3 版本发布。在 6.3 版本中，Unicode 定义了足以满足全人类需求的编码容量。目前，UTF-8 编码方案中已经收录了两万一千多个汉字。国际标准化组织正在准备把整部康熙字典的汉字收录到 UTF-32 编码中。Unicode 编码方案有效地统一了计算机向人类描述字符的方式。

UTF-8、UTF-16、UTF-32 是 Unicode 的实现方式，需要进一步学习计算机编程知识的同学在未来的学习中会进一步接触到它们的编码规则，本书中不做介绍。大家只需要了解 Python 中使用的是 Unicode 编码方案的 UTF-8 实现方式，能够表达多个国家的字符，如英文、中文简体、中文繁体、希腊文等。

3.3.1　ord()函数

Python 的最新版本是可以识别 Unicode 编码的，这意味着，除英文字符外，Python 也可以使用诸如中文、日文、希腊文之类的文字作为标识符。但是由于历史沿革的问题，很多程序模块、程序框架都是用英文标识符编写的，为了避免在使用某些框架技术的时候出现莫名其妙的问题，请同学们使用英文字符作为标识符。ord()函数是 Python 的内置函数，使用 ord()函数，可以显示字符对应的 Unicode 编码数值。

【例题 3.7】Python 字符编码方案中，字符“A”“Z”“a”“z”“0”“1”“9”和“考”的编码数值各是多少？

例题 3.7 源代码(TestOrd.py)如下：

```
print(ord("A"))
print(ord("Z"))
print(ord("a"))
```

```
4.  print(ord("z"))
5.  print(ord("0"))
6.  print(ord("1"))
7.  print(ord("9"))
8.  print(ord("考"))
```

【程序运行结果】

```
65
90
97
122
48
49
57
32771
```

【代码分析】

(1) 对照 ASCII 表可以发现，第 1~7 行的数值都是字符所对应的 ASCII 编码数值。

(2) Unicode 是由 ASCII 扩展而来，前 128 个字符采用了 ASCII 编码方案。

(3) “考”字是中文，最初没有出现在 ASCII 中，因此“考”字的编码数值非常大。实际上，汉字的编码数值都非常大。

(4) 试着增加一条语句，在引号之间输入中文的逗号与英文的逗号，查看它们的编码值(分别为 65292 和 44)。请注意，在 Python 编程中，控制语句只认英文符号，不认中文符号，一旦误用，会产生语法错误。

3.3.2 chr()函数

我们可以找到一个字符所对应的编码，同样可以根据编码输出这个编码所对应的字符，此时需要使用 chr()函数。chr()函数也是 Python 的内置函数。

【例题 3.8】B 后面的第 9 个字母是什么？

例题 3.8 源代码(TestChr.py)如下：

```
1.  # 将 B 赋值给一个变量
2.  ch = "B"
3.  # 使用 ord()函数得到 B 的 ASCII 编码数值，并将这个数值赋值给 chValue
4.  chValue = ord(ch)
5.  # 使用 chr()函数得到 B 后第 9 个字符
6.  newCh = chr(chValue + 9)
7.  print(newCh)
```

【程序运行结果】

```
K
```

【代码分析】

(1) 第 4 行，使用 ord()函数获取变量 ch 的编码值。

(2) 第 6 行，因为 ASCII 编码方式中，字符是按字母表顺序排列的，ch 后的第 9 个字符就是将 ch 编码值加 9，再使用 chr()函数将这个数值转换为字符。

【例题 3.9】将 B 转换为小写，并输出小写字母 b。

例题 3.9 源代码(UpperToLower.py)如下：

```
# 将 B 赋值给一个变量
upper = "B"
# 使用 ord()函数得到 B 的 ASCII 编码数值，并将这个数值赋值给 chValue
chValue = ord(upper)
# 使用 chr()函数得到 upper 后第 32 个字符
lower = chr(chValue + 32)
print(lower)
```

【程序运行结果】

```
b
```

【代码分析】在 ASCII 编码方案中，大小写字母之间相差 32，如 A 的编码值是 65，a 的编码值是 97。须注意，小写字母比大写字母的编码值大 32。

请同学们回顾例题 3.6，看看能否找到随机生成字母的思路。

3.4 字符串

当需要处理一个有序的字符序列的时候，被处理的有序的字符序列就被称为字符串。一个字母也可以是字符串。在 Python 中，字符与字符串没有明显的区别，字符都被当成字符串处理。

随着计算机技术的不断发展，计算机不仅可以用来计算数学问题，它还可以用来处理、存储、展示各种信息(文字、图片、音频、视频等)。通过前面例题的学习，我们可以发现，计算机计算得出运算结果之后，需要将结果通过输出函数 print()展示给用户，用户才能够看到运算结果。如果只是简单地把运算得到的一个数学结果输出，会让用户比较困惑，不清楚这个数字代表的是什么。因此在输出程序结果的时候，往往会编辑一些字符串对其进行说明。前面的例题中，一般将说明性字符串与计算结果作为 print()函数的参数，让 print()函数输出结果。这种处理方式其实并不好，因为现代计算机技术不仅需要在控制台输出运算的数值结果，还需要伴随大量的说明性文字。处理好一个结果字符串，并输出这个字符串其实是比较好的方案。本节将介绍一些简单的字符串处理方案和处理技巧。

3.4.1 连接字符串

在 Python 中可以使用“+”来连接字符串，此时“+”意味着把前后两个字符串进行连接。

【例题 3.10】使用键盘输入学号、姓名，并在控制台输出一条问候信息。

例题 3.10 源代码(Detail1.py)如下：

```
# 使用 input 函数输入信息
sid = input("请输入学号：")
sname = input("请输入姓名：")
# 使用+连接几个不同的字符串，并赋值给 message
```

```
5. message = "学号为" + sid + "的" +sname + "同学，你好！"
6. print(message)
```

【程序运行结果】

```
请输入学号：
```

此时，在冒号后输入学号，如“1001”，然后按 Enter 键，程序就会继续运行直到需要进一步输入信息。

```
请输入学号：1001
请输入姓名：
```

此时，在冒号后输入姓名信息，如“小明”，程序就会生成一条信息，并将该信息显示出来。

```
请输入学号：1001
请输入姓名：小明
学号为 1001 的小明同学，你好！
```

【代码分析】

(1) 第 2 行、第 3 行，分别通过 input()函数获取了两个字符串，分别为 sid 和 sname。

(2) 第 5 行，使用“+”运算符连接多个字符串，最终生成一条字符串，并将这个字符串赋值给名为 message 的变量。

(3) 虽然可以直接使用 print()函数以逗号分隔各个信息字符串，输出所需信息，但是将最终结果整合在一起，并输出一个字符串是比较好的编程习惯。

3.4.2 转义字符与特殊字符构成的字符串

有的时候，字符串中可能包含特殊的符号或控制字符。本小节将介绍如何使用 Unicode 进行输出，以及在构造输出信息的时候使用转义字符。

【例题 3.11】使用键盘输入三位同学的姓名、学号，他们的体温都是正常(用“✓”表示)的。请输出这三位同学的信息表。

提示：请使用统一码“\uf0fc”来代表“✓”，使用转义字符“\t”来控制制表符，使用转义字符“\n”另起一行。

例题 3.11 源代码(Detail2.py)如下：

```
# 使用 input()函数输入信息
sid = input("请输入学号：")
sname = input("请输入姓名：")
# 生成 message，准备使用 message 变量存储输出的内容
message = sid + "\t" + sname + "\t" + "\uf0fc" + "\n"
# 再次重复输入步骤
sid = input("请输入学号：")
sname = input("请输入姓名：")
# 扩展 message 内容
message = message + sid + "\t" + sname + "\t" + "\uf0fc" + "\n"
# 第三次重复输入
```

```
12.    sid = input("请输入学号：")
13.    sname = input("请输入姓名：")
14.    # 扩展 message 内容
15.    message = message + sid + "\t" + sname + "\t" + "\uf0fc" + "\n"
16.    # 生成信息表的表头
17.    title = "学号\t 姓名\t 体温"
18.    print(title)
19.    print(message)
```

【程序运行结果】

程序运行，输入相应信息，获得以下结果：

```
请输入学号：101
请输入姓名：小强
请输入学号：102
请输入姓名：小明
请输入学号：103
请输入姓名：小燕
学号  姓名  体温
101   小强  ✓
102   小明  ✓
103   小燕  ✓
```

【代码分析】

(1) 第 5 行、第 10 行、第 15 行中大量使用转义字符。其中“\t”为制表符，每一个“\t”补全一格，一格为 8 个英文字母空位。“\n”为另起一行的意思。由于不同 IDE(集成开发环境)的显示效果不同，同学们在编程解决实际问题的时候，往往需要多次调整制表符的个数，以取得最佳效果。在控制台程序中，绝大多数转义字符用于解决输出排版格式的问题(在网站网页、桌面图形界面中，往往不再用制表符解决输出排版问题)。

(2) 第 5 行、第 10 行、第 15 行中出现了统一码字符“\uf0fc”。这个字符的统一码编码值为十六进制的 f0fc，也就是十进制的 61692。在一些使用 Unicode 的 IDE 中，这个字符就是一个“✓”，可以使用统一码，也可以直接使用这个字符。

(3) 第 2、3 行，第 7、8 行，第 12、13 行，都是进行输入操作，使用 input()函数获取信息。

(4) 第 5 行，生成了信息字符串。这个字符串被命名为 message，它包括学号、制表符、姓名、制表符、一个“✓”，以及一个回车换行符。

(5) 由于整个信息字符串需要包含三位同学的信息，因此，在第 10、15 行对字符串 message 进行了扩展。每获得一次学生信息，就在之前的 message 字符串的尾部加入新的内容。第 15 行程序执行完之后，message 就变成了一个包含三个换行符“\n”的三排字符串。

转义字符可以用来进行格式控制。常用的转义字符如表 3-5 所示。

表 3-5　常用的转义字符

转义字符	转义字符名称	转义字符功能
\t	制表符	插入一个制表符
\n	换行符	光标另起一行
\b	退格符	光标后退一格

(续表)

转义字符	转义字符名称	转义字符功能
\r	回车符	光标移动到同一行的起始位置
\\	反斜线	字符串中的一个反斜线
\'	单引号	字符串中的一个英文单引号
\"	双引号	字符串中的一个英文双引号

3.4.3 print()函数中的 end 参数

每一个 print()函数结束的时候，都会自动输出一个换行符。如果不想在使用 print()函数后换行，需要在 print()函数的括号内加入一个 end 参数，让 end 参数规定的字符串代替换行符。

【例题 3.12】演示 end 参数的使用方法。

例题 3.12 源代码(TestEnd.py)如下：

```
1.  print("Hello")
2.  print("World")
3.  print("Hello", end = "")
4.  print("World")
5.  print("Hello", end = "***")
6.  print("World")
```

【程序运行结果】

```
Hello
World
HelloWorld
Hello***World
```

【代码分析】

(1) 第 1、2 行输出两行字符串，分别是 Hello 和 World。

(2) 第 3 行使用了 end = ""这样的写法，两个英文双引号之间没有任何其他的输入，意为将 end 参数赋值为空字符串(什么内容都没有)。第 3 行的 print()函数在输出 Hello 之后不会再另起一行，因为空字符串取代了换行符\n。第 4 行的 World 会紧跟在第 3 行的 Hello 之后输出，完成后再另起一行。

(3) 如果使用其他字符串给 end 参数赋值，这个字符串就会取代换行符“\n”。因此第 5 行输出 Hello 之后，就会紧跟着输出***。第 6 行会紧跟着***输出 World 然后换行。

3.4.4 连接字符串与数字

Python 中，禁止在字符串之前或之后直接连接一个数字。如果想要生成一条包含说明性文字与计算数值的字符串，需要使用内置函数 str()，将数字转换成字符串，然后再与说明性文字进行连接操作。

【例题 3.13】对例题 2.9 进行改写，从键盘输入一个摄氏温度读数，将摄氏温度转换为华氏温度，结果保留 2 位小数。生成一条包含提示性文字与运算结果的字符串，并输出该字符串。

提示：华氏温度与摄氏温度之间的转化公式为

$$fahrenheit = 32 + celsius * (9 / 5)$$

例题 3.13 源代码(Fahrenheit.py)如下：

```
# 该源代码会产生错误的写法
celcius = eval(input("请输入摄氏温度读数："))
# 计算华氏度值，并保留 2 位小数
fahrenheit = round(32 + celcius * (9/5), 2)
# 生成提示性字符串
message = "转换为华氏温度读数为：" + fahrenheit
# 输出结果
print(message)
```

【程序运行结果】

```
请输入摄氏温度读数：
```

此时，在冒号后输入摄氏温度读数(如 36.5)，然后按 Enter 键，程序就会出现如下错误提示信息：

```
请输入摄氏温度读数：36.5
Traceback (most recent call last):
  File "D:/PycharmProjects/LearnPython/Chapter03/Fahrenheit.py", line 6, in <module>
    message = "转换为华氏温度读数为：" + fahrenheit
TypeError: can only concatenate str (not "float") to str
```

【错误分析】 TypeError: can only concatenate str (not "float") to str 为错误提示信息。TypeError 是指发生了类型错误，具体错误是“+”运算符只能连接两个字符串，而不能将浮点数连接字符。

解决方案是使用内置函数 str()，将数值首先转换为字符串，然后再使用“+”运算符，将两个字符串连接起来。

例题 3.13 源代码修改如下：

```
# 正确的源代码
celcius = eval(input("请输入摄氏温度读数："))
# 计算华氏温度值，并保留 2 位小数
fahrenheit = round(32 + celcius * (9/5), 2)
# 生成提示性 message
message = "转换为华氏温度读数为：" + str(fahrenheit)
# 输出结果
print(message)
```

【程序运行结果】

```
请输入摄氏温度读数：
```

此时，在冒号后输入摄氏温度读数(如 36.5)，然后按 Enter 键，程序就会运行如下：

```
请输入摄氏温度读数：36.5
```

```
转换为华氏温度读数为：97.7
```

本书强烈建议初学者尽量生成包含提示信息与运算结果的字符串，在程序结束的时候，将该字符串作为结果输出。

本章及之前学习的内容没有试图加入任何复杂的逻辑思维。所有例题均为顺序结构，即程序中各个操作按照在源代码中的排列顺序，自上而下，依次执行。第 4 章将介绍分支结构；第 5 章将介绍循环结构。

3.5 课后习题

一、选择题

(1) print(float("5"))的结果是(　　)。

A. 5　　B. 5.0　　C. 4　　D. 4.0

(2) print(min(1, 4, 2, 3))的结果是(　　)。

A. 1　　B. 2　　C. 3　　D. 4

(3) 关于 import 引用，以下选项中描述错误的是(　　)。

A. 使用 import turtle 引入 turtle 库

B. 可以使用 from turtle import setup 引入 turtle 库

C. 使用 import turtle as t 引入 turtle 库，取别名为 t

D. import 保留字用于导入模块或者模块中的对象

(4) 下列关于字符串的说法错误的是(　　)。

A. 字符应该被视为长度为 1 的字符串

B. 字符串以\0 标志字符串的结束

C. 既可以用单引号，也可以用双引号创建字符串

D. 在三引号字符串中可以包含换行回车

(5) 以下关于字符串的表达中，不正确的是(　　)。

A. "abc'ab"　　B. 'abc"ab'　　C. "abc'ab'　　D. "abc\"ab"

(6) 以下关于 Python 函数的描述中，错误的是(　　)。

A. 函数是一段可重用的语句组　　B. 每次使用函数都需要提供相同的参数

C. 通过函数名进行函数调用　　D. 函数是一段具有特定功能的语句组

(7) a = round(3.12)，则 a 的值是(　　)。

A. 1　　B. 2　　C. 3　　D. 4

(8) a = random.random()，那么 a 的值可能是(　　)。

A. 0.7030062158249373　　B. 1.7030062158249373

C. 2.7030062158249373　　D. 3.7030062158249373

(9) 导入 math 模板库后，a = math.fabs(-3)的值是(　　)。

A. 3.0　　B. 3　　C. −3　　D. −3.0

(10) 导入 math 模板库后，a = math.sqrt(4)的值是(　　)。

A. 2.0　　B. 4.0　　C. −2.0　　D. −4.0

(11) print(ord("A"))的运行结果是(　　)。

A. 64　　B. 65　　C. 66　　D. 67

(12) 以下转义字符中，可以插入一个制表符的是(　　)。

A. \t　　B. \n　　C. \b　　D. \\

(13) 以下转义字符中，可以另起一行的是(　　)。

A. \t　　B. \n　　C. \b　　D. \\

(14) 以下两行程序的运行结果是(　　)。

```
print("Hello", end = "***")
print("World")
```

A. Hello
World　　B. Hello***World

C. Hello　World　　D. HelloWorld

(15) 下列内置函数中，可以输出字符的 Unicode 编码数值的是(　　)。

A. ord()　　B. chr()　　C. int()　　D. eval()

(16) 下列关于函数功能的说法正确的是(　　)。

A. abs(x)将一个数转换为字符串

B. int(x)将一个数字字符串转换为浮点类型的值

C. float(x)将一个数字字符串转换为整数类型的数值

D. pow(x, y)求 x 的 y 次方

(17) 函数 random.random()可能输出的值是(　　)。

A. 10　　B. 2　　C. 0.8655137282973954　　D. 10

(18) 函数 random.randint(1,100)可能输出的值是(　　)。

A. 0　　B. 1　　C. 0.9　　D. 1001

(19) 下列关于函数功能的说法正确的是(　　)。

A. math.fabs(x)求 x 的平方根

B. math.log(x)求 x 的自然对数

C. math.degree(x)求度数 x 对应的弧度值

D. math.radians(x)求弧度 x 的对应的角度值

(20) 下列关于函数功能的说法错误的是(　　)。

A. math.degrees(x)求弧度 x 的对应的角度值

B. math.radians(x)求度数 x 对应的弧度值

C. math.asin(x)求 x 的正弦值

D. math.sqrt(x)求 x 的平方根

(21) 已知：

```
ch="B"
cv=ord(ch)
newCh=chr(cv+1)
```

则 newCh 的值是(　　)。

A. C　　B. 1　　C. D　　D. 19

(22) 在 Python 中可以使用以下(　　)运算来连接字符串。

A. -　　B. _　　C. =　　D. +

(23) 下列有关转义字符的说法正确的是(　　)。

A. \t 换行符　　B. \b 制表符　　C. \' 单引号　　D. \r 反斜线

(24) 下列有关转义字符的说法错误的是(　　)。

A. \" 双引号　　B. \\ 反斜线　　C. \n 换行符　　D. \t 退格符

(25) 下列有关 time 模块库的说法正确的是(　　)。

A. 使用前无须导入

B. 获取的为系统当前时间

C. time.time()函数获取的是 1970 年 1 月 1 日 0 时至今所过去的秒数

D. 使用 time.randtime()函数来获取时间

(26) 下列有关 time 模块库中 time.time()函数的说法中，正确的是(　　)。

A. 使用 time()函数来获取时间

B. 获取到的数为一个浮点数

C. 获取到的数据为系统当前时间

D. 获取到的数据为 1980 年 1 月 1 日 0 时至今的时间

(27) 下列关于 random()函数的说法正确的是(　　)。

A. 使用前无须导入

B. random.random()可以用来获取 1～100 范围内的整数

C. random.random()可以用来获取[0,1)范围内的随机浮点数

D. random.random(x,y)产生一个[x,y]范围内的随机浮点数

(28) 下列关于常用函数的说法错误的是(　　)。

A. abs(x)返回 x 的绝对值

B. int(s)可以将数字字符串 s 转换为浮点类型的数值

C. max(x1,x2,x3…)返回最大的一个数

D. min(x1,x2,x3…)返回最小的一个数

(29) 下列关于常用函数的说法错误的是(　　)。

A. str(x)返回一个数的绝对值

B. pow(x, y)求 x 的 y 次方

C. round(x, y)将 x 四舍五入，小数保留 y 位

D. int(s)将一个数字字符串转换为整数类型的数值

(30) 下列有关常用数学函数的说法错误的是(　　)。

A. math.sqrt(x)求 x 的平方根　　B. math.log(x)返回一个数的绝对值

C. math.cos(x)求 x 的余弦值　　D. math.sin(x)求 x 的正弦值

(31) 下列有关常用数学函数的说法错误的是(　　)。

A. math.asin(x)求 x 的反余弦值　　B. math.tan(x)求 x 的正切值

C. math.degree(x)求弧度 x 对应的角度值　　D. math.radians(x)求度数 x 对应的弧度值

(32) 下列说法正确的是(　　)。

A. time()函数是 Python 内置函数，因此使用时无须导入

B. random()函数是 Python 内置函数，因此使用时无须导入

C. math 模块库是 Python 内置函数，因此使用时无须导入

D. chr()是 Python 内置函数，因此使用时无须导入

(33) 下列说法错误的是(　　)。

A. time()函数使用时需要导入　　B. random()函数使用时需要导入

C. math 模块库使用时需要导入　　D. ord()函数使用时需要导入

(34) 下列说法错误的是(　　)。

A. int()函数是 Python 的内置函数　　B. chr()函数不是 Python 的内置函数

C. eval()函数是 Python 的内置函数　　D. input()函数是 Python 的内置函数

(35) 下列说法正确的是(　　)。

A. print()函数是 Python 的内置函数　　B. ord()函数不是 Python 的内置函数

C. int()函数不是 Python 的内置函数　　D. chr()函数使用时需要导入

(36) 下列说法错误的是(　　)。

A. 可以配合使用 chr()和 ord()函数来求当前字母后的第 n 个字母

B. 使用 random.random()函数时需要先导入它

C. 使用 time.time()函数可以直接获取当前系统的时间

D. 使用 time.time()函数时需要先导入它

(37) 下列关于 random.random()函数的说法正确的是(　　)。

A. random.random()函数用于求一个数的绝对值

B. random.random()函数可以转换字符的 Unicode 编码

C. random.random()函数可以用来求随机数

D. random.random()函数可用来将 Unicode 编码转换为字符

(38) 下列关于 random.random()函数的说法错误的是(　　)。

A. random.random()函数可以用来产生一个[0,1)范围内的随机浮点数

B. random.random(x,y)函数可以用来产生一个[x,y)范围内的随机整数

C. random.random()函数使用前需要导入

D. 以上说法都不对

(39) 下列关于 time.time()函数的说法正确的是(　　)。

A. time.time()函数用于求一个数的绝对值

B. time.time()函数可以转换字符的 Unicode 编码

C. time.time()函数可以用来求[0, 1]范围内的随机数

D. 以上说法都不对

(40) 下列关于 time.time()函数的说法正确的是(　　)。

A. time.time()函数可以获取当前距离 1970 年 1 月 1 日 0 点过去了多少秒

B. time.time()函数可以转换字符的 Unicode 编码

C. time.time()函数可以用来求随机数

D. 以上说法都不对

(41) 下列关于 time.time()函数的说法错误的是(　　)。

A. time.time()函数可以获取当前距离 1970 年 1 月 1 日 0 点过去了多少秒

B. time.time()函数可以直接输出系统时间

C. time.time()函数产生的是一个浮点数

D. time.time()函数使用前需要导入

(42) 下列关于 time.time()函数的说法错误的是(　　)。

A. time.time()函数可以获取当前距离 1980 年 1 月 1 日 0 点过去了多少秒

B. time.time()函数不可以直接输出系统时间

C. time.time()函数产生的是一个浮点数

D. time.time()函数使用前需要导入

(43) 下列关于转义字符的说法正确的是(　　)。

A. 可以使用转义字符来控制输出的格式　　B. 转移字符中没有换行符

C. \t 退格符　　D. \n 制表符

(44) 下列关于转义字符的说法错误的是(　　)。

A. 可以使用转义字符来控制输出的格式　　B. 转义字符中有换行符

C. 转义字符中有制表符　　D. 转义字符可以用来连接字符串

(45) 以下关于内置函数的说法正确的是(　　)。

A. Python 内置函数是指随着解释器的运行而创建，是 Python 程序中可以随时调用的函数，不需要定义

B. 计算机内部使用的函数

C. 系统使用的函数

D. 汇编语言使用的函数

(46) 使用内置函数之前需要做的操作是(　　)。

A. 需要在函数中声明　　B. 需要在控制台声明

C. 需要在程序中导入　　D. 什么都不做，可以直接使用

(47) 代码 import math 中，import 的意思是(　　)。

A. 导入 math 模块库　　B. 声明将会使用 math

C. 删除 math 模块库　　D. 将 math 模块库的所有代码加入本代码中

(48) 导入模块库需要使用的关键字是(　　)。

A. include　　B. using　　C. add　　D. import

(49) 使用任何模块库之前都需要导入(　　)。

A. 是　　B. 否

(50) random.random()函数的作用是(　　)。

A. 随机生成字母　　B. 随机生成对象　　C. 随机生成代码　　D. 随机生成数字

(51) random.randint(x,y)函数的作用是(　　)。

A. 生成一个小于等于 x，大于等于 y 的随机整数

B. 生成一个大于等于 x，小于等于 y 的随机整数

C. 生成随机数

D. 生成 x 或 y 的其中一个

(52) random.randint(0, 10)函数会生成的是(　　)。

A. 0 到 10 之间的一个随机整数(包括 0 和 10)

B. 0 到 10 之间的一个随机数字(不包括 0 和 10)

C. 0 到 10 之外的随机数字(包括 0 和 10)

D. 什么也不生成

(53) 以下关于 random.randint(x,y)函数可能生成随机数的说法中，正确的是(　　)。

A. 可以为 x 或 y　　B. 不包括 x 和 y　　C. 包括 x 不包括 y　　D. 包括 y 不包括 x

(54) Python 中，math 模块库的作用是(　　)。

A. 该模块库提供了对数学函数的访问　　B. 用于教育使用者如何学习数学

C. 自动计算数学题目　　D. 用于说明 Python 可以用来解数学题

(55) 以下关于 time 模块库的说法中，正确的是(　　)。

A. time 模块库可以控制时间　　B. time 模块库处理与时间有关的任务的模块

C. time 模块库仅用来查看时间　　D. time 模块库不可用

(56) time.time()函数的作用是(　　)。

A. 获取 YYYY-MM-DD-hh-mm-ss 格式的时间

B. 获取任意形式的时间

C. 获取当前距离 1970 年 1 月 1 日 0 点过去了多少秒

D. 获取程序结束的准确时间

(57) time.time()函数获得的数据类型是(　　)。

A. 整数　　B. 浮点数　　C. 分数　　D. 复数

(58) 获得程序运行时间的方法是(　　)。

A. 分别获取开始时间和结束时间并相减　　B. 有专门的函数

C. 无法获得　　D. 使用秒表计时

(59) ASCII 的意思是(　　)。

A. 美国国家标准信息交换码，American Standard Code for Information Interchange，简称 ASCII

B. 计算机与互联网之间一条秘密交互信息，An Secret Computer Internet Interaction，简称 ASCII

C. 神盾局驻意大利分局，Agent of Shield Company In Italy，简称 ASCII

D. ASCII 什么都不是

(60) 如果计算机内部使用的编码不同，会产生的后果是(　　)。

A. 读取时会产生乱码　　B. 读取出空字符

C. 可以正常读取　　D. 结果勉强可以辨认

(61) 为解决不同地区的编码不同的问题，国际标准化组织与多语言软件制造商组成的统一码联盟公布的编码方案是(　　)。

A. Unicode　　B. Unix　　C. ECMAScript　　D. HTML

(62) Python 3 使用的编码标准是(　　)。

A. UTF-8　　B. UTF-16　　C. GB-2312　　D. BIG5

(63) ord()函数的作用是(　　)。

A. 获得字符的 ASCII 编码数值　　B. 获得 Unicode 编码数值

C. 获得数字对应的编码字符　　D. 获得十六进制数字

(64) 以下说法正确的是(　　)。

A. python 的控制语句中，中文符号和英文符号是通用的

B. python 的控制语句中，可以使用中文符号

C. python 的控制语句中，可以使用各种 Unicode 符号

D. python 的控制语句中，只能使用英文符号

(65) chr()方法的作用是(　　)。

A. 根据数字获得对应的 Unicode 字符　　B. 根据字符获得对应的编码

C. 拼接字符串　　D. 获得字符串长度

(66) ASCII 编码中，大写和小写字母对应的编码数字相差的数值是(　　)。

A. 32　　B. 65　　C. 97　　D. 0

(67) 在 Python 中，以下关于字符和字符串的说法正确的是(　　)。

A. 字符单引号，字符串双引号

B. 字符串和字符都是字符串

C. 字符和字符串的类型分别为 char 和 String

D. 字符串和字符都是 char

(68) 拼接字符串的方法是(　　)。

A. 使用“+”直接连接　　B. 使用“-”直接连接

C. 使用“&”直接连接　　D. 使用“/”直接连接

(69) 能够正确输出 hello world 语句的是(　　)。

A. printf("hello world");　　B. print("hello world")

C. System.out.print("hello world");　　D. cout<<"hello world";

(70) 转义字符串\uf0fc 代表的是(　　)。

A. ✓　　B. A　　C. Ω　　D. œ

(71) \t 代表的是(　　)。

A. tab　　B. enter　　C. delete　　D. teacher

(72) \n 代表的是(　　)。

A. 换行　　B. 空格　　C. 退格　　D. 删除

(73) 想要在控制台输出字符\，应该输入的命令是(　　)。

A. print("\")　　B. print("\\")　　C. print("\\\")　　D. print("\\\\")

(74) 以下函数中，可以将字符 string 串转换为浮点数的是(　　)。

A. int(string)　　B. long(string)　　C. float(string)　　D. str(string)

(75) print("Hello", end = "***")会输出(　　)。

A. Hello　　B. Hello*　　C. Hello**　　D. Hello***

(76) 将字符串和数字拼接，需要的操作是(　　)。

A. 将字符串和数字相加　　B. 将字符串与数字以“+”连接

C. 将字符串与 str(数字)连接　　D. 无法获得

(77) print("\\n")输出的结果是(　　)。

A. \n　　B. \\n　　C. n　　D. 换行

(78) print("\\\n")输出的结果是(　　)。

A. \\\n　　B. \\n　　C. \n　　D. \和换行

(79) 以下三行程序的运行结果是(　　)。

```
a = 36.5
temperature = "温度是: " + a
print(temperature)
```

A. 温度是:a　　B. 温度是:36.5　　C. 温度是 36.5　　D. 报错

(80) 执行 print("hello"+12)得到的结果是(　　)。

A. TypeError　　B. TypeException

C. Exception　　D. NullPointException

(81) 使用转义字符时，一般以(　　)开头。

A. |　　B. {}　　C. \　　D. /

(82) 使用转移字符的目的是(　　)。

A. 使用转义字符来表示一些控制字符及回车、换行等字符

B. 为了显得语言高级

C. 为了能打印汉字

D. 为了能在打印时计算

二、判断题

(1) Python 的内置函数是可以被直接翻译成机器语言供计算机执行的。(　　)

(2) abs(x)的作用是返回一个函数的方差。(　　)

(3) int(s)可以将一个数字字符串转换为整数类型的数值。(　　)

(4) float(s)的作用是将一个数字字符串转换为浮点类型的数值。(　　)

(5) max(x1, x2, x3…)可以返回所有数字中最大的一个数。(　　)

(6) min(x1,x2,x3…)可以返回所有数字的和。(　　)

(7) pow(x, y)可以求 x 的 y 次方。(　　)

(8) str(x)可以将一个数转换成字符串。(　　)

(9) round(x, y)可以将 x 四舍五入，保留 y 位小数。(　　)

(10) 如果需要使用到模块库所提供的功能，需要用关键字 include 来导入这些库。 ( )
(11) math.fabs(x)返回一个数的绝对值。 ( )
(12) math.sqrt(x)求 x 的平方根。 ( )
(13) math.log(x)求 x 的自然对数。 ( )
(14) math.log(x, y)求以 x 为底的 y 的对数。 ( )
(15) math.sin(x)求 x 的正弦值。 ( )
(16) math.cos(x)求 x 的余弦值。 ( )
(17) math.asin(x)求 x 的反正弦值。 ( )
(18) math.acos(x)求 x 的反余弦值。 ( )
(19) math.tan(x)求 x 的正切值。 ( )
(20) math.degree(x)求弧度 x 对应的角度值。 ( )
(21) math.radians(x)求度数 x 对应的弧度值。 ( )
(22) math.pi 可以提供的圆周率常数数值为 3.1415926。 ( )
(23) math.e 可以提供的自然常量为 2.718281828459045。 ( )
(24) random.random()产生一个[0, 1)前闭后开区间内的随机浮点数。 ( )
(25) random.randint(x, y)产生一个[x, y]范围内的随机整数。 ( )

三、编程题

(1) 有 str1 和 str2 两个字符串。其中，str1 指向 hello，str2 指向 world。请使用+运算符，将 str1 和 str2 连接起来生成一个新的字符串 message，输出这个新的 message 字符串。

程序运行后期望结果如下所示：

```
第一个字符串是：Hello
第二个字符串是：World
新的字符串是：HelloWorld
```

(2) 使用键盘输入一个字符，使用 ord()函数获取这个字符的 Unicode 编码。

程序运行后期望结果如下所示：

```
输入一个字符：中
中对应的 Unicode 编码值是：20013
```

(3) 统一码\u00F7 所对应的字符是什么？

程序运行后期望结果如下所示：

```
÷
```

(4) 字母 K 后面第 7 个字符是什么字母？

程序运行后期望结果如下所示：

```
K 后面第 7 个字符是：R
```

(5) 编写一个简单的卖菜专用计算器。使用键盘输入菜的单价和重量，在控制台输出总价格，结果保留两位小数。

程序运行后期望结果如下所示：

```
输入单价：12.98
输入总量: 3.2
总价格为：41.54
```

(6) 在密码学中，有一种密码被称为凯撒密码，又称凯撒加密、凯撒变换、变换加密，是一种最简单且最广为人知的加密技术。这是一种替换加密的技术，明文中的所有字母都在字母表上向后(或向前)按照一个固定数字进行偏移后被替换成密文。例如，当偏移量是 3 的时候，字母 A 将被替换成 D，B 变成 E，以此类推。这个加密方法是以罗马共和时期凯撒的名字命名的，当年凯撒曾用此方法与其将军们进行联系。请使用键盘输入偏移量，并根据偏移量对键盘输入的单个大写英文字母进行加密。例如偏移量为 3，输入英文字母为 Z，则输出为 C。

程序运行后期望结果如下所示：

```
输入偏移量：3
输入单个大写英文字符：Z
经过凯撒加密后，输出的字符是：C
```

(7) 使用键盘，输入两个非零整数，求两个数相除后的商与余数。

程序运行后期望结果如下所示：

```
输入两个整数，中间以','间隔：7, 2
7 ÷ 2 = 3 ... 1
```

(8) 使用键盘，输入两个非零数，求两个数相除后的运算结果(保留两位小数)。

程序运行后期望结果如下所示：

```
输入两个数，中间以','间隔：7, 3
7 ÷ 3 = 2.33
```

(9) 使用 time.time()方法能够得到目前的时间距离 1970 年 1 月 1 日 0 时 0 点 0 分 0 秒已经过去了多少秒。已知 1970 年 1 月 1 日星期四，使用计算机计算得出今天距离 1970 年 1 月 1 日过了多少天，以及今天是星期几。

程序运行后期望结果如下所示：

```
现在距离 1970 年 1 月 1 日已经过去了 18852 天
今天是星期 5
```

(10) 随机生成两个取值范围为[1, 10]的正整数，求这两个正整数的和。

程序运行后期望结果如下所示(使用随机数，可能会导致每次产生的数字不一样)：

```
8 + 2 = 10
```

第4章 选择结构

在以现实世界为模板构建出来的信息世界数学模型中，不可能永远都只进行简单的顺序计算，有时需要进行一些逻辑处理：满足一定的条件就执行某操作，不满足这个条件就执行另一个操作。例如，当体温为37.2℃以上时，显示体温偏高；37.2℃以下，显示体温正常。

高级语言在发展过程中发展出三种结构，分别为顺序结构、选择结构和循环结构。

顺序结构是最简单的程序结构，程序中的各个操作是按照它们在源代码中的排列顺序自上而下，依次执行。它的流程图如图4-1所示。

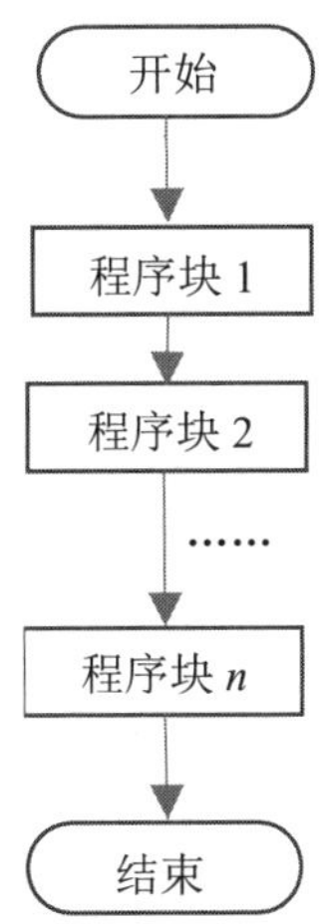

图4-1　顺序结构程序流程图

本章将介绍选择结构。Python中提供了选择操作的关键字，可以使用这些关键字实现选择语句，在不同的条件下进行条件选择。条件的运算使用布尔表达式进行，运算结果为一个布尔值，选择操作再根据这个布尔值执行分支语句。选择结构分为单if语句、if…else双路选择语句、if…elif…elif…else多路选择语句。

4.1 布尔值与比较运算符

乔治·布尔(George Boole，见图4-2)是18世纪的一位数学家，他用数学方法研究逻辑问题，成功地设计并建立了逻辑演算方法，出版了《逻辑的数学分析》。他用等式表示判断，把逻辑分析推理过程演绎为等式的运算过程。整个逻辑运算过程的有效性不依赖人们对符号的主观解释，只依赖符号的组合规律。这一逻辑理论被称为布尔代数。

图4-2　乔治·布尔

程序设计中，计算机具有的逻辑判断能力是建立在对数据进行比较的基础之上的。利用布尔表达式对数据比较之后，只会出现两种运算结果：True或False。

4.1.1 布尔值

因为计算机只使用 1 与 0 来计算和存储数据，因此计算机进行逻辑运算时，也会使用 1 与 0 来表达运算结果，只是这个结果换了一种表达方式：True 和 False。Python 中，True 和 False 是直接量保留字，不能被当成标识符使用。通过以下例题，我们可以看到 True、False 与一些整数之间的关系。

【例题 4.1】演示布尔值直接量与整数间的关系。

例题 4.1 源代码(TestBool.py)如下：

```
1.  print(int(True))
2.  print(int(False))
3.  print(bool(0))
4.  print(bool(1))
5.  print(bool(5.1))
6.  print(True + True)
7.  # 避免使用 True + True
```

【程序运行结果】

```
1
0
False
True
True
2
```

【代码分析】

(1) 第 1、2 行，分别输出 True 和 False 两个直接量转换为 int 类型的数据后所对应的整数值。True 对应 1，False 对应 0。

(2) 数值能被转换成布尔类型的数据。使用内置函数 bool()就可以进行转换操作。

(3) 第 3 行，通过 bool()函数可以将 0 转换为布尔值，不管是整数 0 还是浮点数 0.0，转换后的结果都是 False。

(4) 第 4、5 行，bool()函数转换非 0 的数，结果都为 True。

(5) 第 6 行，True 被当成 1 进行运算。True + True 被计算机理解为 1 + 1，结果是 2。特别注意，True 就是 True，1 就是 1，它们是两个不同的类型。对初学者来说，一定要分辨出布尔类型数据与整数类型数据，不要在计算整数类型的数据时，使用布尔值作为被操作数。

(6) 如果一定要进行布尔值与数字的转换，则必须使用 int()函数或者 bool()函数来转换，而不能直接把 True 当 1 用、False 当 0 用，避免产生编程过程中的逻辑混乱，导致读程序的人看不懂。

4.1.2 比较运算符

布尔表达式中，通过比较运算符连接两个数据，计算机根据这两个数据的关系来判断布尔表达式运算得到的布尔值结果。比较运算符有 6 个，如表 4-1 所示。

表 4-1 比较运算符

比较运算符	比较运算符名称	比较运算举例	比较运算结果
>	大于	9 > 5	True
>=	大于等于	9 >= 5	True
<	小于	9 < 5	False
<=	小于等于	9 <= 5	False
==	等于	9 == 5	False
!=	不等于	9 != 5	True

【例题 4.2】演示布尔值直接量与整数间的比较关系。

例题 4.2 源代码(TestBooleanOperations.py)如下：

```
1. # 分别给 smaller 和 bigger 赋值为 5 和 9
2. smaller, bigger = 5, 9
3. print(smaller > bigger)
4. print(smaller >= bigger)
5. print(smaller < bigger)
6. print(smaller <= bigger)
7. print(smaller == bigger)
8. print(smaller != bigger)
```

【程序运行结果】

```
False
False
True
True
False
True
```

【代码分析】

(1) 第 7 行，“==”是用来判断两个值是否相等的运算符，是两个等号。两个等号与一个等号是两种不同的运算。一个等号“=”是赋值运算符(如 smaller = 5，语句结束之后，smaller 的值等于 5)，两个等号“==”是判断两个值是否相等的逻辑运算符(如 smaller == bigger，语句结束后，运算得到一个布尔值，True 或者 False)。当需要对比两个值时，请同学们使用“==”逻辑运算符来对比。很多初学者写分支语句时，会经常混淆使用赋值运算符“=”与逻辑运算符“==”。

(2) 第 8 行，“!=”是用来判断两个值是否不等的运算符。使用时，注意感叹号为英文感叹号，不可使用中文感叹号。

4.2 if 选择语句

高级语言提供的高级语言提供的选择结构，需要根据逻辑运算的结果来执行操作。此时，需要使用关键字 if。它的作用是如果条件成立，就执行一组特定语句。本节先介绍只有一个 if 条件判断语句的情况，如果条件成立就执行一个判断程序。if 判断的结构如图 4-3 所示。

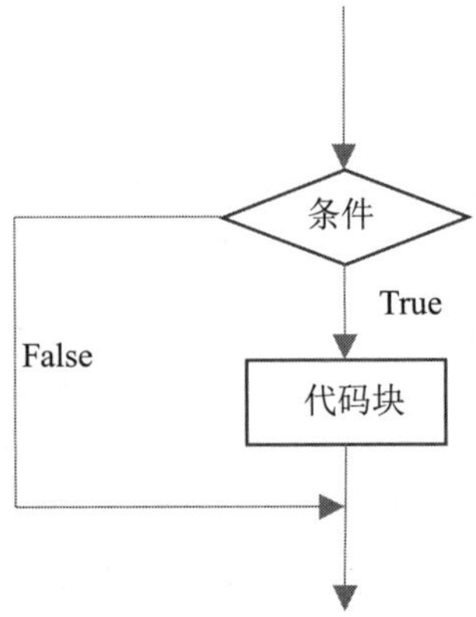

图 4-3　if 判断的结构

图 4-3 中，判断语句会首先判断条件是否为 True (真)。如果为 True，则执行代码块，否则跳过程序块，执行后续程序。

Python 中的 if 语句的语法如下：

```
# if 关键字是根据布尔运算后得到的布尔值进行判断
if 布尔运算表达式:
    #程序块可以是一条语句，也可以是多条语句，以一个 Tab 缩进为标志
    程序块
```

下面用一道例题来说明 if 判断语句的使用方法。

【例题 4.3】使用键盘输入 3 个数字，把这 3 个数字按照从大到小的顺序显示出来。

例题 4.3 源代码(SortThreeNumbers.py)如下：

```
# 从键盘输入三个数字，分别赋值给三个变量
a, b, c = eval(input("输入三个数字，以英文逗号分隔："))
# 如果 a 比 b 小，则交换 a 与 b 的值，使得 a 大于 b
if a < b:
    a, b = b, a
# 如果 a 比 c 小，则交换 a 与 c 的值，使得 a 大于 c
# 此时，a 的值就是 a，b，c 三个数中最大的一个数
if a < c:
    a, c = c, a
# 如果 b 比 c 小，则交换 b 与 c 的值，使得 b 大于 c
# 三次对比之后，就可以得到一个由大到小排列的 a、b、c
if b < c:
    b, c = c, b
message = "输入的三个数，从大到小排列："
print(message, a, b, c)
```

【程序运行结果】

```
输入三个数字，以英文逗号分隔：
```

此时，在冒号后输入 3 个数字，以英文逗号隔开(如 1, 2, 3)：

```
输入三个数字，以英文逗号分隔：1, 2, 3
输入的三个数，从大到小排列： 3 2 1
```

【代码分析】

(1) 第 2 行，使用了 eval()函数，从键盘输入中获取了 3 个数的数值。需要注意，3 个数字之间需要以英文逗号隔开。

(2) 第 4、5 行，第 8、9 行，第 12、13 行，都是在对比两个数，如果前数比后数小(a < b)，则交换两个数的位置指代(a, b = b, a)，使得前数比后数大。3 次对比操作之后，分别得到的交换结果为 a 比 b 大，a 比 c 大，b 比 c 大。于是最终的结果就是 a 最大，c 最小，b 介于 a、c 之间。

(3) 第 5、9、13 行，使用了前章中介绍的交换两个变量所指代的数的方法。Python 中能够轻易交换两个变量的值，而不需要中间变量。

(4) 第 4、8、12 行，if 关键字后需要有一个空格，空格之后写两个数值之间的比较运算，由比较运算得到一个布尔值。布尔值为真，则执行后续操作。条件运算表达式之后需要加一个英文冒号。

(5) 第 5、9、13 行，没有顶格写，而是进行了一次缩进(按一次 Tab 键)。程序块整体缩进了一级。使用缩进反映了条件判断的作用范围。当程序块结束，if 单路判断中的内容执行完毕，需要恢复到上一层中没有缩进的位置，如第 8、12、14 行。

4.3 if…else 分支语句

在程序设计中，比一条路径的判断应用更为普遍的选择结构是双路分支结构。Python 使用关键字 else，在一条判断语句的基础上，扩展出第二条选择通路。本节将介绍 if…else 双路分支判断程序，其结构如图 4-4 所示。执行 if 条件判断语句，如果条件成立(True)，就执行代码块 A，如果条件不成立(False)，就执行代码块 B。

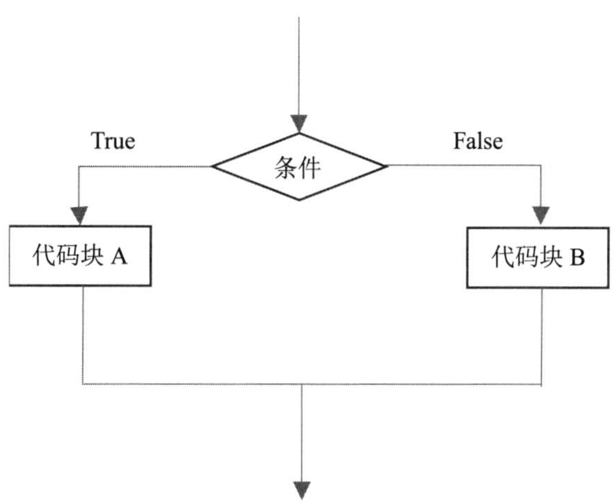

图 4-4 if…else 双路分支判断的结构

Python 中，if…else 语句的语法如下：

```
# if 关键字是根据进行布尔运算后得到的布尔值进行判断
if 布尔运算表达式:
    程序块 A
else:
    程序块 B
```

下面用几道例题来说明 if…else 双路分支判断语句的使用方法。

【例题 4.4】使用键盘输入一个 0～15 范围内的数字，然后把这个数字转换为十六进制数。

例题 4.4 源代码(DecToHex.py)如下：

```
1.   # 键盘输入一个 0～15 范围内的十进制数
2.   dec = int(input("输入一个 0～15 范围内的十进制数："))
3.   # message 用来存储输出信息
4.   message = "这个数转换为十六进制数："
5.   # hex 用来存储转换的十六进制符号
6.   hex = ""
7.   # 如果输入数字小于 10，则直接输出这个数字的字符
8.   if dec < 10:
9.       hex = str(dec)
10.  # 否则输出 A 到 F
11.  else:
12.      hex = chr(ord("A") + (dec - 10))
13.  message = message + hex
14.  print(message)
```

【程序运行结果】

```
输入一个 0～15 范围内的十进制数：
```

此时，在冒号后输入一个 0～15 范围内的整数(如 12)，然后按 Enter 键：

```
输入一个 0～15 范围内的十进制数：12
这个数转换为十六进制数：C
```

【代码分析】

(1) 第 2 行，使用 int()函数从键盘输入中获取了一个整数。

(2) 由于十六进制的算符除了 0 到 9，还有 A 到 F，因此采用字符来表示十六进制算符。第 6 行，hex 就是用来存储十六进制算符的变量。

(3) 第 8、9 行，如果输入值 dec < 10 的运算结果为 True，也就是当输入值小于 10 时，直接采用 0 到 9 表示。如前章所介绍，字符串不能直接与数值相加，只能先将数值转换为字符串，因此使用 str()函数。

(4) 第 10、11 行，dec < 10 的运算结果为 False 的情况，也就是当输入值大于等于 10 时，执行 else 分支。此时，十六进制的算符变为 A(十进制的 10)到 F(十进制的 15)。采用上章中介绍的获取字符编码的函数 ord()得到字符“A”的编码，并在这个编码值的基础上加上 dec 与 10 的差值。例如输入 12，12 与 10 的差值为 2，获取了“A”的编码为 65，65 + 2 = 67。再使用上章中介绍的 chr()函数，将 67 转换为字符“C”。

(5) 第 13 行，生成输出信息。感兴趣的同学可以自行输入 0～15 范围内的数。

(6) 此例题只生成了一个十六进制数，并且没有判断输入值是否介于 0 到 15。下一章介绍循环结构时，将介绍大于 0 的十进制整数如何转换成十六进制数。

【例题 4.5】随机生成两个 10 以内的整数，提示用户使用键盘输入这两个数字的和，如果答案正确，显示“你做对了”；否则，显示“你做错了”和这道题的正确结果。

例题 4.5 源代码(Addition.py)如下：

```
1.  # 随机生成两个 1 到 10 的整数
2.  import random
3.  num1, num2 = random.randint(1,10), random.randint(1, 10)
4.  # 生成提示信息
5.  hint = str(num1) + " + " + str(num2) + " = "
6.  # 获取键盘输入，并转换为整数
7.  answer = int(input(hint))
8.  #判断答案是否正确
9.  if answer == num1 + num2:
10.     message = "你做对了"
11. else:
12.     message = "你做错了\t" + hint + str(num1 + num2)
13. print(message)
```

由于本题中有分支结构，下面将分别演示 True 与 False 的运行结果。

【程序运行结果】

True 的运行结果：

```
6 + 1 =
```

此时，在等号后输入一个整数(如 7)，再按 Enter 键：

```
6 + 1 = 7
你做对了
```

False 的运行结果：

```
3 + 9 =
```

此时，在等号后输入一个整数(如 11)，再按 Enter 键：

```
3 + 9 = 11
你做错了 3 + 9 = 12
```

【代码分析】

(1) 第 2 行，导入 random 模块库。

(2) 第 3 行，使用 random.randint()函数生成了两个随机数。

(3) 第 5 行，生成了一条提示信息，由于“ + ”和“ =”是对两个字符串进行运算。当连接数字与字符串时，需要使用 str()函数，将数字转换成字符串后，再进行连接操作。

(4) 第 9～12 行，使用了分支结构，判断键盘输入的 answer 变量与 num1 + num2 的值是否相等。如前节所述，“==”是用来判断两边的数值是否相等的运算符。请同学们注意“==”与“=”的区别。前者是求布尔值运算，后者是进行赋值操作。如果条件运算得到 True，将运行第 10 行的赋值语句；如果得到 False，将运行 else 之后，第 12 行的赋值语句。

(5) 由于使用了随机数，因此同学们演示程序时，值会不一样。

【例题 4.6】 求一个圆的面积。提示用户使用键盘输入这个圆的半径，如果输入值大于 0，则求这个圆的面积；否则，提示用户输入错误。

例题 4.6 源代码(ComputeArea.py)如下：

```
# 键盘输入圆的半径
import math
radius = eval(input("请输入圆的半径："))
# 输入值小于等于 0 时，输入无效，否则输出这个圆的面积
if radius <= 0:
    message = "输入值无效"
else:
    area = math.pi * radius ** 2
    message = "半径为" + str(radius) + "的圆的面积是" + str(area)
print(message)
```

由于本题中有分支结构，将分别演示 True 与 False 的运行结果。在后续章节中，只有在必须情况下会演示两个分支情况；否则，就只演示执行 True 分支的情况。

【程序运行结果】

```
请输入圆的半径：
```

此时，在冒号后输入一个整数(如 20，True 的情况)，再按 Enter 键：

```
请输入圆的半径：20
半径为 20 的圆的面积是 1256.6370614359173
```

【程序运行结果】

```
请输入圆的半径：
```

此时，在冒号后输入一个整数(如-9，False 的情况)，再按 Enter 键：

```
请输入圆的半径：-9
输入值无效
```

4.4 if…elif…elif…else 多路分支语句

多路分支也是程序设计中常见的一种结构，相对于单选择和双路分支，多路分支提供了更多的情况选择。Python 中，使用 elif 关键字扩展出更多的选择通路。if…elif…elif…else 多路分支判断的结构如图 4-5 所示。

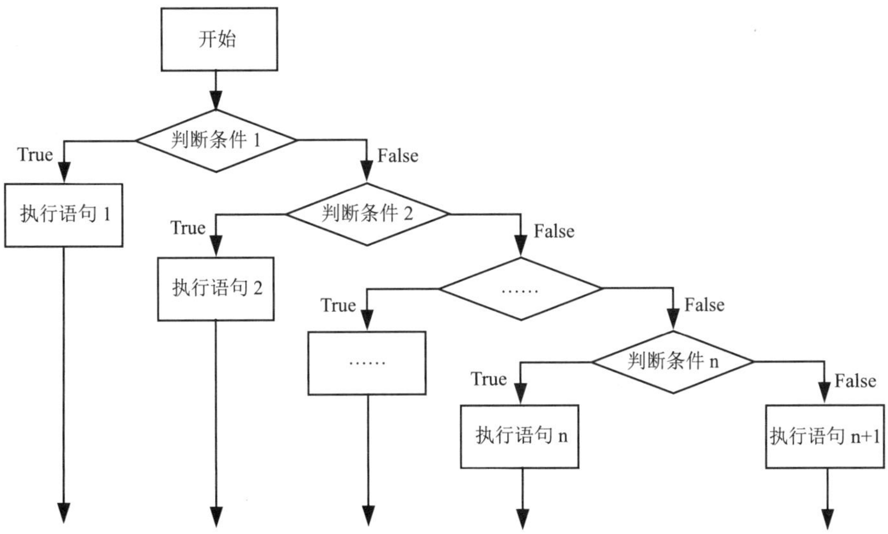

图 4-5　if…elif…elif…else 多路分支判断的结构

Python 中的 if…elif…elif…else 语句的语法如下：

```
if 布尔运算表达式:
    执行语句 1
elif 布尔运算表达式:
    执行语句 2
…
elif 布尔运算表达式:
    执行语句 n
else:
    执行语句 n + 1
```

下面用几道例题来说明 if…elif…elif…else 多路分支判断语句的使用方法。

【例题 4.7】键盘输入用户的身高与体重，根据表 4-2，使用身体质量指数 BMI 的数值，判断用户身体的健康情况。提示：BMI = 体重/(身高*身高)。体重以 kg 为单位，身高以 m 为单位。

表 4-2　BMI 值与身体健康情况对照表

BMI 值	身体健康情况
BMI < 18.5	偏瘦
18.5 <= BMI < 25	正常
25 <= BMI < 30	偏胖
BMI >= 30	肥胖

例题 4.7 源代码(BMI.py)如下：

```
# 键盘输入身高与体重
weight = eval(input("请输入体重(kg)："))
height= eval(input("请输入身高(m)："))
```

```
4.  # 根据公式计算BMI值
5.  bmi = weight / height ** 2
6.  # 使用多路分支结构，在数轴上进行切割，进行多路分支
7.  if bmi < 18.5:
8.      message = "偏瘦"
9.  elif bmi < 25:
10.     message = "正常"
11. elif bmi < 30:
12.     message = "偏胖"
13. else:
14.     message = "肥胖"
15. # 以上多路分支结构，相当于把数轴切成了四个部分
16. print(message)
```

【程序运行结果】

```
请输入体重(kg)：
```

此时，在冒号后输入用户体重(如 66)，按 Enter 键：

```
请输入体重(kg)：66
请输入身高(m)：
```

在冒号后输入用户身高(如 1.75)，再按 Enter 键，得到运行结果：

```
请输入体重(kg)：66
请输入身高(m)：1.75
正常
```

【代码分析】

(1) 第 2 行，输入了一个单位为 kg 的体重数。第 3 行，输入了一个单位为 m 的身高数。由于无法确定到底是整数还是浮点数，因此，使用了 eval()函数。

(2) 第 5 行，使用了 BMI 计算公式，由于“**”的计算优先级高于“/”，因此先计算了身高的平方，后计算了除法。

(3) 第 7～13 行，使用 if…elif…elif…else 多路分支判断语句将数轴进行了分割，如图 4-6 所示。

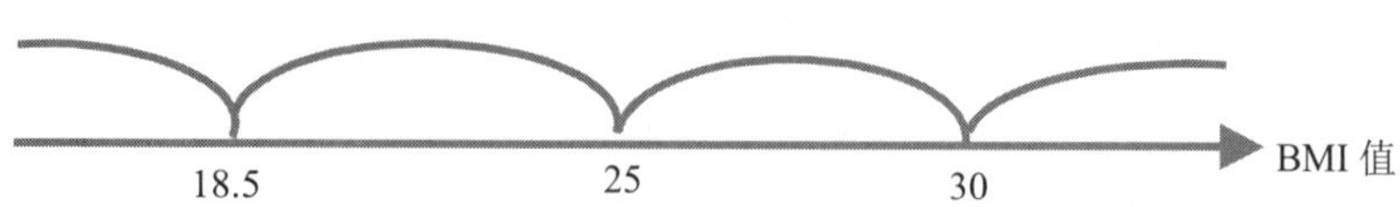

图 4-6　if…elif…elif…else 多路分支判断将一根完整的数轴分成多个部分

(4) if…elif…elif…else 多路分支判断语句中，elif 可以多次使用，以扩展分支通路。

(5) 尽管最后没有 else 语句程序也能运行，很多初学者都会忘记写 else 语句，请注意，多路分支最后需要以 else 语句结尾，以保证逻辑的完整性。

【例题 4.8】以 0 到 6 七个数字指代星期日、星期一到星期六。使用键盘输入一个 0 到 6 的数字，输出星期几对应的英文名称。

例题 4.8 源代码(WeekDay.py)如下：

```
# 键盘输入一个整数
weekDay = int(input("请输入星期几："))
# 进行多路分支判断，找到星期几对应的英文名
if weekDay == 0:
    weekDayName = "Sunday"
elif weekDay == 1:
    weekDayName = "Monday"
elif weekDay == 2:
    weekDayName = "Tuesday"
elif weekDay == 3:
    weekDayName = "Wednesday"
elif weekDay == 4:
    weekDayName = "Thursday"
elif weekDay == 5:
    weekDayName = "Friday"
elif weekDay == 6:
    weekDayName = "Saturday"
else:
    weekDayName = "错误输入"
message = "星期" + str(weekDay) + "的英文是："+ weekDayName
print(message)
```

【程序运行结果】

```
请输入星期几：
```

此时，在冒号后输入代表星期几的整数(如 5)，按 Enter 键：

```
请输入星期几：5
星期 5 的英文是：Friday
```

【代码分析】再次提醒“==”与“=”的区别，前者用于判断左右两个值是否相等，后者用于进行赋值操作。在写 elif 分支时，一定要注意，需要使用“==”。

【例题 4.9】某高校教务处规定的总分与分数等级的对应关系如表 4-3 所示。

表 4-3 总分与分数等级的对应关系

分数区间	90 及以上	80 到 89	70 到 79	60 到 69	59 及以下
对应等级	A	B	C	D	F

某门课程规定，平时成绩占总分的 30%，期末成绩占总分的 70%，请编写程序，从键盘输入一位同学的平时分数与期末分数，求出这位同学的总分(保留 1 位小数)与分数等级。

例题 4.9 源代码(Grade.py)如下：

```
# 输入平时成绩与期末成绩
regular = eval(input("请输入平时成绩："))
final = eval(input("请输入期末成绩："))
# 根据公式计算总分
```

```
5.  score = regular * 0.3 + final * 0.7
6.  # 使用多路分支语句，依据总分求分数等级
7.  if score >= 90:
8.      grade = "A"
9.  elif score >= 80:
10.     grade = "B"
11. elif score >= 70:
12.     grade = "C"
13. elif score >= 60:
14.     grade = "D"
15. else:
16.     grade = "F"
17. # 生成学生总成绩信息
18. message = "这位同学的总成绩是:" + str(round(score,1))
19. # 添加学生等级
20. message = message + "，等级是：" + grade
21. print(message)
```

【程序运行结果】

```
请输入平时成绩：
```

此时，在冒号后输入平时成绩(如 82)，按 Enter 键：

```
请输入平时成绩：82
请输入期末成绩：
```

再输入期末成绩(如 74.5)，按 Enter 键：

```
请输入平时成绩：82
请输入期末成绩：74.5
这位同学的总成绩是:76.8，等级是：C
```

【代码分析】

(1) 第 2 行，输入了平时成绩；第 3 行，输入了期末成绩。由于无法确定到底是整数还是浮点数，因此使用了 eval()函数。

(2) 第 5 行，使用了总成绩的计算公式。

(3) 第 7～16 行，使用 if…elif…elif…else 多路分支判断语句将数轴进行了分割，如图 4-7 所示。

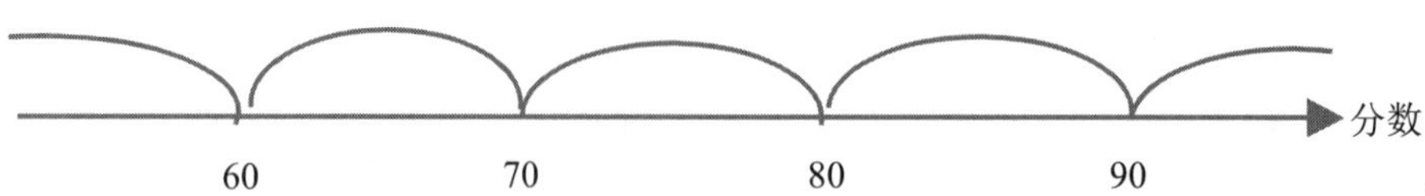

图 4-7　if…elif…elif…else 多路分支结构将一根完整的数轴分成 5 个部分

(4) 第 18 行，题设要求保留一位小数，使用 round(x, y)函数进行保留小数操作。

(5) 生成总成绩信息时，需要连接一个字符串与分数，应首先使用 str()函数将数字转换成字符串，再完成连接操作。

(6) 第20行，直接连接3个字符串，生成最后的运算结果。

4.5 逻辑运算

很多实际问题中，会出现几个条件组合起来的情况。关键字if之后的判断条件也可以是多个条件的判断组合。可以使用逻辑运算符来组合多个条件，只要最后得到一个布尔值，条件判断语句、双路分支语句、多路分支语句就可以根据得到的布尔值做出响应。Python中，可以使用的逻辑运算符有3个，按照优先级顺序，分别是not(非)、and(与)、or(或)。它们的真值表如表4-4～表4-6所示。

表4-4 not真值表(假设有一个变量，名为b)

b	not b
True	False
False	True

表4-5 and真值表(假设有两个变量，名为b1与b2)

b1	b2	b1 and b2
True	True	True
True	False	False
False	True	False
False	False	False

表4-6 or真值表(假设有两个变量，名为b1与b2)

b1	b2	b1 or b2
True	True	True
True	False	True
False	True	True
False	False	False

下面举例说明如何使用逻辑运算来连接几个不同的条件。

【例题4.10】通过键盘输入一个年份，判断这个年份是否为闰年。提示：如果一个年份能被4整除，且不能被100整除，或者能够被400整除，那么这个年份为闰年。例如，2020年是闰年，1900年不是闰年，2000年是闰年。

例题4.10源代码(LeapYear.py)如下：

```
# 输入一个年份
year = int(input("请输入一个年份："))
message = str(year) + "年"
```

```
4.   # 判断是否闰年
5.   if (year % 4 == 0) and (year % 100 != 0) or (year % 400 == 0):
6.       message = message + "是闰年"
7.   else:
8.       message = message + "不是闰年"
9.   print(message)
```

【程序运行结果】

```
请输入一个年份:
```

此时，在冒号后输入年份(如 2020)，按 Enter 键：

```
请输入一个年份：2020
2020 年是闰年
```

【代码分析】

(1) 第 2 行，输入了一个年份值，并转换为整数。

(2) 第 6 行，判断条件是由 3 个条件组合而成，由题设得知：能被 4 整除，且(and)不能被 100 整除，或者(or)能够被 400 整除。year % 4 == 0 表示可以被 4 整除，year % 100 != 0 表示不能被 100 整除，year % 400 == 0 表示能被 400 整除。实际上，自然语义上就表达出了 3 个条件，分别用 and 和 or 进行组合。

(3) 当 3 个条件组合起来，通过逻辑运算得到 True，则运行第 6 行；逻辑运算后得到 False，则运行 else 分支后的第 8 行。

下面一道例题组合使用了以上各种结构，请仔细研究一下。

【例题 4.11】键盘输入年份和月份(如 2020 年 2 月)，求该月有多少天。

例题 4.11 源代码(MonthDays.py)如下：

```
# 输入年份与月份
year = int(input("请输入一个年份:"))
month = int(input("请输入一个月份:"))
# 根据月份判断这个月的天数
# 二月有两种情况，闰年 29 天，否则 28 天
if month == 2:
    if (year % 4 == 0) and (year % 100 != 0) or (year % 400 == 0):
        days = 29
    else:
        days = 28
# 小月 30 天
elif month == 4 or month == 6 or month == 9 or month == 11:
    days = 30
# 其余的大月有 31 天
else:
    days = 31
message = str(year) + "年" + str(month) + "月有" + str(days) + "天。"
print(message)
```

【程序运行结果】

```
请输入一个年份:
```

此时，在冒号后输入年份(如 2020)，按 Enter 键：

```
请输入一个年份:2020
请输入一个月份:
```

再输入一个月份(如 2)，按 Enter 键：

```
请输入一个年份:2020
请输入一个月份:2
2020 年 2 月有 29 天。
```

【代码分析】

(1) 第 2、3 行，输入了年份与月份，并将其转换为一个整数。

(2) 第 6～16 行，使用了 if…elif…elif…else 多路分支判断结构，一共三种情况：2 月、小月和大月。

(3) 第 7～10 行，使用了例题 4.10 中判断闰年的方法，如果是闰年，2 月有 29 天，否则只有 28 天。此处可以被称为 if…else 的判断语句嵌套使用。

(4) 第 12、13 行，4 月、6 月、9 月、11 月是小月，只有 30 天。只要 month 是 4、6、9、11 中的任意一个数，days 就是 30 天。

(5) 第 15、16 行，除去 2 月、小月的情况，余下大月都是 31 天。

(6) 本例题中忽略了判断非法输入的步骤。

(7) 第 17 行，生成输出信息。

4.6 课后习题

一、选择题

(1) 下列 if 语句表达正确的是(　　)。

A. if (a = b):　　B. if (a = b)　　C. if (a == b):　　D. if (a == b);

(2) 以下选项中描述错误的是(　　)。

A. if…elif…else 语句描述多分支结构

B. 分支结构使用 if 保留字

C. if…else 语句用来形成二分支结构

D. 分支结构可以向已经执行过的语句部分跳转

(3) 实现多路分支的最佳控制结构是(　　)。

A. if　　B. try　　C. if…elif…else　　D. if…else

(4) 给出下面代码：

```
age = 23
start = 2
```

```
if age % 2 != 0:
    start = 1
for x in range(start, age + 2, 2):
    print(x)
```

上述代码输出值的个数是(　　)。

A. 10　　B. 12　　C. 16　　D. 14

(5) 关于语句 P = −P，以下选项中描述正确的是(　　)。

A. P 的绝对值　　B. 给 P 赋值为它的相反数　　C. P = 0　　D. P 等于它的负数

(6) 用来判断当前 Python 语句是某个分支结构中的语句块的标志是(　　)。

A. 引号　　B. 冒号　　C. 大括号　　D. 缩进

(7) 以下选项中描述正确的是(　　)。

A. 条件 24 <= 28 < 25 是合法的，且输出为 False

B. 条件 35 <= 45 < 75 是合法的，且输出为 False

C. 条件 24 <= 28 < 25 是不合法的

D. 条件 24 <= 28 < 25 是合法的，且输出为 True

(8) 下面代码的输出结果是(　　)。

```
for i in range(1, 6):
  if i%3 == 0:
      break
  else:
      print(i, end = ',')
```

A. 1, 2, 3,　　B. 1, 2, 3, 4, 5, 6　　C. 1, 2,　　D. 1, 2, 3, 4, 5,

(9) Python 中用来表示假的关键字是(　　)。

A. True　　B. False　　C. true　　D. false

(10) Python 中用来表示真的关键字是(　　)。

A. True　　B. False　　C. true　　D. false

(11) 以下结果为 True 的是(　　)。

A. 3 >= 5　　B. 4 == 4　　C. 5 < 3　　D. 5 += 5

(12) 以下逻辑运算结果为 False 的是(　　)。

A. True and True　　B. True or False　　C. False and False　　D. True or True

(13) 已知：

```
age = 20
beauty = 95
```

下列程序运行结果为 True 的是(　　)。

A. age >= 18 and beauty >= 80　　B. age <= 18 and beauty >= 80

C. age >= 18 and beauty <= 80　　D. age <= 18 and beauty <= 80

(14) 已知程序段如下所示：

```
score = 55
if score >= 90:
```

```
    print("3 朵红花")
elif score >= 80:
    print("2 朵红花")
elif score >= 60:
    print("1 朵红花")
else:
    print("继续努力")
```

上述程序段的输出结果是(　　)。

A. 3 个红花　　B. 2 个红花　　C. 1 个红花　　D. 继续努力

(15) 以下程序输出的结果是(　　)。

```
print("1" + "1")
```

A. "11"　　B. 555　　C. 十一　　D. "2"

(16) 以下程序输出的结果是(　　)。

```
print(1 + "1")
```

A. "11"　　B. 程序报错　　C. 2　　D. "2"

(17) 已知：

```
year = "2017"
```

以下输出语句的运行结果为“20171”的是(　　)。

A. print(year + 1)　　B. print(str(year) + 1)

C. print(int(year) + 1)　　D. print(year + str(1))

(18) 有代码如下：

```
if 56 == 100:
    语句 1
语句 2
```

以下说法中，正确的是(　　)。

A. 执行语句 1 和语句 2　　B. 只执行语句 1

C. 什么都不执行　　D. 只执行语句 2

(19) 有代码如下：

```
print("666" == "666")
```

执行上面代码，输出结果是(　　)。

A. True　　B. False　　C. "666" == "666"　　D. 不知道

(20) 已知程序段如下：

```
age = 25
if age >= 18:
    print("小明是成年人")
print("小明很胖")
```

运行程序后，窗口显示的结果是(　　)。

A. 小明是成年人　　B. 小明很胖　　C. 小明是成年人　　D. 小明是宝宝
小明很胖

(21) x 大于 2 小于等于 10，表示成正确的 Python 表达式是(　　)。

A. 2 < x < 10　　B. 2 < x and x <= 10

C. 2 < x && x <= 10　　D. x > 2 or x <= 10

(22) 与关系判断表达式 x == True 等价的表达式是(　　)。

A. x = 0　　B. not x　　C. x　　D. x += 1

(23) 下列表达式为 True 的是(　　)。

A. 3 > 2 == 2　　B. 2 += 5 or 0　　C. 5 + 4j > 2 - 3j　　D. 1 and 5 == 0

(24) 可以统计“成绩(mark)优秀的男生以及不及格的男生”的人数的正确语句是(　　)。

A. if gender == '男' and mark < 60 or mark >= 90:
    n += 1

B. if gender == '男' and mark < 60 and mark >= 90:
    n += 1

C. if gender == '男' and (mark < 60 or mark >= 90):
    n += 1

D. if gender == '男' or mark < 60 or mark >= 90:
    n += 1

(25) 以下 if 语句语法正确的是(　　)。

A.	B.	C.	D.
if a > 0:	if a > 0:	if a > 0:	if a > 0:
x = 20	x = 20	x = 20	x = 20
else:	else:	else:	else:
x = 200	x = 200	x = 200	x = 200

(26) 下列语句执行后的输出结果是(　　)。

```
if True:
    print(5)
else:
    print(6)
```

A. 0　　B. 2　　C. 5　　D. 6

(27) 下列 Python 程序的运行结果是(　　)。

```
x = False
y = True
print(x > y and 'A' < 'B')
```

A. True　　B. False　　C. true　　D. false

(28) Python 中，逻辑符号“与”是(　　)。

A. &　　B. &&　　C. AND　　D. and

(29) Python 中，逻辑符号“或”是(　　)。

A. |　　B. ||　　C. or　　D. Or

(30) Python 中，逻辑符号“非”是(　　)。

A. not　　B. no　　C. Not　　D. !

(31) 以下运算符中，优先级最高的是(　　)。

A. ！　　B. not　　C. and　　D. or

(32) 以下运算符中，优先级最低的是(　　)。

A. Or　　B. ||　　C. or　　D. not

(33) 能正确表示逻辑关系“a ≥ 10 或 a ≤ 0”的表达式是(　　)。

A. a >= 10 or a <= 0　　B. a >= 10 || a <= 0

C. a >= 10&& a <= 0　　D. a >= 10 | a <= 0

(34) 算术运算符、赋值运算符和关系运算符的优先级从高到低依次是(　　)。

A. 算数运算、关系运算　　B. 算术运算、关系运算、赋值运算

C. 关系运算、赋值运算、算术运算　　D. 关系运算、算术运算、赋值运算

(35) 逻辑运算符中，运算优先级从高到低依次是(　　)。

A. and、not、or　　B. or、and、not　　C. and、or、not　　D. not、and、or

(36) 表达式 not x or a == b 等效于(　　)。

A. not((x or a) == b)　　B. not(x or y) == b　　C. not(x or (a == b))　　D. (not x) or (a == b)

(37) 下列不能正确表达位于开区间(10, 15)范围内的某个数的是(　　)。

A. 10 < a < 15

B. a == 11 or a == 12 or a == 13 or a == 14

C. a > 10 and a < 15

D. 以上写法都不能正确表达

(38) 表示逻辑“真”的是(　　)。

A. 字符型　　B. 整型数字　　C. 布尔型　　D. 浮点型数字

(39) 判断字符型变量 ch 是否为小写字母的正确表达式是(　　)。

A. "A" <= ch <= "Z"　　B. ch >= "A" and ch <= "z"

C. "a" >= ch or "z" <= ch　　D. ch >= "a" and ch <= "z"

(40) 下列运算符中，不是 Python 关系运算符的是(　　)。

A. <　　B. >=　　C. !　　D. !=

(41) 以下程序的输出结果是(　　)。

```
i = 111
if (i % 3 == 0):
    print("####")
    print("****")
```

A. ####　　B. ****　　C. ####
****　　D. 无输出结果

(42) 以下程序运行时，输入 x = 12，则运行结果是(　　)。

```
x = int(input())
if (x > 12):
    x = x + 10
else:
    x = x - 12
y = x
print(y)
```

A. 0　　B. 22　　C. 12　　D. 10

(43) 下列程序输出的结果是(　　)。

```
a, b, c = 1, 2, 3
if (a > b):
    a = b
b = c
c = a
print(a, b, c)
```

A. 1 2 1　　B. 1 2 3　　C. 1 3 1　　D. 2 3 2

(44) 假设 a, b, c, d = 1, 3, 5, 4 时，执行下面一段程序后，x 的值是(　　)。

```
if (a < b):
    if(c < d):
        x = 1
    elif (a < c):
        if (b < d):
            x = 2
        else:
            x = 3
    else:
        x = 6
else:
    x = 7
```

A. 1　　B. 2　　C. 3　　D. 6

(45) 以下语句中，语法不正确的是(　　)。

A. if (x > y):　　B. if (x == y) and (x != 0):

C. if (x = y):　　D. if (x < y):

二、判断题

(1) 条件的运算使用布尔表达式进行，运算结果为一个布尔值。(　　)

(2) True 和 False 可以被当成标识符使用。(　　)

(3) 写程序时应避免使用 True + True 的写法。(　　)

(4) print(bool(5.21))的输出结果为 5.21。(　　)

(5) print(bool(True))的输出结果为 1。(　　)

(6) 数值能被转换成布尔型的数据。(　　)

(7) 应尽量避免把 True 当 1，把 False 当 0 来使用，以免产生逻辑混乱。 ( )

(8) 为了避免逻辑混乱，最好不要在计算整数类型的数据时将布尔值作为被操作数。 ( )

(9) “=”是比较运算符。 ( )

(10) 布尔表达式中，通过比较运算符连接两个数据，计算机根据这两个数据间的关系来判断布尔表达式运算得到的布尔值为 True 或 False。 ( )

(11) “m = n”可以判断 m 和 n 是否相等。 ( )

(12) 比较运算符“!=”，其中，“!”可以使用中文感叹号。 ( )

(13) 比较运算符中，等于符号为“ = ”。 ( )

(14) 比较运算符中，不等于符号为“≠”。 ( )

(15) 比较运算符中，小于等于符号为“≥”。 ( )

(16) 比较运算符中，大于等于符号为“≤”。 ( )

(17) if 语句的作用域范围内，程序块可以是一条语句，也可以是多条语句。 ( )

(18) if 语句中，以 Tab 缩进为标志，判断语句是否在作用域范围内。 ( )

(19) Python 中，允许使用 a, b = b, a 的方式交换两个变量值。 ( )

(20) Python 中要交换两个变量的值，必须使用中间变量。 ( )

(21) if 关键字后必须保留一个空格，用来分割关键字与条件。 ( )

(22) if 语句中，条件运算表达式之后需要加一个英文分号。 ( )

(23) if 语句中，当程序块结束，if 单路判断内容执行完毕，就需要恢复到上一层中没有缩进的位置。 ( )

(24) if…elif…elif…else 多路分支语句中，elif 可以多次使用。 ( )

(25) 多路分支判断语句的最后没有 else 语句，程序也能运行。 ( )

(26) Python 中，逻辑运算符“与”的符号是“&&”。 ( )

(27) Python 中，逻辑运算符“或”的符号是“Or”。 ( )

(28) Python 中，逻辑运算符“非”的符号是“!”。 ( )

(29) 关键字 if 之后的判断条件可以是有多个条件的判断组合。 ( )

(30) 可以使用逻辑运算符来组合多个条件，只要最后得到一个布尔值，条件判断句、双路分支句、多路分支句就可以根据得到的布尔值做出响应。 ( )

(31) 逻辑运算符中，优先级最高的是“and”。 ( )

(32) 逻辑运算符中，优先级最低的是“or”。 ( )

(33) 逻辑运算符优先级由高到低的顺序为 not、and、or。 ( )

(34) 与关系表达式 x == 0 等价的表达式是 x = 0。 ( )

(35) print('2' + 2)的输出结果是 22。 ( )

(36) Python 中，假用 False 表示。 ( )

(37) Python 中，真用 Yes 表示。 ( )

(38) 算术运算符的优先级低于逻辑运算符。 ( )

(39) 赋值运算符的优先级高于算术运算符。 ( )

(40) 逻辑运算符的优先级高于赋值运算符。 ( )

(41) 算术运算符、赋值运算符和关系运算符的优先级从高到低依次为算术运算、关系运算、赋值运算。 ( )

(42) 可以使用 5 < a < 10 表示 a 的取值范围。 ( )

(43) 8 < b < 12 可以表示成 b == 9 or b == 10 or b == 11。 ( )

(44) 判断变量 a、b 的值均不为 0 的逻辑表达式为 a += 0 && b += 0。 ( )

(45) Python 关键字中，逻辑“真”用 1 表示，逻辑“假”用 0 表示。 ( )

(46) ch >= 'A' and ch <= 'Z'可以用来判断 ch 是否为大写英文字母。 ( )

(47) 若 a = 3，b = 2，c = 1，表达式 f = a > b > c 的值是 0。 ( )

(48) 假定 a、b、c 已赋初值，则 if (a = b > 0)是正确的表达。 ( )

(49) 条件 0 < x < 3 或 x < −3 的表达式是 0 < x and x < 3 or x < −3。 ( )

(50) x < 0 and y >= 0 or y < 0 and x >= 0 表示 x、y 中有一个数为负数。 ( )

(51) Python 中提供的三种逻辑运算符是 !、and、>=。 ( )

(52) Python 中提供的三种逻辑运算符是 no、and、or。 ( )

(53) Python 中提供的三种逻辑运算符是 not、and、or。 ( )

(54) Python 中提供的关系运算符有==、>=、<=、>、<、!=。 ( )

(55) 为了避免在嵌套的条件语句 if…else 中产生二义性，规定 else 子句总是与其之前最近的 if 配对。 ( )

(56) (x >= 1) or (x <= 0)可以正确表示 x <= 0 或 x >= 1。 ( )

(57) 假设(a, b, c, d, m, n = 1, 2, 3, 4, 2, 2)，则执行(m = a>b) and (n = c>d)后，n 的值为 True。 ( )

(58) and、not、or 这三个运算符中，优先级最高的是 and。 ( )

三、编程题

(1) 使用键盘输入一个整数，判断该整数是奇数还是偶数。

程序运行后期望结果如下所示：

```
输入一个整数：9
9 是奇数
```

或

```
输入一个整数：8
8 是偶数
```

(2) 国家规定，API 空气污染指数的值：0～50 为优，51～99 为良，100～199 为轻度污染，200～299 为中度污染，300 以上为重度污染。请编写程序，从键盘输入 API 值，通过屏幕输出空气质量。

程序运行后期望结果如下所示：

```
输入 API 值：27
空气质量是：优
```

或

```
输入 API 值：78
空气质量是：良
```

或

```
输入 API 值：175
空气质量是：轻度污染
```

……

(3) 从键盘输入 a、b、c 的值，作为一个一元二次方程 $ax^2 + bx + c = 0$ 的 3 个参数。判断这个一元二次方程是否有实根，如果有实根，则输出这个方程的实根。

程序运行后期望结果如下所示：

```
分别输入一元二次方程的三个参数 a、b、c，中间用逗号间隔：1, 3, 1
这个方程没有实数解
```

或

```
分别输入一元二次方程的三个参数 a、b、c，中间用逗号间隔：1, -2, 1
这个方程有两个不相等的实根：  r1 = 1.0, r2 = 1.0
```

或

```
分别输入一元二次方程的三个参数 a、b、c，中间用逗号间隔：1, -3, 2
这个方程有两个不相等的实根：  r1 = 2.0, r2 = 1.0
```

(4) 厦门轨道交通集团依据《厦门市发展改革委、厦门市交通运输局关于印发厦门市城乡道路公交票价政府类别定价规则的通知》公布 BRT 票价标准如下：每人次起步价 1.00 元/5 千米，5 千米之后里程运价 0.15 元/千米，全程票价累计最高 4.00 元。编写程序，实现票价的计算。假设 A 站距离华侨大学站距离为 21.7 千米。某同学需要坐 BRT 自 A 站上车返回学校，请问需要买多少钱的票？

程序运行后期望结果如下所示：

```
输入里程数：21.7
票价是：3.5
```

(5) 使用键盘输入三条线段的长度 a、b、c。先判断这 3 条线段是否可以构成三角形，如果可以，则输出三角形的周长和面积(计算结果保留一位小数)；否则，输出“输入的三边无法构成三角形”。提示，根据三角形三边长度计算面积的公式如下：

$$s = (a + b + c) / 2$$
$$\text{area} = (s * (s - a) * (s - b) * (s - c)) ** 0.5$$

程序运行后期望结果如下所示：

```
输入三条线段的长度：3, 4, 5
可以构成三角形。周长是：12，面积是：6.0
```

或

```
输入三条线段的长度：3, 3, 9
无法构成三角形
```

(6) 使用键盘输入一个字符，判断该字符是大写英文，还是小写英文或其他字符。

程序运行后期望结果如下所示：

```
输入一个字符：D
D 这个字符是英文大写字母
```

或

```
输入一个字符：a
a 这个字符是英文小写字母
```

或

```
输入一个字符：!
! 这个字符是其他字符
```

(7) 蔡勒(Zeller)公式是一个计算星期的公式，随便给一个日期，就能用这个公式推算出该日期是星期几。蔡勒公式为

$$w = (y + [y / 4] + [c / 4] - 2c + [26(m + 1) / 10] + d - 1) \% 7$$

其中：

w 代表星期几；*w* 对 7 取模得：0 为星期日，1 为星期一，2 为星期二，3 为星期三，4 为星期四，5 为星期五，6 为星期六。

c 代表世纪数(注：在公式中取值为年份除以 100 的结果，*c* 应该等于所在世纪的编号，如 2021 年，*c* 就等于 20)。

y 代表世纪的年数(年份的后两位数，如 2021 年，*y* 就等于 21)。

m 代表月份(*m* 的取值为大于等于 3，小于等于 14，即在蔡勒公式中，某年的 1、2 月要看作上一年的 13、14 月来计算，比如 2021 年 1 月 1 日要看作 2020 年的 13 月 1 日来计算)。

d 代表日。

[ ]代表取整，即只要整数部分。

请使用计算机编写程序，输入年、月、日，输出对应星期几。

程序运行后期望结果如下所示：

```
输入年：2021
输入月：1
输入日：1
2021 年 1 月 1 日，是星期五
```

(8) 输入一个平面上两个圆的圆心坐标及这两个圆对应的半径，求这两个圆之间的关系是内含、内切，相交、外切还是分离？

程序运行后期望结果之一如下所示：

```
输入第一个圆的圆心坐标：25.1, 33.4
输入第一个圆的半径：7.2
```

```
输入第二个圆的圆心坐标：33.5, 29.8
输入第二个圆的半径：4.5
这两个圆的关系是：相交
```

(9) 某公司进行绩效分配的时候，需要编制一个计算机程序帮助计算奖金。假设一个部门拿到了 500 万元以上的订单，则部门经理获得总订单额度的 1%作为个人绩效奖励，如果没有达到这个额度，则只能获得订单额度的 0.5%作为个人绩效奖励；一个普通员工如果能够拿到 50 万元以上的订单，则该员工获得订单额度的 2%作为个人绩效奖励，如果没有达到这个目标，则该员工仅获得订单额度的 1%作为个人绩效奖励。编制一个程序，使用键盘输入必要参数，计算出该公司员工的绩效。

程序运行后期望结果之一如下所示：

```
输入职位，经理(0)，普通员工(1)：1
输入订单总额(单位：万元)：90
该员工获得的绩效奖金(单位：万元)：1.8
```

(10) 随机生成一个[0, 51]范围内的整数，用于模拟从 52 张扑克牌中随机抽取一张扑克牌的操作。在本程序中，需要根据花色(黑桃、红心、梅花、方片)和牌面(“A”“2”“3”“4”“5”“6”“7”“8”“9”“10”“J”“Q”“K”)在控制台显示随机抽到的牌。

程序运行后期望结果之一如下所示：

```
你抽到的牌是：梅花 8
```

(11) 我国使用的是阶梯电价制度，将每户每月的用电量分为三个档次：

第一档，电量每户每月 210 度及以下；

第二档，电量每户每月 210～400 度；

第三档，电量每户每月 400 度以上。

第一档电量每户每月执行电价为每度 0.5469 元；第二档电量每户每月在第一档电价基础上，每度加价 0.05 元，即每度 0.5969 元；第三档电量每户每月在第一档电价基础上，每度加价 0.3 元，即每度 0.8469 元。

例如，某用户一个月用电 800 度，则计算公式为

电费 = 第一档用电量(210 度)* 第一档电价+第二档用电量(400 − 210 度)* 第二档电价+
第三档用电量(800 − 400 度)* 第三档电价

使用键盘输入某用户的一个月用电量，求该用户需要缴纳多少电费。

程序运行后期望结果之一如下所示：

```
输入用户用电量(千瓦时)：230
230 度用电量需要缴纳电费：126.79 元
```

第 5 章 循环结构

除去简单的一般顺序结构、分支结构外，程序设计中还有一种很重要的结构：循环结构。本章将介绍循环结构。一般来说，循环结构就是控制程序持续、重复进行一系列操作。Python实现循环的关键字有 while 与 for。while 循环一般使用语境是满足了什么条件，就进行循环；for循环一般使用语境是在循环时，完成一定的执行次数。while 循环与 for 循环有时候可以互相替换。本章将介绍 while 循环与 for 循环。

提示：从本章开始，例题会逐渐变长，同学们请仔细观察例题，放慢学习速度，反复研究循环的执行步骤。

5.1 while 循环的要点

循环结构是重复执行一系列的操作，如重复打印某些字符串、重复运算一些算式、重复进行某些判断等。while 循环结构如图 5-1 所示。

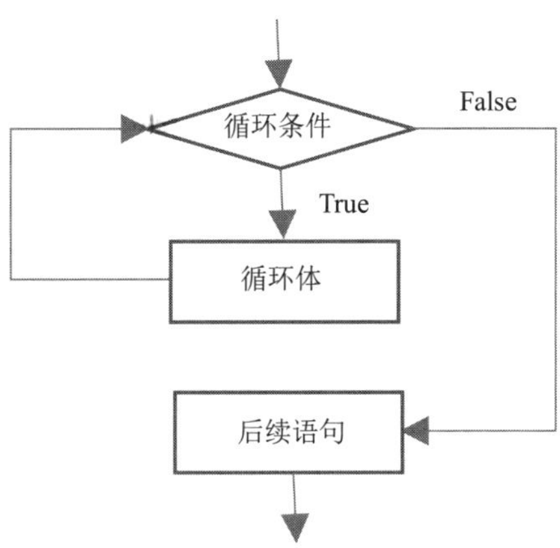

图 5-1　while 循环结构示意图

【例题 5.1】在控制台输出一个 10 行 10 列的“*”号方阵。

提示：10 行，10 列，一共 100 个“*”号。其中，每一行的 10 个“*”号可以使用例题 2.3 中介绍的方法输出，重复 10 次，就能得到题设要求的方阵。

例题 5.1_1 源代码(StarFormation1.py)如下：

```
1.  # 本代码中出现的方法不要使用
2.  print("*" * 10)
3.  print("*" * 10)
4.  print("*" * 10)
5.  print("*" * 10)
6.  print("*" * 10)
7.  print("*" * 10)
8.  print("*" * 10)
9.  print("*" * 10)
10. print("*" * 10)
11. print("*" * 10)
```

【程序运行结果】

```
**********
**********
**********
**********
**********
**********
**********
**********
**********
**********
```

【代码分析】第 2～11 行，操作相同，均为打印 10 个“*”号。源代码中将一条语句重复了 10 次来完成这个 10 行 10 列的“*”号方阵，此种编程方法不利于程序的更新与维护。实际上，不断地进行重复工作是可以用循环来处理的。

使用循环处理题设问题，将例题 5.1_1 源代码进行如下重写。

例题 5.1_2 源代码(StarFormation2.py)如下：

```
1.  # 使用循环打印 10 行 10 列的“*”矩阵
2.  # 输入行列数值
3.  row, column = 10, 10
4.  #设置一个从 0 开始的计数器
5.  count = 0
6.  # 使用循环打印矩阵
7.  while count < row:
8.      print("*" * column)
9.      count = count + 1
```

这样修改过之后，一样可以打印出一个 10 行 10 列的“*”号方阵。除去注释，这一段源代码只使用了 5 行代码。下面分别从计数器(第 5 行)、循环条件(第 7 行)、循环体(第 8、9 行)三个要点开始，对循环进行讲解与知识点扩展，介绍如何构建 while 循环结构。

【代码分析】要构成一个循环结构，可以设置一个计数器来控制循环次数。

例题 5.1_2 源代码中：

(1) 计数器从 0 开始计数。在循环开始之前，也就是第 5 行，就设置了计数器 count。一般来说，计数器可以从 0 开始计数，也可以从任意值开始计数。本例中，题设要求重复 10 行打印，实际上就是计数器计数 10 次，每一次都进行一次打印。因此设置了对计数器 count 的循环条件判断。从 0 开始计数，总共计数 10 次后结束循环。

(2) 第 7 行，使用了 while 关键字，告诉计算机，从第 7 行开始，进入循环结构。循环成立的条件是 count<10。只要条件判断成立，条件运算结果为 True，就会进行循环。由于在第 5 行，count = 0，count 值被赋值为 0 了，因此 count < row(刚开始计数时，0 < 10)的运算结果是 True，程序会进入循环体，进行循环操作。

(3) 第 8、9 行，在格式上进行了缩进。如条件判断语句的要求一样，使用缩进标定 while 关键字的作用域范围。

(4) 第 9 行，对 count 进行了自增 1 的操作。每一次循环，count 都会进行一次累进自增。第 9 行执行完毕后，由于在循环结构内，程序会回到第 7 行，再次判断循环条件是否为 True。如果为 True，就会再次进入循环结构内。count 计数器从 0 开始，累进自增 1 计数，因此 count 值会分别等于 0、1、2、3、4、5、6、7、8、9、10。当 count 值等于 10 时，回到第 7 行之后，count<row 的运算结果为 False，不再进入循环体。Python 实际上提供了 else 操作，本例中不涉及。

while 关键字提供的是循环结构，它的一般语法如下：

```
while 布尔运算表达式:
    程序块 A
else:
    程序块 B
```

下面的例题将进一步介绍如何使用 while 循环结构。

【例题 5.2】使用键盘输入一系列的非负数，求这些非负数的和。

提示：使用 while 循环结构，当输入值为非负值时，循环进行，进行求和操作，输入一个负值则终止循环。

例题 5.2 源代码(PositiveSum.py)如下：

```python
# 对需要用到的变量赋初值 0
num, sum = 0, 0
# 使用循环对正数求和
# 循环条件是 num >= 0，当 num 为负数时，就会退出循环
while num >= 0:
    sum = sum + num
    num = eval(input("请输入需要求和的非负数："))
# 当输入负数时，停止求和循环
else:
    # 生成求和运算结果信息
    message = "这些非负数的和是" + str(sum)
    print(message)
```

【程序运行结果】

程序运行后，输入一系列数值(如 2、3、5、7、10、5.5、−1)后，结果如下：

```
请输入需要求和的非负数：2
请输入需要求和的非负数：3
请输入需要求和的非负数：5
```

```
请输入需要求和的非负数：7
请输入需要求和的非负数：10
请输入需要求和的非负数：5.5
请输入需要求和的非负数：-1
这些非负数的和是 32.5
```

【代码分析】

(1) 第 2 行，num 和 sum 两个变量被赋值为 0，num 作为键盘输入数，sum 作为求和数。

(2) 第 5～12 行为循环结构，循环条件为 num >= 0。当循环条件运算结果为 True 时，将运行第 6、第 7 行；循环条件运算结果为 False 时，将运行 else 部分，也就是第 11、第 12 行。

(3) 第 6 行，sum = sum + num 是在进行累加。每次循环体执行，都会在原有的 sum 基础上，加上 num 的数值，并赋值给 sum，达到累加效果。

(4) 第 7 行，获得键盘输入值，这是循环体的最后一行代码。获取输入值后，就会回到第 5 行，再次判断循环条件 num >= 0 是否为 True。

(5) 第 9～12 行是 while 中的 else 部分。循环体可以被多次执行，而 else 部分只有当循环条件为 False 时执行一次。因此，else 部分可能会被程序员省略。

【例题 5.3】使用键盘输入一个正整数，求这个正整数对应的十六进制表达方式。

提示：本题将扩展例题 4.4，把转换一位十六进制数扩展为转换多位十六进制数。

例题 5.3 源代码(DecToHex.py)如下：

```
# 键盘输入一个十进制正整数
dec = int(input("输入一个十进制正整数："))
# message 用来存储输出信息
message = "这个数转换为十六进制："
# hex 用来存储转换的十六进制符号
hex = ""
# 使用循环结果，循环条件是 dec > 0
while dec > 0:
    # 循环体中，使用 remain 标识符指代 dec 除以 16 后取余的结果
    remain = dec % 16
    # 采用逆序输出，所以在尾部加上 hex
    if remain < 10:
        # 如果输入数字小于 10，则直接采用这个数字的字符
        hex = str(remain) + hex
    else:
        # 否则采用 A 到 F
        hex = (chr(ord("A") + (remain - 10))) + hex
    # 除以 16 取整，然后重复以上过程
    dec = dec // 16
else:
    message = message + hex
    print(message)
```

【程序运行结果】

此时，在冒号后输入一个十进制正数(如 124)，按 Enter 键：

```
输入一个十进制正数:
输入一个十进制正数：124
这个数转换为十六进制：7C
```

【代码分析】

(1) 与例题 4.4 相比，本例中，将十进制数转换为十六进制数，没有了位数的限制。任何正整数都可以通过本例中的程序转换为十六进制数。十进制转十六进制的算法，简单地说，就是利用短除法，除以 16 取余数，保留商再除以 16 取余数，直到商为 0，然后逆序读出余数。

(2) 第 8～22 行为循环结构，循环条件为 dec > 0。当循环条件运算结果为 True 时，将运行第 9～19 行的循环体；循环条件运算结果为 False 时，将运行 else 部分，也就是第 20～22 行。

(3) 第 15 行的 else 与第 20 行的 else，请观察这两个 else 出现的位置。第 15 行的 else 是与第 12 行的 if 结构配对的；第 20 行的 else 是与 while 结构配对的。在 Python 中，都是以缩进位置来判断程序块与控制结构作用范围的。实际应用中，请注意各种控制结构的嵌套使用。

(4) 第 14、第 17 行，因为需要逆序输出余数结果，所以将存储结果用的 hex 字符串放到加号的后面进行连接字符串操作。

(5) 第 10 行，dec 除以 16 之后，余数为 remain，使用了“%”取余数运算符。

(6) 第 19 行，dec 除以 16 取商，使用“//”操作符。得到结果之后赋值给 dec，由于第 19 行为循环体的最后一行，因此 dec 被赋值之后，程序会回到第 8 行，再次进行循环过程。

(7) 当 dec < 16 时，dec // 16 结果为 0，不再满足 while 循环的循环条件。程序转入 else 部分，输出结果。

(8) 十进制转二进制的方法与本例题相同，可以尝试修改部分逻辑后进行编程。

【例题 5.4】使用以下公式计算圆周率 pi 的近似值，n 为用键盘输入的正整数：

$$pi = 4 * (1 - 1/3 + 1/5 - 1/7 + 1/9 - 1/13 + \cdots\cdots + (-1)^{(n+1)}/(2 * n - 1))$$

例题 5.4 源代码(ComputePi.py)如下：

```
# 使用键盘输入 n
n = int(input("请使用键盘输入 n："))
# 设置一个计数器，从 1 开始计数
count = 1
# 设置一个 sum，用来存放累加和
sum = 0
#开始使用循环结构，循环条件为 count <= n
while count <= n:
    # 根据公式进行累加操作
    sum = sum + (-1) ** (count + 1) / (2 * count -1)
    # count 计数器自增，直到 count <= n 运算结果为 False
    count = count + 1
# 循环条件为 False 时，结束循环，此处特意不写 else 部分
pi = 4 * sum
# 生成运算结果信息
message = "圆周率的近似值是：" + str(pi)
print(message)
# 没有 else 部分程序也可以运行，很多程序员会视情况省略 else 部分
```

【程序运行结果】

```
请使用键盘输入 n:
```

此时，在冒号后输入一个正整数(如 1000000)，按 Enter 键：

```
请使用键盘输入 n：1000000
圆周率的近似值是：3.1415916535897743
```

【代码分析】

(1) 本例是 count 计数器参与计算的例子，第 8 行，count 计数器的计数次数为循环条件，此时需要在循环体中加入 count 自增的运算(第 12 行)，以保证计数器能够计数，且能够正常运行。如果忘记在循环体内加入计数器自增语句，循环很可能会变成无限循环，导致无法得到期望答案。

(2) 第 6 行，依照题设公式会有累加过程，所以此行将累加器 sum 的起始值设置为 0。

(3) 第 8 行，循环条件为 count <= n。只要 count 的数值小于 n 的运算结果为 True，就会执行循环体。

(4) 第 10 行，是将题设公式转换为计算机表达形式，即计算 1 - 1/3 + 1/5 - 1/7 + 1/9 - 1/13 + … + (-1)(*n* + 1)/(2 * *n* - 1)的累加结果。其中 *n* 是由键盘输入的一个正整数。

(5) 第 16 行，生成了运算结果信息。

(6) 第 14～18 行，else 部分不是必须添加的。如果有 else 部分，则 else 会被作为循环结构的一个部分。没有 else 部分，则循环结构结束之后，顺序执行后续语句；有 else 部分，则在循环条件运算结果为 False 的情况下运行循环结构的一部分。在很多情况下，else 部分不是必须时，程序员会省略 else 部分，直接写循环体外的后续语句。

5.2 for 循环的要点

含有计数器的循环，如例题 5.4，count 参与运算是非常常见的。Python 提供了 for 关键字，使用 for 关键字，可以编写更加简单的含有计数器的循环结构。

for 关键字提供的是循环结构，in range()的一般语法有如下几种。

结构 1：

```
for count in range(a):  # 默认起始值是 0，小于 a 时运行，默认步长为 1
        程序块 A
else：# 可以省略 else 部分
        程序块 B
```

结构 2(a < b)：

```
for count in range(a, b):  #起始值是 a，小于 b 时运行，默认步长为 1
        程序块 A
else：# 可以省略 else 部分
        程序块 B
```

结构 3(a < b 且 k > 0)：

```
for count in range(a, b, k):
#起始值是 a，小于 b 时运行，步长为 k。这是计数器递增的情况
        程序块 A
else: # 可以省略 else 部分
        程序块 B
```

结构 4(a > b 且 k < 0)：

```
for count in range(a, b, k):
#起始值是 a，大于 b 时运行，步长为 k。这是计数器递减的情况
        程序块 A
else: # 可以省略 else 部分
        程序块 B
```

下面举例说明 for 循环的几个参数的用法。

【例题 5.5】列举 4 个 for 关键字循环结构，以反映 for 的几个参数的用法。

例题 5.5 源代码(TestFor.py)如下：

```
1.  for i in range(10):
2.      print(i, end=" ")
3.  print()
4.  for i in range(1, 10):
5.      print(i, end=" ")
6.  print()
7.  for i in range(0, 10, 3):
8.      print(i, end=" ")
9.  print()
10. for i in range(10, 0, -3):
11.     print(i, end=" ")
```

【程序运行结果】

```
0 1 2 3 4 5 6 7 8 9
1 2 3 4 5 6 7 8 9
0 3 6 9
10 7 4 1
```

【代码分析】

(1) 第 1～3 行，演示了 for 循环结构中，在 range()部分只有一个参数的情况。从结果可以看出，如果只有一个参数 10，那么循环体中将依次使用 0～a－1 一共 10 个数，每次递增步长为默认值 1，也就是一共计数了 10 次。

(2) 第 4～6 行，演示了 for 循环结构中，range()部分有两个参数的情况。从结果可以看出，循环体中依次使用了 1～9，每次递增步长为默认值 1，一共计数了 9 次。

(3) 第 7～9 行，演示了 for 循环结构中，range()部分有 3 个参数的情况。从结果可以看出，循环体中依次使用了 0、3、6、9，每次递增步长为设定值 3。循环从 0 开始，运行到不大于 10 的最大数。

(4) 第 10、11 行，演示了 for 循环结构中，range()部分有 3 个参数，但是逆序递减的情况。从结果可以看出，循环体中依次使用了 10、7、4、1，每次递减步长为设定值 3(可以理解为递增-3)。循环从 10 开始，运行到不小于 0 的最小数。

【例题 5.6】使用 for 循环结构改写例题 5.4。

例题 5.6 源代码(ComputePiWithFor.py)如下：

```
1.  # 键盘输入 n
2.  n = int(input("请使用键盘输入 n："))
3.  sum = 0
4.  for i in range(1, n):
5.      sum = sum + (-1) ** (i + 1) / (2 * i -1)
6.  pi = 4 * sum
7.  message = "圆周率的近似值是：" + str(pi)
8.  print(message)
```

【程序运行结果】

```
请使用键盘输入 n：
```

此时，在冒号后输入一个正整数(如 1000000)，按 Enter 键：

```
请使用键盘输入 n：1000000
圆周率的近似值是：3.1415936535907742
```

【代码分析】

(1) for 循环结构与 while 循环结构的区别在于，while 循环结构中，有循环条件和计数器自增语句；for 循环结构中，没有明显的循环条件和计数器自增语句。

(2) 本例中的第 5 行为 for 结构的循环体，第 4、5 行为整个循环结构。

(3) 第 5 行，i 参与了循环体的运算。i 的值从 a 开始进行累加，默认累加步长为 1，分别为 a、a+1、a+2…直到 b－1 为止。请看圆周率的运算结果，使用 while 结构的运算结果为 3.1415916535897743，而使用 for 结构的运算结果为 3.1415936535907742，数值是不等的。如果使用键盘键入 1000001，两个结构的运行结果就一样了。

若在冒号后输入正整数 1000001，按 Enter 键：

```
请使用键盘输入 n：1000001
圆周率的近似值是：3.1415916535897743
```

【例题 5.7】显示 1970—2100 年所有的闰年，每行显示 5 个年份。

例题 5.7 源代码(LeapYears.py)如下：

```
# 生成初始信息 message 并设置一个变量 count 从 0 开始计数
message = "从 1970 年到 2100 年的闰年有：\n"
count = 0
# 使用 for 循环结构，遍历 1970 年到 2100 年
for year in range(1970, 2101):
    #使用判断语句，判断每一年是否闰年
    if (year % 4 == 0) and (year % 100 != 0) or (year % 400 == 0):
        # 是闰年，则把年份添加进结果信息
```

```
9.          message = message + str(year)
10.         # 对闰年年份数进行计数
11.         count = count + 1
12.         # 每 5 个年份一行，每行的年份之间添加一个制表符空格
13.         if count % 5 == 0:
14.                 message = message + "\n"
15.         else:
16.                 message = message + "\t"
17.     print(message)
```

【程序运行结果】

```
从 1970 年到 2100 年的闰年有：
1972	1976	1980	1984	1988
1992	1996	2000	2004	2008
2012	2016	2020	2024	2028
2032	2036	2040	2044	2048
2052	2056	2060	2064	2068
2072	2076	2080	2084	2088
2092	2096
```

【代码分析】

(1) 第 3 行的 count 是用来计数的。题设要求每 5 个年份一行，因此需要计数。

(2) 第 11～16 行，如果 count 是 5 的倍数，就另起一行；如果 count 不是 5 的倍数，就加入一个空格。这种方法常用于固定一行输出结果的数量。

(3) 第 7～16 行，整个程序块为一个判断结构，判断一个年份是否为闰年。仔细观察一下缩进结构。

(4) year 值从 1970 开始进行累加，每次循环，year 值会自增 1，直到 year < 2101 则运算结果为 False。

5.3 嵌套循环

一个循环可以放到另外一个循环中，这种结构被称为循环的嵌套结构。嵌套循环由外循环和内循环构成。每次重复外循环时，都会重置内循环，并让内循环被全部执行一遍。

【例题 5.8】打印九九乘法表。

例题 5.8 源代码(MultiplicationTable.py)如下：

```
# 九九乘法表将存储在 message 字符串中
message = ""
# 使用嵌套循环结构改变乘法表中被乘数与乘数的数值
# 每次外部循环结束后，i 的值将从 1 开始递增
for i in range(1, 10):
    # 每次内部循环开始时，j 的值重置为 1
    # 从 1 开始递增至 i，则结束内部循环
    for j in range(1, i + 1):
        # multi 为每一个算式
```

```
10.         multi = str(j) + "*" + str(i) + "=" + str(j * i)
11.         # 同一行算式与算式之间空格
12.         message = message + multi + "\t"
13.         # 每次内部循环结束，生成一行乘法算式
14.     # 每次内部循环结束之后换行，内部循环会进行 i 次
15.     message = message + "\n"
16. # 外部循环进行 9 次，生成 9 行的乘法表
17. print(message)
```

【程序运行结果】

```
1*1=1
1*2=2  2*2=4
1*3=3  2*3=6   3*3=9
1*4=4  2*4=8   3*4=12 4*4=16
1*5=5  2*5=10 3*5=15 4*5=20 5*5=25
1*6=6  2*6=12 3*6=18 4*6=24 5*6=30 6*6=36
1*7=7  2*7=14 3*7=21 4*7=28 5*7=35 6*7=42 7*7=49
1*8=8  2*8=16 3*8=24 4*8=32 5*8=40 6*8=48 7*8=56 8*8=64
1*9=9  2*9=18 3*9=27 4*9=36 5*9=45 6*9=54 7*9=63 8*9=72 9*9=81
```

【代码分析】

(1) 整张乘法表都存储在 message 中，换行用“\n”，空格用“\t”，这两个转义字符前面章节中有介绍。此乘法表虽然看上去有 9 行，实际都是存储在 message 中的字符串。

(2) 第 5～14 行是一个嵌套循环结构，一共有两层循环。其中，第 5～14 行是一个大的外层循环；第 7～11 行是一个小的内层循环。编写程序时，需要注意内层循环有一个缩进反映了它与外循环之间的包含关系。

(3) 每次运行外循环，i 的数值都会自增 1，直到 i = 9 运行完之后，结束外层循环时，这个外循环一共执行了 9 次。

(4) 每一次内循环开始时，j 的值都会被重置为 1。整个内循环体在外循环控制下执行了 9 次。内循环每次都从 1 开始，到 i 结束，每次都执行了 i 次。比如：第 1 次外循环，内循环执行 1 次；第 2 次外循环，内循环执行 2 次……第 9 次外循环，内循环执行 9 次。因此最终输出一个三角形的乘法表。

(5) 观察乘法表的输出结果就可以发现，i 控制一共有多少行，j 控制每一行有多少列。

【例题 5.9】找到 100 以内的所有质数，以每行 10 个质数的格式输出到控制台。

例题 5.9 源代码(PrimeNumbers.py)如下：

```
# 使用嵌套循环找到 100 以内所有的质数
message = "100 以内的质数有：\n"
count = 0
# 外层循环，从 2 开始，到 100 结束
for num in range(2, 101):
    # 使用一个标志，这个标志为 True，假设 num 是质数
    flag = True
    # 内层循环从 2 开始，到 num//2 结束，寻找有没有 num 的因数
    for factor in range(2, num//2 + 1) :
```

```
10.             # 如果 num 可以被 2 到 num//2 之间的某个自然数整除
11.             if num % factor == 0:
12.                 # 将标志设为 False，意义为 num 不是质数
13.                 flag = False
14.     # 如果内层循环结束后没有找到任何因数，标志保持 True 状态
15.     # 说明 num 的确是一个质数
16.     if flag:
17.         count = count + 1
18.         # 将这个质数记录到 message 中
19.         if count % 10 == 0:
20.             message = message + str(num) + "\n"
21.         else:
22.             message = message + str(num) + "\t"
23. print(message)
```

【程序运行结果】

```
100 以内的质数有：
 2   3   5   7   11  13  17  19  23  29
31  37  41  43  47  53  59  61  67  71
73  79  83  89  97
```

【代码分析】

(1) 嵌套循环的范围是第 5～22 行，其中内循环的范围是第 9～13 行。外循环是遍历 2 到 100 这些数值，内循环是遍历 2 到 num//2。循环条件中，需要注意，在结构 in range(a, b)中遍历的数值是从 a 到 b－1 的。

(2) 计数器参与运算时，想要进行某些数字的遍历时，可以优先考虑使用 for 循环。

(3) 第 5～22 行是一个嵌套循环结构，一共有两层循环。其中，第 5～22 行是一个大的外层循环；第 9～13 行是一个小的内层循环；第 16～22 行是一个嵌套判断结构。编写程序时，需要注意内层循环有一个缩进反映了它与外循环之间的包含关系。

(4) flag 是一个标志，这个标志被预置为 True，一旦满足了一定条件(在本例中，该条件为在内部循环的遍历中找到了 num 这个数的因数)就把这个标志设置为 False。内循环结束之后，判断这个标志的状态。如果 flag 保持了 True，则说明没有找到任何因数，此时 num 就为一个质数。

(5) 第 7 行的 flag 会在每次进行外部循环时被重置一下，保证逻辑上对每个数都进行同样的运算过程。

(6) 第 16～22 行是一个嵌套判断结构，用来生成报告信息的逻辑判断。只有当 flag 保持了 True 的状态，才会执行这个判断结构。最终，质数才会被记录到 message 中。

(7) 第 16 行，flag 本身是一个布尔值，条件判断运算结果就是一个布尔值。如前章所述，关键字 if 是根据条件判断运算后的结果为 True 或者 False 选择程序块运行的。因此，直接使用 flag 是没有问题的，这里的 if flag 相当于 if flag == True。

总体来说，对于初学者，循环已经很让人费解了，嵌套循环更是一道坎。请仔细研究上面的例题，了解外层循环与内层循环的控制分工。

5.4 break 和 continue 关键字

在循环中，可以添加一些关键字来改变循环的运行结构。

一般来说，会有一些例外情况会在程序设计中出现。因此，Python 提供了打断循环的 break 关键字和忽略同一循环过程中后续语句的 continue 关键字。

5.4.1 break 关键字

break 关键字用于跳出循环的操作。当 break 运行后，循环即刻终止，不再进行。下面用例题来说明 break 的作用。

【例题 5.10】编写简单的倒计时计时器，键盘输入一个秒数，然后倒计时至 0 后结束。每秒钟发出一次嗡鸣，用声音提示用户时间在流逝。

提示：本程序中需要导入 time 模块库，使用 time.time()方法获取时间；使用 winsound 模块库中的 winsound.Beep(600, 200)方法发出声音，两个参数的意义：600 是声音频率，200 是延续时间。

例题 5.10 源代码(CountDown.py)如下：

```
# 导入时间包与声音包
import time
import winsound
# 键盘输入倒计时秒数
seconds = int(input("请输入计时器需要的倒数的时间（秒）："))
# 设置倒计时计数器
count = seconds
# 记录起始时间
start = time.time()
# 使用 True 作为循环条件，是为了保证循环一直进行
# 但是循环一直进行是不可能的，需要有退出循环设计
while True:
    # 记录终止时间
    end = time.time()
    # 计算用时，舍弃小数部分，精确到秒
    duration = (end - start) // 1
    # 每秒显示一次倒计时数值并发声一次
    if duration == (seconds - count):
        print(count)
        count = count - 1
        # 计时到 0 之后，终止循环，并发一次高音
        if   count == -1:
            winsound.Beep(2000, 600)
            break
        else:
            winsound.Beep(600, 200)
print("时间到！")
```

【程序运行结果】

```
请输入计时器需要的倒数的时间(秒):
```

输入一个倒数秒数(如 3)之后，就开始倒计时并发出声音：

```
请输入计时器需要的倒数的时间(秒)：3
3
2
1
时间到!
```

【代码分析】

(1) 第 3 行，导入了 winsound 包。想让程序运行时发出提示声音，需要使用 winsound 模块库的 winsound.Beep(frequency, duration)函数。其中，frequency 是频率，duration 是持续的毫秒数。

(2) 第 5 行，使用键盘输入想要倒计时的秒数。这个数值将会被逆序输出。第 7 行，计数器会从输入的这个数值开始计数，每过 1 秒计数器自减 1。

(3) 第 9 行，记录了开始的当前时间 start。

(4) 第 12 行，while True 在构建一个循环结构，这个结构的循环条件为 True，意为永远执行的循环。很多服务器程序或者监听程序中都会有这种写法，但是理论上，一个程序不可能永远执行，因此需要设计终止机制，此时可以使用关键字 break。

(5) 第 14 行，获取当前时间 end，end 与 start 之间的差值就是过去了的时间。由于 Python 中 time.time()方法获取到的时间精确到了小数点之后很多位，理论上不需要这么精确，只需要运算 end－start 得到整数部分的差值，就可以进行读秒操作。使用“//1”操作是为了舍弃 end－start 的小数部分。

(6) 第 18～20 行是一个判断结构，每次循环都会判断是否已经过了 1 秒。如果过了 1 秒，就输出 count 进行一次倒计时，并发出提示音。

(7) 第 22～26 行也是一个判断结构，这个判断结构嵌套进了第 18 行的 if 判断结构之中，请注意缩进情况。这个判断语句用于判断倒计时是否到了 0。如果计时结束，则发出频率更高、持续时间更长的提示音。

(8) 第 24 行，使用了关键字 break 以跳出循环。如果没有使用 break 关键字，在倒计时为 0 后会继续计时而不跳出循环。

在编写程序的过程中，有时需要考虑不断进行同一个操作，直到某件事情发生，比如不断输入密码，直到密码输入正确。

【例题 5.11】模拟输入设置好的密码“Hello”，如果在 3 次以内输入了正确的密码，则在控制台输出一个字符串“HELLOWORLD!”；否则，输出“密码有问题”。

例题 5.11 源代码(Password.py)如下：

```
password = "Hello"
count = 0
while count < 3:
    uscrInput = input("请输入密码：")
    if userInput == password:
        break
```

```
7.         else:
8.             count = count + 1
9.     else:
10.        print("密码有问题")
11.        # exit(0)的作用是终止整个程序
12.        exit(0)
13.    # 如果使用了 break，会跳出整个循环结构，包括 else 部分
14.    print("HELLOWORLD!")
```

【程序运行结果】

```
请输入密码：
```

如果密码输入正确，则输出：

```
请输入密码：Hello
HELLOWORLD!
```

如果密码连续 3 次输入不正确，则输出：

```
请输入密码：abcd
请输入密码：dcba
请输入密码：acbd
密码有问题
```

【代码分析】

(1) 第 3～12 行为循环结构。根据题设，循环不超过 3 次。第 3 行的循环条件为 count < 3。

(2) 第 5～8 行为判断结构，用来判断用户输入的密码是否正确。如果正确，就跳出循环结构；如果不正确，就计算输入次数。

(3) 第 9～12 行为循环结构的 else 部分。连续 3 次输入错误之后，进入 else 部分。

(4) 第 10 行，输出题设信息。

(5) 第 12 行，exit(0)表示无错误退出程序运行，不再运行之后的任何程序段。

(6) 第 14 行，输入正确密码之后，也就是第 6 行 break 命令运行之后，跳出整个循环结构，将会运行第 14 行 print()命令，输出题设信息。

(7) 由于执行 break 会跳出循环结构，所以一旦 break 命令被执行，就会跳过循环结构的 else 部分，exit(0)会被跳过。因此 break 命令被执行之后，print()一定会被执行。

5.4.2 continue 关键字

continue 关键字用于继续循环的操作：满足一定的条件之后，不再需要进行后续程序段的操作，直接进行下一次循环。

下面用例题来说明 continue 的作用。

【例题 5.12】从键盘输入一组非负数，求这些非负数中偶数的和。如例题 5.2 中一样，如果输入为负数，则终止输入，并计算结果。

例题 5.12 源代码(PositiveEvenSum.py)如下：

```
# 对需要用到的变量赋初值 0
num, sum = 0, 0
# 使用循环对正数求和
# 循环条件是 num >= 0，当 num 为负数时，就会退出循环
```

```
5.  while num >= 0:
6.      num = eval(input("请输入需要求和的正数："))
7.      if num < 0:
8.          break
9.      if num % 2 != 0:
10.         # 如果输入不是偶数，则跳过
11.         continue
12.     sum = sum + num
13. # 当输入负数时，停止求和循环
14. else:
15.     # 生成求和运算结果信息
16.     message = "这些非负数中偶数的和是" + str(sum)
17.     print(message)
```

【程序运行结果】

程序运行后，输入一系列数值(如4、5、6、5.5、-1)后，输出如下：

```
请输入需要求和的非负数：4
请输入需要求和的非负数：5
请输入需要求和的非负数：6
请输入需要求和的非负数：5.5
请输入需要求和的非负数：-1
这些非负数中偶数的和是10
```

【代码分析】

(1) 第5～17行为循环结构，循环条件为num >= 0。当循环条件运算结果为True时，将运行第6～12行；循环条件运算结果为False时，将运行else部分，也就是第16、17行。

(2) 第9～11行是一个判断结构。如果一个数除以2取余数不等于0，那么这个数就不是偶数。不是偶数的话，就不用进行后面的循环体中的累加求和运算，本例第11行使用了continue语句，用于在一定条件下跳过第12行循环体，直接进行下一次循环。

5.5 循环结构例题讲解

本节设计一道对于初学者来说非常困难的例题，这道例题将涉及之前学过的很多知识点，包括循环、嵌套循环、判断、多路判断等。请在老师的指导下，仔细观察例题中的65行代码。

【例题5.13】使用键盘输入一年的年份与月份，输出图5-2所示某月份的日历。(本例题难度较大，可以先暂时跳过，后续章节中会进一步介绍。)

```
请输入年份：2020
请输入月份：2
        Feb 2020
----------------------------
Sun Mon Tue Wed Thu Fri Sat
                        1
2   3   4   5   6   7   8
9   10  11  12  13  14  15
16  17  18  19  20  21  22
23  24  25  26  27  28  29
```

(a) 2020年2月日历

```
请输入年份：2020
请输入月份：7
        Jul 2020
----------------------------
Sun Mon Tue Wed Thu Fri Sat
            1   2   3   4
5   6   7   8   9   10  11
12  13  14  15  16  17  18
19  20  21  22  23  24  25
26  27  28  29  30  31
```

(b) 2020年7月日历

图5-2 例题5.13的运行结果示例

例题 5.13 源代码(PrintCalendar.py)如下：

```
1.  # 键盘输入年、月
2.  year = int(input("请输入年份："))
3.  month = int(input("请输入月份："))
4.  # 使用多路分支语句，得到每个月的英文名和天数
5.  if month == 1:
6.      monthName, monthDays = "Jan", 31
7.  elif month == 2:
8.      monthName = "Feb"
9.      if (year % 4 == 0) and (year % 100 != 0) or (year % 400 == 0):
10.         monthDays = 29
11.     else:
12.         monthDays = 28
13. elif month == 3:
14.     monthName, monthDays = "March", 31
15. elif month == 4:
16.     monthName, monthDays = "Apr", 30
17. elif month == 5:
18.     monthName, monthDays = "May", 31
19. elif month == 6:
20.     monthName, monthDays = "Jun", 30
21. elif month == 7:
22.     monthName, monthDays = "Jul", 31
23. elif month == 8:
24.     monthName, monthDays = "Aug", 31
25. elif month == 9:
26.     monthName, monthDays = "Sept", 30
27. elif month == 10:
28.     monthName, monthDays = "Oct", 31
29. elif month == 11:
30.     monthName, monthDays = "Nov", 30
31. else:
32.     monthName, monthDays = "Dec", 31
33. # 此处可以添加一个测试输出语句，判断程序编写有没有问题
34. # 测试之后，可以将测试语句进行注释或者删除，第 35 行为测试语句
35. # print(str(year) + monthName + "有"+str(monthDays)+"天")
36. # 生成日历的表头
37. message = "\t\t" + monthName + "\t" + str(year)+ "\n"
38. # 每个制表符占 4 个空格，一天占一个制表符，一周有 7 天
39. message = message + "-" * 4 * 7 + "\n"
40. message = message + "Sun Mon Tue Wed Thu Fri Sat" + "\n"
41. # 此处可以添加一个测试输出语句，确认表头格式是否好看
42. # 测试之后，可以将测试语句进行注释或者删除，第 43 行为测试语句
43. # print(message)
44. # 使用第 4 章中介绍的蔡勒公式计算某月 1 日是星期几
45. if month == 1 or month == 2:
46.     year = year - 1
47.     month = month + 12
48. firstWeekDay = ((1 + 26 * (month + 1) // 10 + year % 100\
```

```
49.                   + year % 100 // 4 + year // 100//4 + year // 100 * 5) % 7\
50.                   + 6) % 7
51.     # 此处可以添加一个测试输出语句，判断蔡勒公式是否正确
52.     # 测试之后，可以将测试语句进行注释或者删除，第 53 行为测试语句
53.     # print(firstWeekDay)
54.     # 求出 firstWeekDay 之后，在 message 上添加对应空格
55.     message = message + "\t" * firstWeekDay
56.     # 使用循环语句，输出日历
57.     for date in range(1, monthDays + 1):
58.         if (firstWeekDay + date) % 7 == 0:
59.             # 每 7 天一换行
60.             message = message + str(date) + "\n"
61.         else:
62.             # 每天占用一个制表符
63.             message = message + str(date) + "\t"
64.     # 输出日历
65.     print(message)
```

程序运行后，输入相应年、月，结果将如图 5-2 所示。

【代码分析】

(1) 编写长程序时，不要指望一气呵成，不要不加测试地编写到底。一旦长程序中某行代码发生错误，不测试的结果就是不知道错误发生的大概位置，无法及时对错误进行排查。本例中，对一些可以添加测试的位置以及测试的方法提出了建议，如第 33～35 行、第 41～43 行，以及第 51～53 行。

(2) 第 5～32 行，使用了多路分支语句，分别得出每个月的英文名以及每个月多少天。其中第 9～12 行使用了嵌套判断结构，计算出二月份天数的两种情况：闰年有 29 天，普通年有 28 天。

(3) Python 中可以在一行代码中给多个变量赋值。这种赋值操作可以给多个不同类型的变量赋值。本例中，使用一行代码分别将 monthName 赋值为对应的月份名(字符串)，将 monthDays 赋值为月份天数(整数)。

(4) 第 37～40 行，输出日历表的表头。同学们可以根据自己的想法调整这个日历表的对齐方式。

(5) 第 45～50 行，使用蔡勒公式计算每月 1 日是星期几，第 48、49 行中的公式太长，结尾使用“\”后，可以在下一行接着输入公式。

(6) 第 57～63 行，使用循环结构，输出日历。

(7) 请同学们思考下，如何在只输入年份的情况下打印出整年的日历。

例题 5.14 相对容易，请注意该例题中生成 message 字符串的方法。

【例题 5.14】随机生成 5 道 10 以内的加法测试题，要求用户在 10 秒内使用键盘输入答案。完成全部 5 道答题之后，计算机生成答题记录报告，并对答题情况进行分析。如果答案正确，则输出“答对了”；如果答案不正确，则输出“答错了”并显示正确答案；如果未能按时完成，则显示已经完成的答题记录报告。

提示：本例中，需要导入两个模块库：random 模块库和 time 模块库。

例题 5.14 源代码(AdditionQuiz.py)如下：

```
# 完成 5 道加法测试题并生成报告
import random
import time
print("现在开始测试，您有 10 秒完成测试。\n")
message = "您完成的测试如下：\n"
correct = 0
# 规定时间内完成则为 True，未完成为 False
flag = True
#开始计时
start = time.time()
for i in range(0, 5):
    num1, num2 = random.randint(1, 9), random.randint(1, 9)
    hint = str(num1) + " + " + str(num2) + " = "
    answer = int(input(hint))
    end = time.time()
    duration = int(end - start)
    # 判断是否超时，超时则跳出循环，不再运行后续语句
    if duration > 10:
        message = message + "最后一题已经耗时" \
                  + str(duration)+" 秒\n"
        # 超时，则把标志设置为 False
        flag = False
        # 然后跳出循环
        break
    # 生成报告信息
    message = message + str(i + 1) + ".\t" + hint + str(answer) + "\t"
    # 判断答题的对错情况
    if answer == num1 + num2:
        message = message + "答对了\n"
        # 答对了，则 correct 自增 1
        correct = correct + 1
    else:
        message = message + "答错了\t" + hint + \
                  str(num1 + num2) + "\n"
# 根据标志为 True 或 False，判断是否按时完成测试
if flag:
    message = message + "正确率为：" + str(correct)+"/5\n"
    message = message + "耗时：" + str(duration) + "秒"
else:
    message = message + "您没能完成全部测试，第" + \
              str(i)+"题之后，未能完成\n"
    message = message + "正确率为：" + str(correct) + "/5\n"
print(message)
```

【程序运行结果】

程序运行后，如果按时完成，结果如下：

```
现在开始测试，您有 10 秒完成测试。
```

```
9+6=14
1+3=4
2+6=8
4+5=9
1+6=7
您完成的测试如下：
1.9+6=14 答错了 9+6=15
2.1+3=4    答对了
3.2+6=8    答对了
4.4+5=9    答对了
5.1+6=7    答对了
正确率为：4/5
耗时：7 秒
```

程序运行后，如果不能按时完成，结果如下：

```
现在开始测试，您有 10 秒完成测试。

6+9=15
1+3=4
9+1=10
您完成的测试如下：
1.6+9=15 答对了
2.1+3=4    答对了
最后一题已经耗时 13 秒
您没能完成全部测试，第 2 题之后，未能完成
正确率为：2/5
```

【代码分析】

(1) 第 8 行，设置了一个 flag 标志，设置这个标志的目的在于判断是否按时完成了测试。是否按时完成测试将执行不同的分支语句，导致两种不同的结果信息。这种编程小技巧已经出现多次，请大家务必注意用法。一般都是在循环中做出了某些判断，在循环外做出响应动作时，使用这种标志来决定采取何种动作。如果只有两个分支，可以使用 True、False；如果有多个分支，可以考虑使用不同的数字来设置标志。

(2) 第 11～34 行是循环结构。采用这个循环结构的目的在于控制循环执行的次数。题设要求进行 5 次答题，因此 for 循环中的计数范围为从 0 到 4。

(3) 第 15 行，进行了一次时间获取。相对于第 10 行的时间获取，第 15 行的时间获取被赋值给 end，每次循环都会获取一次 end，然后利用 end -start 计算持续时间。

(4) 第 18～24 行，根据程序已经持续运行的时间做出判断，确定是否超时。若超时，则将标志 flag 设置为 False，然后跳出循环。

(5) 第 26～34 行，生成了运算结果信息。根据答题的对错，运行双路分支判断结构，分别生成对应的答题信息。

(6) 第 31 行，对正确的答题进行计数，并将计数值赋给 correct，该计数将用来统计正确率。

(7) 第 36～42 行，循环结构结束之后，根据 flag 标志是否被设置为 False 来生成耗时信息。耗时没有超过规定时间，则按照 True 分支生成结果信息；超时了，则按照 False 分支生成结果信息。

在未来的学习中，如果大家接触到多线程的知识，会发现使用多线程能够更好地实现此类计时程序的编写。

5.6 课后习题

一、选择题

(1) 下列有关 while 循环的正确描述是(　　)。
A. while 循环执行的次数是一定的
B. while 循环执行的速度比 for 循环慢
C. while 循环布尔运算表达式为真时，循环会继续执行
D. while 循环只能包含一条语句

(2) 下列有关 for 循环的描述正确的是(　　)。
A. for 循环中循环次数可以不确定
B. for 循环是先执行循环体，后判断表达式
C. 在 for 循环中，不能用 break 语句跳出循环体
D. for 循环的循环体可以包含多条语句

(3) 在循环语句的循环体中，break 语句的作用是(　　)。
A. 继续执行 break 语句之后的循环体各语句
B. 提前结束循环，接着执行循环后续的语句
C. 结束本次循环
D. 暂停程序的运行

(4) 在循环语句的循环体中，continue 语句的作用是(　　)。
A. 继续执行 break 语句之后的循环体各语句
B. 提前结束循环，接着执行循环后续的语句
C. 结束本次循环，继续下次循环
D. 暂停程序的运行

(5) 终止一个死循环的有效语句是(　　)。
A. continue　　B. if　　C. break　　D. else

(6) 以下叙述中，正确的是(　　)。
A. break 语句只能用于 for 语句体中
B. continue 语句的作用是使程序的执行流程跳出包含它的所有循环
C. break 语句可以在循环体内使用，作用是跳出循环
D. 在循环体内使用 break 和 continue 语句的作用相同

(7) 下列程序运行后的输出结果是(　　)。

```
sum = 0
a = 1
while a < 5:
    sum = sum + a
```

```
    a = a + 1
print("a = ", a, "sum = ", sum)
```

A. a = 4　sum = 10　B. a = 5　sum = 10　C. a = 4　sum = 15　D. a = 5　sum = 15

(8) 下列程序运行后的输出结果是(　)。

```
sum = 0
a = 1
while a < 10:
    sum = sum + a
    a = a + 1
    if a > 5:
        break
print("a = ", a, "sum = ", sum)
```

A. a = 10　sum = 55　B. a = 5　sum = 15　C. a = 6　sum = 21　D. a = 6　sum = 15

(9) 下列程序运行后的输出结果是(　)。

```
sum = 0
a = 1
while a < 10:
    sum = sum + a
    if a > 5:
        break
    a = a + 1
print("a = ", a, "sum = ", sum)
```

A. a = 6　sum = 15　B. a = 6　sum = 21　C. a = 5　sum = 15　D. a = 5　sum = 21

(10) 下列程序运行后，循环体中的语句的运行次数是(　)。

```
sum = 0
a = 1
while a < 10:
    sum = sum + a
    if a >= 5:
        break
    a = a + 1
print(sum)
```

A. 4 次　B. 5 次　C. 9 次　D. 10 次

(11) 下列程序运行后，循环体中的语句的运行次数是(　)。

```
sum = 0
a = 1
while a < 10:
    sum = sum + a
    if a > 5:
        break
    a = a + 1
print(sum)
```

A. 4 次　B. 5 次　C. 6 次　D. 10 次

(12) 下列语句中，会产生死循环的语句是(　　)。

A. for i in range(1000):
    a = i

B. for i in range(3, 1000):
    a = i

C. while 5 > 4:
    a = 5

D. while 5 < 4:
    a = 5

(13) 下列程序中，不是死循环的是(　　)。

A. a = 0
  while 1 > 0:
    a = a + 1

B. a = 0
  while 3 + 4:
    a = a + 1

C. a = 10
  while a > 4:
    a = a + 1

D. a = 0
  while a < 4:
    a = a + 1

(14) 关于以下程序段，下列说法正确的是(　　)。

```
for i in range(5, 2, -1):
    if(i > 4):
        print(i)
```

A. 运行程序后输出 5　　B. 运行程序后输出 4

C. 程序段中的循环控制表达式是非法的　　D. 程序段出现死循环

(15) 下列程序运行后的输出结果是(　　)。

```
s = 1
a = 1
while a < 6:
    s = s * a
    if a > 4:
        continue
else:
    a = a + 1
print("a = ", a, "s = ", s)
```

A. a = 6 s = 15　　B. a = 6 s = 21　　C. a = 5 s = 15　　D. 这是一个死循环

(16) 关于以下程序段，下列说法正确的是(　　)。

```
count = 1
while count < 100:
    if count % 2 == 0:
        print(count)
    count += 1
```

A. 该循环是一个死循环　　B. 该循环输出的是 100 以内的偶数

C. 该循环体会执行 50 次　　D. 该循环体会执行 49 次

(17) 下列程序运行后的输出结果是(　　)。

```
i = 0
while i <= 9:
    if i == 5:
        break
    else:
        print(i, end = " ")
    i = i + 1
```

A. 1 2 3 4 5 6 7 8 9　　B. 1 2 3 4　　C. 0 1 2 3 4 5 6 7 8 9　　D. 0 1 2 3 4

(18) 下列程序运行后，循环体中的语句的运行次数是(　　)。

```
count = 2
sum = 0
while count <= 100:
    if count % 2 ==  1:
        sum_count = -count
    else:
        sum_count = count
    sum = sum_count + sum
    count += 1
print(sum)
```

A. 99 次　　B. 100 次　　C. 101 次　　D. 102 次

(19) 关于以下程序段，下列说法不正确的是(　　)。

```
for i in range(1, 10):
    for j in range(1, i + 1):
        print(str(j) + "*" + str(i) + " = ", i * j, end = " ")
    print()
```

A. 该程序是嵌套的 for 循环　　B. 该程序可以输出九九乘法表

C. 该程序第 3 行语句会执行 45 次　　D. 该程序内循环语句会执行 81 次

(20) 下列程序运行后的输出结果是(　　)。

```
sum = 0
for i in range(7):
    for j in range(10):
        for k in range(3, 9):
            if j <= 4 and i + j + k == 12:
                sum += 1
print(sum)
```

A. 22　　B. 23　　C. 24　　D. 25

(21) 下列程序运行后的输出结果是(　　)。

```
a = 1
sum = 0
while a < 100:
```

```
    if a%7 == 0:
        sum += a
    a += 1
print(sum)
```

A. 735　　B. 724　　C. 746　　D. 728

(22) 下列程序运行后的输出结果是(　　)。

```
a = 1
sum = 1
while a < 20:
    if a%5 == 0:
        sum *= a
    a += 2
print(sum)
```

A. 750　　B. 250　　C. 75　　D. 375

(23) 下列程序运行后的输出结果是(　　)。

```
a = 1
all = 1
while a < 50:
    if a%4 == 0:
        all *= a
    a += 17
print(all)
```

A. 128　　B. 1　　C. 16　　D. 64

(24) 下列程序运行后的输出结果是(　　)。

```
a = 1
all = 25
while a < 50:
    if a%4 == 0:
        all *= a
        break
    a += 1
print(all)
```

A. 400　　B. 1600　　C. 25　　D. 100

(25) 下列程序运行后的输出结果是(　　)。

```
a = 1
all = 25
while a < 50:
    if a%4 == 0:
        all *= a
        continue
    a += 1
print(all)
```

A. 100　　B. 625　　C. 125　　D. 死循环

(26) 下列程序运行后的输出结果是(　　)。

```
n = 5
result = 1
for i in range(2, n + 1):
    result *= i
print(result)
```

A. 6　　B. 120　　C. 720　　D. 24

(27) 下列程序运行后的输出结果是(　　)。

```
n = 5
result = 1
for i in range(2, n + 1):
    result *= i
    if i == 3:
        break
print(result)
```

A. 6　　B. 72　　C. 120　　D. 24

(28) 下列程序运行后的输出结果是(　　)。

```
n = 5
result = 1
for i in range(2, n + 1):
    if i == 3:
        break
    else:
        result *= i
print(result)
```

A. 2　　B. 6　　C. 24　　D. 125

(29) 下列程序运行后的输出结果是(　　)。

```
n = 5
result = 1
for i in range(2, n + 1):
    if i == 3:
        continue
    else:
        result *= i
print(result)
```

A. 6　　B. 24　　C. 40　　D. 100

(30) 下列程序运行后的输出结果是(　　)。

```
n = 5
result = 1
for i in range(2, n + 1):
```

```
    if i == 3:
        continue
    elif i == 4:
        result *= i
print(result)
```

A. 2　　B. 4　　C. 24　　D. 40

(31) 下列程序运行后的输出结果是(　　)。

```
n = 7
result = 1
for i in range(2, n + 1):
    if i == 3:
        continue
    elif i == 5:
        break
    else:
        result *= i
print(result)
```

A. 2　　B. 8　　C. 40　　D. 240

(32) 下列程序运行后的输出结果是(　　)。

```
n = 13
result = 1
for i in range(2, n + 1):
    if i == 3:
        continue
    elif i == 9:
        break
    elif i%2 == 0:
        result *= i
print(result)
```

A. 8　　B. 384　　C. 3840　　D. 13440

(33) 下列程序运行后的输出结果是(　　)。

```
n = 16
result = 1
for i in range(2, n + 1):
    if i == 6:
        continue
    elif i == 13:
        break
    elif i%3 == 0:
        result *= i
print(result)
```

A. 3　　B. 27　　C. 324　　D. 4860

(34) 下列程序运行后的输出结果是(　　)。

```
n = 2001
result = 1
for i in range(2, n + 1):
    if i == 9:
        continue
    elif i == 11:
        break
    elif i%3 == 0:
        result += i
print(result)
```

A. 10　　B. 19　　C. 22　　D. 31

(35) 下列程序运行后的输出结果是(　　)。

```
n = 1949
result = 8
for i in range(6, n + 1):
    if i == 18:
        break
    elif i == 15:
        continue
    elif i % 4 == 0:
        continue
    elif i %3 == 0:
        result += i
print(result)
```

A. 23　　B. 35　　C. 38　　D. 42

(36) 关于以下程序段，下列说法正确的是(　　)。

```
a = int(input("请输入一个正整数"))
message = ""
b = ""
while a > 0:
remain = a%8
    b = str(remain) + b
    a = a // 8
else:
    message = message + b
print(message)
```

A. 如果输入一个负数，程序会报错

B. 该程序中含有死循环

C. 这是一个把十进制数转化为八进制数的程序

D. 这是一个把八进制数转化为十进制数的程序

(37) 下列程序运行后的输出结果是(　　)。

```
a = 12138
cnt = 0
while a > 0:
    a = a // 10
    cnt += 1
print(cnt)
```

A. 4　　B. 5　　C. 6　　D. 7

(38) 下列程序运行后的输出结果是(　　)。

```
a = 12138
cnt = 0
while a > 0:
    a = a % 10
    cnt += 1
print(cnt)
```

A. 2　　B. 5　　C. 6　　D. 死循环

(39) 下列程序运行后的输出结果是(　　)。

```
a = 12138
cnt = 0
while a > 0:
    a = a // 10
    cnt += 1
    if cnt == 3:
        break
print(a)
```

A. 12　　B. 121　　C. 1213　　D. 死循环

(40) 下列程序运行后的输出结果是(　　)。

```
a = 12138
cnt = 0
while a > 0:
    a = a // 10
    cnt += 1
    if cnt == 3:
        break
    elif cnt == 2:
        continue
print(a)
```

A. 1　　B. 12　　C. 121　　D. 1213

(41) 下列程序运行后的输出结果是(　　)。

```
a = 12138
cnt = 0
while a > 0:
```

```
    a = a // 10
    if cnt == 3:
        break
    elif cnt == 2:
        continue
    else:
        cnt += 1
print(a)
```

A. 12　　B. 121　　C. 0　　D. 死循环

(42) 下列程序运行后的输出结果是(　　)。

```
a = 12138
cnt = 0
while a > 0:
    a = a // 10
    if cnt == 4:
        break
    elif cnt == 2:
        a = a * 10
    elif cnt == 3:
        a = a * 5
    cnt += 1
print(a)
```

A. 6　　B. 12　　C. 24　　D. 48

(43) 下列程序运行后的输出结果是(　　)。

```
a = 5271
cnt = 0
message = ""
b = a
while a > 0:
    remain = a % 10
    message = message + str(remain)
    a = a // 10
print(message)
```

A. 2517　　B. 1725　　C. 7251　　D. 5271

(44) 下列程序运行后的输出结果是(　　)。

```
a = 5271
cnt = 0
message = ""
while a > 0:
remain = a % 10
message = message + str(remain)
a = a // 10
print(message)
```

A. 1527　　B. 1752　　C. 1725　　D. 语法错误

(45) 下列程序运行后的输出结果是(　　)。

```
all = 0
for num in range(1,1000):
    sum = 0
    for i in range(1, num):
        if num % i == 0:
            sum += i
    if sum == num:
        all = all + num
print(all)
```

A. 218　　B. 460　　C. 530　　D. 678

(46) 下列程序运行后的输出结果是(　　)。

```
all = 0
for num in range(2, 1000):
    sum = 0
    for i in range(1, num):
        if num % i == 0:
            sum += i
    if sum == num:
        all = all*10 + num
print(all)
```

A. 652　　B. 721　　C. 1008　　D. 1376

(47) 下列程序运行后的输出结果是(　　)。

```
all = 0
for num in range(5, 500):
    sum = 0
    for i in range(1, num):
        if num % i == 0:
            sum += i
    if sum == num:
        all = all * 10 + num
        print(num, end = " ")
```

A. 6　28　496　　B. 6　72　512　　C. 8　28　496　　D. 8　72　512

(48) 下列程序运行后的输出结果是(　　)。

```
sum = 0
for i in range(7):
    for j in range(10):
        for k in range(3,9):
            if j <= 4 and i + j + k == 12:
                sum += 1
print(sum)
```

A. 9　　B. 15　　C. 18　　D. 24

(49) 下列程序运行后的输出结果是(　　)。

```
a = 2
b = 1
n = 2
for i in range(3, 11):
    c = a + b
    a = b
    b = c
    n += 1
    if i == 3 or i == 5 or i == 6 or i == 7:
        print(c, end = " ")
```

A. 5　7　9　18　　B. 3　7　11　18　　C. 3　6　11　18　　D. 5　6　9　14

(50) 下列说法正确的是(　　)。

```
a = 2
b = 1
n = 2
for i in range(3, 11):
    c = a + b
    a = b
    b = c
    n += 1
print(c, end = " ")
```

A. 该程序可用 while 循环语句改写

B. 该程序输出 11 个数字

C. 该程序用的是 for 循环，所以不能用 break 语句中止循环

D. 该程序含有非法语句

二、判断题

(1) while 循环体里面不能再含有循环体。(　　)

(2) while 循环一定不能改写成 for 循环。(　　)

(3) while 循环判断条件为真时，循环会继续执行。(　　)

(4) while 循环体里面可以包含多条语句。(　　)

(5) for 循环只能用于循环次数已经确定的循环。(　　)

(6) for 循环是先判断表达式，后执行循环体。(　　)

(7) 在 for 循环中，不能用 break 语句跳出循环体。(　　)

(8) for 循环的循环体只能包含一条语句。(　　)

(9) 合理选择 while 循环和 for 循环可以提高程序的可读性。(　　)

(10) break 语句的作用是继续执行 break 语句之后的循环体各语句。(　　)

(11) break 语句只能用于 for 循环的语句体中。(　　)

(12) continue 语句可以提前结束循环，接着执行循环后续的语句。(　　)

(13) continue 语句的作用是使程序执行流程，跳出所有循环体语句。(　　)

(14) break 语句一般用在循环体内。 ( )
(15) 在循环体内使用 break 和 continue 语句的作用相同。 ( )
(16) break 语句可以暂停程序的运行。 ( )
(17) while 循环的执行效率比 for 循环低。 ( )
(18) for 循环体里面可以包含 for 循环。 ( )
(19) for 循环的三个参数一定要给全，否则系统会报错。 ( )
(20) while 循环是先执行循环体，再判断表达式。 ( )
(21) while 循环和 for 循环的作用域范围与代码的缩进有关。 ( )
(22) while 循环和 for 循环都不能包含在其他语句中。 ( )
(23) 可以在循环体里添加其他语句块来更好地解决问题。 ( )
(24) for 循环可以一个参数都不给。 ( )
(25) while 循环初始条件为假，那么循环体内的语句一次都不会执行。 ( )
(26) 执行含有死循环的程序，计算机系统一定会死机。 ( )
(27) 循环判断条件恒为真时，该循环也可能不是死循环。 ( )
(28) for 循环的计数器的步长一定为 1。 ( )
(29) for 循环的计数器可以递减。 ( )
(30) for 循环不可能是死循环。 ( )
(31) 使用 for 循环能解决所有 while 循环问题，for 循环比 while 循环好用。 ( )
(32) 正确使用 break 语句可以提高程序的执行效率。 ( )
(33) for 循环里面嵌套的循环只能是 for 循环。 ( )
(34) 所有循环一定要有自增或自减的计数器。 ( )

三、编程题

(1) 使用键盘输入一个正整数 n，计算 1 + 2 + 3 + 4 + … + n 的值。

(2) 使用键盘输入 5 个数，输出这 5 个数的平均数。

(3) 输出 2000～2100 范围内的所有偶数。

(4) 求 2000—2100 年所有的闰年，每行输出 5 个年份。

(5) 使用键盘输入一个整数 x，判断该数是否为质数。

(6) 找出 2001～2100 范围内的所有质数，每行输出 5 个，并在最后另起一行输出一共有多少个质数。

(7) 使用键盘输入一个整数 n，求这个整数一共有多少位。

(8) 使用键盘输入一个整数 n，将这个整数逆序输出。

(9) 使用键盘输入一个正整数 n，用循环在控制台输出 n 行由“*”组成的倒直角三角形。

程序运行后期望结果如下所示：

```
输入一个正整数：5
*****
****
***
**
*
```

(10) 使用键盘输入一个正整数 n，用循环在控制台输出 n 行由“*”组成的倒直角三角形。

程序运行后期望结果如下所示：

```
输入一个正整数：5
*
**
***
****
*****
```

(11) 输入一个字符串，统计输入的字符串中数字、大写字母、小写字母、其他字符的个数，并输出。

(12) 一个球从 10 米高空落下，每次落地后会跳回原来的高度的一半，再落下，求第 10 次反弹时，小球会跳回空中多少米，结果保留两位小数。

(13) 从键盘输入若干个正整数，当键盘输入负数时结束输入，求输入的正整数中所有偶数的和。

(14) 从键盘输入一个字符串，将这个字符串中所有大写字母转换为小写字母后，输出这个字符串。

(15) 猜数游戏。使用随机数模块中的随机整数函数 random.randint(a, b)，随机生成一个 1～100(包含 1 和 100)范围内的随机整数 rand，让用户通过键盘输入所猜的数。如果输入的数大于 rand，显示“你猜的数太大了”；如果小于 rand，显示“你猜的数太小了”；如此循环，直至猜中该数。然后在控制台显示“恭喜你，猜了 n 次，你猜中了答案”，其中 n 是指用户在这次游戏中猜中该随机数一共进行过的尝试次数。

(16) 斐波那契数列(Fibonacci sequence)又称黄金分割数列、兔子数列，是数学家列昂纳多·斐波那契于 1202 年提出的。斐波那契数列为 1、1、2、3、5、8、13、21、34…此数列从第 3 项开始，每一项都等于前两项之和，递推公式为 $F(n) = F(n-1) + F(n-2)$，$n \geqslant 3$，$F(1) = 1$，$F(2) = 1$。求斐波那契数列前 50 个数，每行输出 5 个。

(17) 模拟硬币的投掷。假设 0 表示硬币反面，1 表示硬币正面。在程序中让计算机产生若干次(建议大于 100 次)随机数，统计 0 和 1 分别出现的次数。

(18) 使用键盘输入一个正整数 n，求这个正整数 n 的所有因数，在控制台输出。

(19) 如果一个数恰好等于它的真因子之和，则称该数为完全数。例如 6 = 1+2+3，6 就是一个完全数。28 和 496 也是完全数。编写程序，在控制台输出 5 个完全数。

(20) 使用键盘输入一个年份，并在控制台输出这一年的每月 1 日是星期几。

(21) 写一个程序，从键盘输入一个十进制数，将十进制数转换为二进制数，输出到控制台。

(22) 从键盘输入若干个正整数，当键盘输入负数时结束输入。求这些输入的正整数中所有偶数的和。

(23) 剪刀石头布是一种划拳游戏，规则是剪刀赢布、布赢石头、石头赢剪刀。假设使用 3 个整数 0、1、2 来分别代表石头、剪刀、布。每一局中，计算机随机生成 3 个整数 0、1、2 中的一个，用户使用键盘输入 0、1、2 中的一个整数，程序判断是计算机赢了还是用户赢了，或是平局。采取三局两胜的形式来判定最终赢家。请编写程序模拟该划拳游戏的进行过程，并在控制台输出过程和结果。

第 6 章 函数

前面的章节中，我们已经使用了大量的内置函数、模块函数。函数一般是预先编制好的，可以在被调用时实现特定功能的可重用程序段。编制好了的函数可以被认为是黑盒，要想使用函数，不需要知道函数是如何编写的，只需要知道这个函数需要哪些参数和实现什么功能。第 3 章介绍了一些内置函数、数学函数、随机函数、时间函数等，本章将进一步介绍函数的知识，介绍如何自己编写可以复用的程序块。本章还将介绍如何使用函数完成例题 5.13，减小编程的难度。

6.1 定义、调用函数的方法

为了简化编程难度，可以分割程序功能块，细化程序实现，计算机高级语言中引入了函数的复用。但是如果要求计算机高级语言从众多的代码块中识别出哪些代码块可以被复用，哪些代码块被归并到了一个函数中，则需要使用特定的关键字来划定函数作用域范围。

6.1.1 定义函数的方法

用户在定义函数时，需要使用关键字 def、return。def 是开始定义，return 是返回运算结果。def 关键字定义函数的语法如下：

```
def 函数名(参数列表):
    程序块
    return 返回值列表
```

其中，参数列表与返回值列表可以为空，也可以为多个以逗号隔开的多个值。函数名必须是合法标识符。

一般情况下，程序员使用自定义函数进行编程是为了降低编程难度与提高代码可复用度。把一个庞大的问题进行细分，分解为一个个小问题，解决这些小问题，就可以最终解决这个庞大的问题了。

【例题 6.1】 使用一个名为 printTitle()的函数输出日历的表头。

例题 6.1 源代码(PrintContent.py)如下：

```
1. def printTitle(year, monthName):
2.     message = "\t\t" + monthName + "\t" + str(year) + "\n"
3.     message = message + "-" * 4 * 7 + "\n"
4.     message = message + "Sun Mon Tue Wed Thu Fri Sat"
5.     print(message)
6.     # 没有运算，无返回值可以不使用 return 关键字
```

【代码分析】

(1) 这个代码块的作用已经在例题 5.13 中进行了解释。此处使用 def 关键字将这些功能集合到一起，置于一个函数之内，并将这个函数命名为 printTitle。

(2) 第 1 行，使用了 def 关键字，定义 printTitle 函数。这个函数有两个参数，分别为 year 和 monthName。

(3) 第 2 行，使用了 monthName 和 year 这两个参数作为输出内容的一部分。

(4) 第 5 行，使用输出函数显示 message，也就是日历表头。

(5) 无须使用 return 关键字，因为此处并没有复杂的计算，没有必要返回值。

(6) 本例中只是定义了一个函数。想要执行这个函数，就需要调用这个函数。定义了函数而不调用，函数是不会执行的，因此需要有一个程序来调用这个函数。

调用函数，可以在同一个源文件中调用，也可以在不同的源文件中调用。

6.1.2 同一源文件中调用函数的方法

如果只是在同一源文件中调用函数，可以在源文件中直接使用函数名。

【例题 6.2】 在 PrintContent.py 内(同一源文件内)添加调用函数的语句，调用例题 6.1 中设置的函数，输出 2001 年 2 月、2020 年 10 月日历的表头。

例题 6.2 源代码(PrintContent.py)增加了调用语句：

```
def printTitle(year, monthName):
    message = "\t\t" + monthName + "\t" + str(year) + "\n"
    message = message + "-" * 4 * 7 + "\n"
    message = message + "Sun Mon Tue Wed Thu Fri Sat" + "\n"
    print(message)
    # 没有运算，无返回值可以不使用 return 关键字

# 调用函数，在括号内输入参数列表
printTitle(2001, "Feb")
printTitle(2020, "Oct")
```

【程序运行结果】

```
        Feb 2001
----------------------------
Sun Mon Tue Wed Thu Fri Sat

        Oct 2020
----------------------------
Sun Mon Tue Wed Thu Fri Sat
```

组……monthName数时分别输入了两……

数，……每次都可以输入不同的参……可以使用编制函数的……

程方法。

(3) 注意参数列表中各个参……ar, monthName……自动匹配参数名。例如，2001、2020 会被匹配给 year，而 Feb、Oct 会被匹配……

(4) 定义函数时，在参数列表中出现，并在函数……被使用的参数(如 year、monthName)被称为形式参数。调用参数时，括号内的数值(如 2001、2020、Oct 等)被称为实际参数。

(5) 请注意第 2～6 行的缩进，缩进的部分是函数体程序块。没有缩进的部分，如第 8～10 行，不属于 printTitle 函数的函数体。

(6) 第 7 行的空行可有可无，空行的目的是让大家看得比较清楚。有时候，在同一源文件中，程序员会通过添加空行、注释的方法分割程序，以便理解。

6.1.3 在不同源文件中调用函数

如果调用别的源文件中已有函数，首先需要使用 from、import 关键字在源文件中导入这个函数。

导入函数的语法如下：

```
from 位置 import 函数名
```

【例题 6.3】新建一个 CallTest.py 文件(不在同一源文件内)，添加调用函数的语句，调用例题 6.2 中 PrintContent.py 的函数，输出 2021 年 3 月日历的表头。

例题 6.3 源代码(CallTest.py)如下：

```
from Chapter06.PrintContent import printTitle

printTitle(2021, "March")
```

【程序运行结果】

```
        Feb 2001
-----------------------------
Sun Mon Tue Wed Thu Fri Sat
        Oct 2020
-----------------------------
Sun Mon Tue Wed Thu Fri Sat
        March 2021
-----------------------------
Sun Mon Tue Wed Thu Fri Sat
```

入函数。整条语句可以这
数。请大家注意自己所
文件管理。编写代码的
时练习题进行管理。
2021，“March”)，分别对应
换句话说，2021，“March”是实际参数，在调
件中 printTitle 函数的形式参数 year, monthName。
现 2021 年 3 月的表头，还出现了 2001 年 2 月和 2020 年 10 月的
头，这里出现了 3 个表头的原因是例题 6.2 源代码中的第 9、10 行，要
和 2020 年 10 月的表头。如果要跨文件调用函数，则函数的源文件中不能出
可运行的程序，因为每次调用函数都会执行一遍。请注释掉或删除例题 6.2
源文件中的第 9、10 行，这样，控制台就只出现 2021 年 3 月的表头了。

注释掉或删除 PrintContent 文件中 printTitle 函数的第 9、10 行后，运行结果如下：

```
        March 2021
----------------------------
Sun Mon Tue Wed Thu Fri Sat
```

例题 6.3 简单地介绍了函数定义与调用方法，与之前直接编写可运行程序的程序编写方法有很大不同。几乎所有程序都可以被写成可被调用的函数。实际上，大型程序的编写就是不断地编写、调用函数的过程。

6.2 return 关键字的使用

关键字 return 用来返回程序运算结果，这个结果可以是任意一个或多个数据类型，也可以返回什么都不返回。“返回什么都不返回”的意思是在函数中，运算结束后，没有必要返回任何值，于是什么都不返回。

6.2.1 返回 None

例题 6.1 的 PrintContent.py 文件中定义了 printTitle 函数，该函数没有运算结果，无返回值，可以不使用 return 关键字。但是实际上，如果从函数的完整性角度出发，类似的函数最好加上 return 关键字或者 return None 语句。实际编写程序时，不写 return 或者写 return、return None 都是可以的。

【例题 6.4】 在例题 6.2 源代码中加入 return 关键字。

例题 6.4 源代码(PrintContent.py)可进行如下修改：

```
def printTitle(year, monthName):
    message = "\t\t" + monthName + "\t" + str(year) + "\n"
    message = message + "-" * 4 * 7 + "\n"
    message = message + "Sun Mon Tue Wed Thu Fri Sat" + "\n"
```

【代码分析】

(1) 第 1 行，from Chapter06.PrintContent import printTitle 语句即导入函数。整条语句可以这么理解：从 Chapter06 目录的 PrintContent.py 源文件中导入 printTitle 函数。请大家注意自己所编写程序的位置。从例题 1.2 开始，就介绍了如何使用 directory 进行源文件管理。编写代码的过程中，需要特别注意目录的建立。每章最好有一个单独的目录，以便对练习题进行管理。

(2) 第 3 行，直接调用 printTitle 函数，并在括号中输入(2021，“March”)，分别对应 PrintContent 文件中 printTitle 函数的参数列表。换句话说， 2021，“March”是实际参数，在调用函数时，传递给了 PrintContent 文件中 printTitle 函数的形式参数 year, monthName。

(3) 输出结果中，不仅出现 2021 年 3 月的表头，还出现了 2001 年 2 月和 2020 年 10 月的表头。请同学们特别注意，这里出现了 3 个表头的原因是例题 6.2 源代码中的第 9、10 行，要求输出 2001 年 2 月和 2020 年 10 月的表头。如果要跨文件调用函数，则函数的源文件中不能出现这种直接调用即可运行的程序，因为每次调用函数都会执行一遍。请注释掉或删除例题 6.2 源文件中的第 9、10 行，这样，控制台就只出现 2021 年 3 月的表头了。

注释掉或删除 PrintContent 文件中 printTitle 函数的第 9、10 行后，运行结果如下：

```
		March 2021
----------------------------
Sun Mon Tue Wed Thu Fri Sat
```

例题 6.3 简单地介绍了函数定义与调用方法，与之前直接编写可运行程序的程序编写方法有很大不同。几乎所有程序都可以被写成可被调用的函数。实际上，大型程序的编写就是不断地编写、调用函数的过程。

6.2 return 关键字的使用

关键字 return 用来返回程序运算结果，这个结果可以是任意一个或多个数据类型，也可以返回什么都不返回。“返回什么都不返回”的意思是在函数中，运算结束后，没有必要返回任何值，于是什么都不返回。

6.2.1 返回 None

例题 6.1 的 PrintContent.py 文件中定义了 printTitle 函数，该函数没有运算结果，无返回值，可以不使用 return 关键字。但是实际上，如果从函数的完整性角度出发，类似的函数最好加上 return 关键字或者 return None 语句。实际编写程序时，不写 return 或者写 return、return None 都是可以的。

【例题 6.4】在例题 6.2 源代码中加入 return 关键字。

例题 6.4 源代码(PrintContent.py)可进行如下修改：

```
def printTitle(year, monthName):
    message = "\t\t" + monthName + "\t" + str(year) + "\n"
    message = message + "-" * 4 * 7 + "\n"
    message = message + "Sun Mon Tue Wed Thu Fri Sat" + "\n"
```

【代码分析】

(1) 第 8 行、第 9 行，两次调用 printTitle(year, monthName)函数，调用函数时分别输入了两组参数。

(2) 两次调用之后，控制台上会输出两个月历的表头。每次调用函数都可以输入不同的参数，得到同一计算过程的不同结果。只要处理数据的逻辑过程一样，就可以使用编制函数的编程方法。

(3) 注意参数列表中各个参数名出现的顺序，调用函数时会自动匹配参数名。例如，2001、2020 会被匹配给 year，而 Feb、Oct 会被匹配给 monthName。

(4) 定义函数时，在参数列表中出现，并在函数编写过程中被使用的参数(如 year、monthName)被称为形式参数。调用参数时，括号内的数值(如 2001、Feb，2020、Oct 等)被称为实际参数。

(5) 请注意第 2～6 行的缩进，缩进的部分是函数体程序块。没有缩进的部分，如第 8～10 行，不属于 printTitle 函数的函数体。

(6) 第 7 行的空行可有可无，空行的目的是让大家看得比较清楚。有时候，在同一源文件中，程序员会通过添加空行、注释的方法分割程序，以便理解。

6.1.3 在不同源文件中调用函数

如果调用别的源文件中已有函数，首先需要使用 from、import 关键字在源文件中导入这个函数。

导入函数的语法如下：

```
from 位置 import 函数名
```

【例题 6.3】 新建一个 CallTest.py 文件(不在同一源文件内)，添加调用函数的语句，调用例题 6.2 中 PrintContent.py 的函数，输出 2021 年 3 月日历的表头。

例题 6.3 源代码(CallTest.py)如下：

```
from Chapter06.PrintContent import printTitle

printTitle(2021, "March")
```

【程序运行结果】

```
        Feb 2001
----------------------------
Sun Mon Tue Wed Thu Fri Sat
        Oct 2020
----------------------------
Sun Mon Tue Wed Thu Fri Sat
       March 2021
----------------------------
Sun Mon Tue Wed Thu Fri Sat
```

```
    print(message)
    # 没有运算，无返回值可以不使用 return 关键字
    return
```

或

```
def printTitle(year, monthName):
    message = "\t\t" + monthName + "\t" + str(year) + "\n"
    message = message + "-" * 4 * 7 + "\n"
    message = message + "Sun Mon Tue Wed Thu Fri Sat" + "\n"
    print(message)
    # 没有运算，无返回值可以不使用 return 关键字
    return None
```

【代码分析】对于无须返回运算结果的函数，无论是不写 return，还是只写 return 或 return None，都是可以的。调用函数都会运行函数，但是函数运行之后没有返回值。

6.2.2 使用 return 返回计算结果

下面介绍如何通过 return 返回计算结果。

【例题 6.5】在 DateDetails.py 中编写判断一个年份是否为闰年的函数。

提示：定义一个函数，在函数中根据参数值判断是否为闰年，是闰年则返回 True，不是闰年则返回 False。分析方法见例题 4.10。

例题 6.5 源代码(DateDetails.py)如下：

```
1. def isLeapYear(year):
2.     if (year % 4 == 0) and (year % 100 != 0) or (year % 400 == 0):
3.         # isLeap 作为返回值
4.         isLeap = True
5.     else:
6.         isLeap = False
7.     # 返回值为 True，表示是闰年；返回值为 False，表示非闰年
8.     return isLeap
```

【代码分析】

(1) 本例中的运算方法已经在例题 4.10 中做过描述。本章的重点在于介绍如何使用函数，请注意函数中程序块的缩进位置。

(2) 使用这个函数判断某个年份是否为闰年时，只需要在本源文件中直接调用这个函数，或者在其他源文件中使用 from…import…关键字调用这个函数。

(3) 第 8 行，return 关键字会将计算得到的 isLeap 变量的值返回调用函数的地方。在接下来的例题中会做进一步说明。

【例题 6.6】扩展 DateDetails.py，在源文件中增加根据年份、月份计算一个月有多少天的函数。

提示：在 DateDetails.py 中定义第二个函数，函数的参数列表中有两个形式参数，分别为 year 与 month，根据参数值 year 判断是否当年为闰年，是闰年，则二月返回 29；不是闰年，则二月返回 28。分析方法见例题 5.13。

例题 6.6 源代码如下，第 9 行留空白，从第 10 行开始扩展 DateDetails.py：

```
10. def monthDetails(year, month):
11.     if month == 1:
12.         monthDays = 31
13.     elif month == 2:
14.         if isLeapYear(year):
15.             monthDays = 29
16.         else:
17.             monthDays = 28
18.     elif month == 3:
19.         monthDays = 31
20.     elif month == 4:
21.         monthDays = 30
22.     elif month == 5:
23.         monthDays = 31
24.     elif month == 6:
25.         monthDays = 30
26.     elif month == 7:
27.         monthDays = 31
28.     elif month == 8:
29.         monthDays = 31
30.     elif month == 9:
31.         monthDays = 30
32.     elif month == 10:
33.         monthDays = 31
34.     elif month == 11:
35.         monthDays = 30
36.     else:
37.         monthDays = 31
38.     return monthDays
```

【代码分析】

(1) 本例中的运算方法已经在例题 5.13 中做过描述。本章的重点在于介绍如何使用函数。请同学们注意函数中程序块的缩进位置。

(2) 第 10 行，使用 def 关键字定义函数，函数名为 monthDetails，参数列表中有两个参数：year 和 month。

(3) 第 38 行，return 关键字会将计算得到的 monthDays 的值返回调用函数的地方。

(4) 第 14 行，isLeapYear(year)调用例题 6.5 中完成的函数。例题 6.5 中的函数会根据参数 year 的值返回 True 或者 False。第 14 行的判断语句就是将 year 变量值传递到 isLeapYear 函数中，然后根据这个函数的运算结果的返回值执行条件分支语句。请注意第 14～17 行的缩进情况。

(5) 如前面小节所述，如果只是定义函数，则函数是无法运行的，必须有程序调用这个函数。

【例题 6.7】修改例题 6.3 源代码，在 CallTest 中增加调用 monthDetails 函数的命令，以对 monthDetails 函数进行测试。

例题 6.7 源代码(CallTest.py)如下：

```
1. from Chapter06.PrintContent import printTitle
2. from Chapter06.DateDetail import monthDetails
3.
4. printTitle(2021, "March")
5. print(monthDetails(2020,2))
```

【程序运行结果】

```
          March 2021
-----------------------------
Sun Mon Tue Wed Thu Fri Sat

29
```

【代码分析】

(1) 第 1 行和第 4 行为例题 6.3 中的源代码，本例中增加了第 2 行和第 5 行。

(2) 第 2 行，使用了 from…import 结构，导入 Chapter06 目录下 DateDetails.py 源文件的 monthDetails 函数。

(3) 第 5 行，print(monthDetails(2020, 2))，其中 monthDetails(2020, 2)将两个实际参数 2020 和 2 传递给 monthDetails 函数的 year 和 month 两个形式参数。函数运算完之后，得到结果，通过 return 关键字返回调用函数的位置，因此会输出 29 这个数字。

(4) 需要注意，函数的调用须遵循哪里调用，返回哪里的原则。本例中，monthDetails 函数的调用与返回如图 6-1 所示。

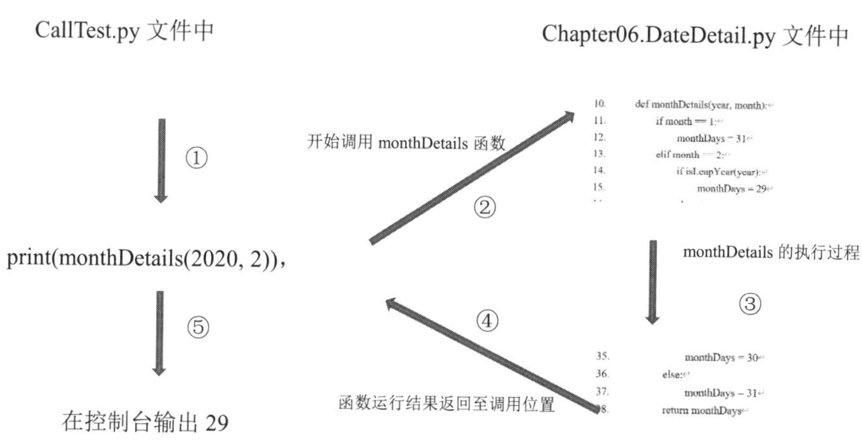

图 6-1　monthDetails 函数的调用与返回示意图

Python 中的函数可以返回多个值。

【例题 6.8】扩展、修改例题 6.6 源代码，除了计算并返回每个月的天数外，还需要返回每个月的英文名称，并修改测试程序对返回多个值的函数进行测试。

提示：对 DateDetails.py 中的第二个函数 monthDetails 进行修改，改为可以根据 month 值返回月份英文名称与月份天数的函数，可以执行多路分支语句，以获取每个月的英文名称与天数。

例题 6.8 源代码将在例题 6.6 源代码的基础上扩展，增加计算月份的英文名称。

```
10. def monthDetails(year, month):
11.     if month == 1:
12.         monthName, monthDays = "Jan", 31
13.     elif month == 2:
14.         monthName = "Feb"
15.         if isLeapYear(year):
16.             monthDays = 29
17.         else:
18.             monthDays = 28
19.     elif month == 3:
20.         monthName, monthDays = "March", 31
21.     elif month == 4:
22.         monthName, monthDays = "Apr", 30
23.     elif month == 5:
24.         monthName, monthDays = "May", 31
25.     elif month == 6:
26.         monthName, monthDays = "Jun", 30
27.     elif month == 7:
28.         monthName, monthDays = "Jul", 31
29.     elif month == 8:
30.         monthName, monthDays = "Aug", 31
31.     elif month == 9:
32.         monthName, monthDays = "Sept", 30
33.     elif month == 10:
34.         monthName, monthDays = "Oct", 31
35.     elif month == 11:
36.         monthName, monthDays = "Nov", 30
37.     else:
38.         monthName, monthDays = "Dec", 31
39.     return monthName, monthDays
```

【代码分析】在原来只返回 monthDays 数字的基础上增加了 monthName 的值。第 39 行，return 语句中增加了返回 monthName 变量。调用这个函数时，可以返回两个值：monthName 和 monthDays。

【例题 6.9】修改例题 6.7 源代码，在 CallTest.py 中增加两个变量：monthName 和 monthDays，调用 monthDetails 函数的命令，对返回两个数值的 monthDetails 函数进行测试。

例题 6.9 源代码(CallTest.py)如下：

```
from Chapter06.PrintContent import printTitle
from Chapter06.DateDetail import monthDetails

monthName, monthDays = monthDetails(2020, 2)
printTitle(2020, monthName)
print(monthDays)
```

【程序运行结果】

```
        Feb 2020
-----------------------------
Sun Mon Tue Wed Thu Fri Sat

29
```

【代码分析】

(1) 第 1 行和第 2 行，从同一个目录下的两个文件中导入了两个函数。

(2) 第 3 行，调用 monthDetails 函数，将实际参数 2020 和 2 传递给 monthDetails 函数中的形式参数 year 和 month。经过运算之后得到结果，并通过关键字 return 分别返回 monthName 与 monthDays。

(3) 第 4 行，调用函数 printTitle，实际参数 2020 和 monthName 被传递给 printTitle 中的形式参数 year 和 monthName。

(4) Python 是面向对象的高级语言，请同学们养成良好的编程习惯，将传递给函数的实参与形参的名字进行统一，将被调用函数的返回值与调用函数中的变量名进行统一，这样的程序比较容易被读懂与理解。

【例题 6.10】 扩展 DateDetails.py，编写函数，向函数传递年、月、日 3 个参数，在函数中进行运算，返回该日期所对应的是星期几。

例题 6.10 源代码中，第 40 行留空白，从第 41 行开始扩展 DateDetails.py：

```
41.  def weekDay(year, month, date):
42.      #  使用蔡勒公式求星期几
43.      if month == 1 or month == 2:
44.          year = year - 1
45.          month = month + 12
46.      day = ((date + 26 * (month + 1) // 10 + year % 100 \
47.          + year % 100 // 4 + year // 100 // 4 + year // 100 * 5) % 7 \
48.          + 6) % 7
49.      return day
```

【代码分析】

(1) 第 1 行，定义了一个 weekDay 的函数。这个函数的参数列表中有 3 个参数。

(2) 本函数中，通过蔡勒公式计算得到了星期几，并将星期几通过 return 关键字返回调用这个函数的位置，可以通过调用这个函数获取特定日期是星期几。

6.3　使用参数向函数传递值

本章前两节介绍了函数的定义、参数列表、返回值，以及一部分调用函数的知识，例如在同一源文件中调用函数或在文件之间调用函数的方法、实际参数与形式参数的区别等。本节将介绍调用函数传递参数的 4 种方法。

6.3.1 位置参数

在前面章节中，已经举例说明了如何调用函数，调用无参函数时，只需要直接使用函数名；调用有参数的函数时，则需要在函数名之后的括号中依次加入参数。例如例题 6.3 源代码中调用函数 monthDetails(2020, 2)，就依次将 2020 和 2 这两个实际参数传递给了 monthDetail 函数中的 year 和 month 这两个形式参数。此时，传递参数 2020、2 是按照位置顺序依次传递的。

【例题 6.11】调用例题 6.7 源代码 DateDetails.py 中的 weekDay(year, month, date)函数，尝试向函数传递年、月、日 3 个参数，在函数中进行运算，输出该日期所对应的是星期几。

继续使用 CallTest 文件，在 CallTest 中增加调用函数，向函数传递参数的语句。

例题 6.11 源代码(CallTest.py)如下：

```
1.  from Chapter06.PrintContent import printTitle
2.  from Chapter06.DateDetail import monthDetails
3.  from Chapter06.DateDetail import weekDay
4.
5.  monthName, monthDays = monthDetails(2020, 2)
6.  printTitle(2020, monthName)
7.  print(monthDays)
8.  day = weekDay(2020, 2, 1)
9.  print(day)
```

【程序运行结果】

```
          Feb 2020
----------------------------
Sun Mon Tue Wed Thu Fri Sat

29
6
```

【代码分析】

(1) 第 3 行，从 Chpater06 目录中的 DateDetail.py 文件中导入 weekDay 函数。

(2) 第 8 行，调用函数 weekDay(2020, 2, 1)，依次将 2020、2 和 1 这 3 个实际参数传递给 weekDay 函数中的 year、month 和 day 这 3 个形式参数。此时，传递参数 2020、2、1 是按照位置顺序依次传递的。

按照位置顺序依次传递参数的方法最为常见。

6.3.2 关键字参数

有时，程序员在编写程序的过程中频繁地调用函数，有可能会忘记函数的形式参数出现的顺序。Python 给程序员提供了关键字参数调用方法，只要在调用函数的过程中指定函数参数名的关键字，就可以给函数传递值了。

【例题 6.12】修改例题 6.11 的源代码，尝试使用关键字参数法，向函数传递年、月、日 3 个参数，本例题中，首先传递 month，再传递 date，最后传递 year。

继续使用 CallTest.py 文件，在例题 6.11 源代码的基础上增加使用参数名关键字向函数传递参数的语句。

例题 6.12 源代码(CallTest.py)如下：

```
1.  from Chapter06.PrintContent import printTitle
2.  from Chapter06.DateDetail import monthDetails
3.  from Chapter06.DateDetail import weekDay
4.  
5.  monthName, monthDays = monthDetails(2020, 2)
6.  printTitle(2020, monthName)
7.  print(monthDays)
8.  day = weekDay(2020, 2, 1)
9.  print(day)
10. day2 = weekDay(month=4, date=1, year=2020)
11. print(day2)
```

【程序运行结果】

```
        Feb 2020
----------------------------
Sun Mon Tue Wed Thu Fri Sat

29
6
3
```

【代码分析】

(1) 第 10 行，调用函数时，指定了函数中每一个参数的值，将实际参数直接传递给函数的形式参数。

(2) 虽然没有按照 year、month、date 的顺序传递，但是因为指定了函数参数名关键字，因此依然可以运算并得到结果。

(3) 指定关键字参数主要用于容易混淆参数顺序时。这种方法是根据位置参数顺序传递参数的补充。记得参数顺序，就直接根据位置参数的出现顺序进行参数传递；忘记了顺序，就指定关键字参数。

6.3.3　默认参数

例题 5.13 中输出日历需要计算出每个月的第一天是星期几，因此在调用蔡勒公式时，可以默认使用 date=1，这样在默认情况下，只需要传递 year 和 month 就可以算出每个月的第一天是星期几了。

定义蔡勒公式函数时，需要对默认值进行指定，之后调用蔡勒公式函数时，就可以有两种选择：

(1) 只输入 year、month 两个参数，默认计算每个月的第一天是星期几。

(2) 输入 year、month、date 三个参数，计算任意一天是星期几。

【例题 6.13】修改例题 6.10 的源代码，尝试使用默认参数法，设置 date 默认值为 1，向函数传递年、月两个参数，或向函数传递年、月、日三个参数，都可以根据蔡勒公式计算星期几。

例题 6.13 源代码如下，修改 DateDetails.py，将 date 默认值设置为 1：

```
41.    def weekDay(year, month, date = 1):
42.        # 使用蔡勒公式求星期几
43.        if month == 1 or month == 2:
44.            year = year - 1
45.            month = month + 12
46.        day = ((date + 26 * (month + 1) // 10 + year % 100 \
47.            + year % 100 // 4 + year // 100 // 4 + year // 100 * 5) % 7 \
48.            + 6) % 7
49.        return day
```

【代码分析】

(1) 第 41 行，与例题 6.10 源代码比较，设置 date 的默认值为 1，其余代码没有区别。

(2) 设置参数默认值之后，调用函数时，可以只传递 year 和 month 两个参数，此时默认 date 为 1，也可以传递 year、month、date 三个参数进行计算。

【例题 6.14】修改例题 6.12 源代码，在第 10 行，向函数传递年、月两个参数。

例题 6.14 源代码(CallTest.py)如下：

```
1.    from Chapter06.PrintContent import printTitle
2.    from Chapter06.DateDetail import monthDetails
3.    from Chapter06.DateDetail import weekDay
4.
5.    monthName, monthDays = monthDetails(2020, 2)
6.    printTitle(2020, monthName)
7.    print(monthDays)
8.    day = weekDay(2020, 2, 10)
9.    print(day)
10.   day2 = weekDay(month=4, year=2020)
11.   print(day2)
```

【程序运行结果】

```
        Feb 2020
----------------------------
Sun Mon Tue Wed Thu Fri Sat

29
1
3
```

【代码分析】

(1) 第 10 行，使用关键字参数的方法传递了两个参数 year 和 month 给 weekDay 函数，weekDay 函数根据传递给函数的两个参数和默认参数 date = 1 进行计算，并返回结果。

(2) 第 8 行，依照位置顺序依次传递 2020、2、10 这三个参数给 year、month、date。weekDay 函数根据这三个传递进来的参数进行计算，并返回结果。

(3) 设置函数参数的默认值，一般在比较频繁地使用某些参数的固定值进行计算时使用。

6.3.4 不定长参数

Python 允许在传递参数时不给定参数个数，根据需要进行参数传递。可以简单地理解为使用一些容器进行参数传递，所有实际参数被一起放入容器中传递给函数，函数再针对容器中的所有参数进行编程，生成容器需要使用“*”。

【例题 6.15】 向 computeSum 函数中传递若干个数，并求这些数的和。

例题 6.15 源代码(ComputeSum.py)如下：

```
1. def computeSum(*container):
2.     # 使用 for 循环，遍历 container 中的值求和
3.     sum = 0
4.     for i in container:
5.         sum = sum + i
6.     return sum
7. #在本源文件中调用 computeSum 函数
8. print(computeSum(25,74,32,27,31))
```

【程序运行结果】

```
189
```

【代码分析】

(1) 第 1 行，*container 是一个容器，container 是容器名，这个容器中可以放入多个参数。“*”在此处不再是乘法符号，而代表接收任意多个参数并打包放入一个被称为元组的容器(第 7 章将介绍元组)。

(2) 第 4 行，使用 for 循环遍历 container 中的所有数值。

(3) 第 8 行，调用 computeSum 函数时，输入任意多个数值，运算结束后，结果返回调用函数的位置，被 print 函数输出到控制台。

6.4 变量的作用域范围

同一个 py 源文件中可以包含很多函数，这些函数中用来指代变量的标识符只要是合法的，就可以进行翻译与调用执行。编写程序时，有可能一些同名变量会在各个函数中出现，那么一个函数的变量的变化能否引起其他函数中变量的变化呢？多数情况下，这种变化是程序员不希望看到的。

Python 中有局部变量与全局变量两种概念。

(1) 如果没有特别声明，函数中的变量默认都是局部变量，只在本函数中起作用，变量的作用域范围被固定在了单个函数中。

(2) 如果使用关键字 global 修饰变量，那么被修饰的变量就变成了全局变量，变量的作用域范围扩大到了整个程序。

作为初学者，一般依据这个变量是否被全部程序共同使用来判断该变量是全局变量还是局部变量。如果变量没有被全部程序使用到，建议在函数中使用默认的局部变量方式进行数据处

理。函数根据变量进行运算之后，使用返回值传递运算结果。

【例题 6.16】测试变量的作用域范围。

例题 6.16 源代码(TestScope.py)如下：

```
1.  # 最开始的时候，给 num 赋值 20，num 是局部变量
2.  num = 20
3.  def var():
4.      # 在函数 var 中，出现了同名的 num
5.      num = 10
6.      # 此处 num 的作用域范围仅仅在 var 函数中
7.      # num 的值，在 var 中是 10，而不是 20
8.      return num
9.  def globalVar():
10.     # 在函数 globalVar 中，num 被声明为了全局变量
11.     global num
12.     # num 被赋值为 10
13.     num = 10
14.     return num
15. print(num)
16. numInVar = var()
17. # numInVar 的值是 var 函数中的 num，也就是 10
18. # 但执行完 var 函数后，num 值依旧是 20
19. print(numInVar, num)
20. # globalVar 执行之后，num 变成了全局变量
21. numInGlobal = globalVar()
22. # numInVar 的值是 var 函数中的 num，也就是 10
23. # 但由于 num 变成了全局变量，num 值发生改变，变成 10
24. print(numInGlobal, num)
```

【程序运行结果】

```
20
10 20
10 10
```

【代码分析】

(1) 第 15 行，print()函数输出 num。由于第 3～14 行仅仅定义了两个函数，在没有调用这两个函数之前，num 值没有发生任何变化。

(2) 第 16 行，调用了 var 函数，在 var 函数中，num 被赋值为 10。第 2 行的 num 实际上与第 5 行的 num 并不是同一个变量，它们有各自的作用域范围。第 5 行的 num 的作用域范围仅仅为第 4～8 行，因此 var 函数执行结束之后，var 中的 num 变量的值不会影响第 2 行的 num 值。因此第 19 行的输出命令输出的 num 值依旧是第 2 行 num 的赋值(20)。尽管 numInVar 中的 num 是 10，但是这个 num 对 var 函数以外的 num 没有任何影响。

(3) 第 21 行，调用了 globalVar 函数，在 globalVar 函数中，第 11 行，num 被声明为 global 的全局变量。此时与第 5 行的 num 不一样，从调用 globalVar 函数开始，第 11 行，num 变成了全局变量，任何对 num 的修改都会作为全局变量保留。因为此时，第 11 行的 num 就是第 2 行的 num，即第 21 行之后的 num 变成了全局变量 num。

(4) 默认的局部变量的作用域范围仅仅局限在函数中，函数中的局部变量没有执行 return 语句就不会被传递到函数之外。而全局变量的作用域范围是超越函数的，从被声明为 global 的那一刻起，整个源文件中的全局变量都会保持一致。

6.5 模块化设计程序

编写程序、制作软件都不可避免地会使用大量函数。本章采用了编写日历的例子，很多函数都是由我们自己编写的。自己编写函数就知道函数中到底发生了什么样的运算，传入了什么值，返回了什么结果。但是如果函数不是自己编写的，就无法知道函数中发生了什么运算。一个编制完好的函数就像一个黑盒，绝大多数情况下不需要在意其中的细节。在编程术语中，这被叫作封装。函数的实现细节被封装了，用户只需要根据函数名进行调用，根据参数列表输入参数，就可以得到函数的运算响应或得到函数的返回结果。

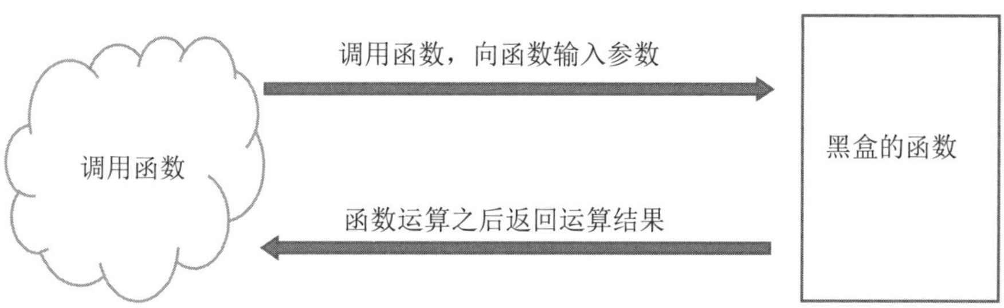

图 6-2　函数体的黑盒示意图

编写复杂程序时，可以采用分而化之的策略，将一个大问题分解为若干的小问题，再分别使用函数解决这些小问题，最后调用这些函数，从而解决大问题。对于初学者来说，由于程序的规模不大，还可以控制函数内容。但是对于庞大的程序来说，不可能由单一程序员完成全部函数的编写，通常是数个程序员协作工作，由架构师、分析师将程序大而化之，分解为很多对象、函数、服务块等容易处理的子问题，编写程序子块解决子问题。最后，再汇总所有的子块。汇总各个子块时，使用函数传递参数、获取返回值、处理输出、解决因为黑盒调用过程中的理解偏差产生的 bug 等。

我们已经以例题 5.13 为切入点，介绍了函数生成的基本方法，输出结果如图 6-3 所示。实际上，我们可以以此为例，介绍如何使用函数将大型问题分而化之。

```
请输入年份：2020                        请输入年份：2020
请输入月份：2                           请输入月份：7
       Feb 2020                                Jul 2020
---------------------------             ---------------------------
Sun Mon Tue Wed Thu Fri Sat             Sun Mon Tue Wed Thu Fri Sat
                        1                           1   2   3   4
2   3   4   5   6   7   8               5   6   7   8   9   10  11
9   10  11  12  13  14  15              12  13  14  15  16  17  18
16  17  18  19  20  21  22              19  20  21  22  23  24  25
23  24  25  26  27  28  29              26  27  28  29  30  31
```

图 6-3　输出 2020 年 2 月、7 月的日历

分析图 6-3，可以先将这个程序分为图 6-4 所示的两大部分：第一，输出操作(负责进行控

制台输出，PrintContent.py)；第二，运算操作(负责计算日期信息，DateDetail.py)。

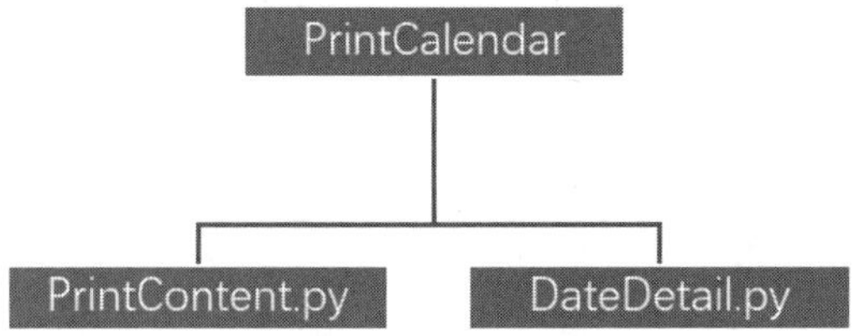

图 6-4　输出日历的两大功能块

对图 6-5 所示日历进一步分析：日历表头无法使用循环技巧得到，日期部分，每七天一周，可以通过循环调整输出内容。

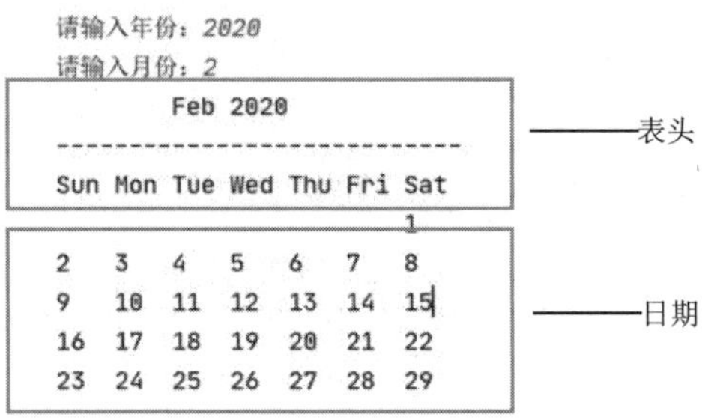

图 6-5　日历的表头

由图 6-5 可知，PrintContent.py 包括两个函数，输出日历表头(负责表头部分的 printTitle)和输出日历日期(负责日期部分的 printMonthBody)，如图 6-6 所示。

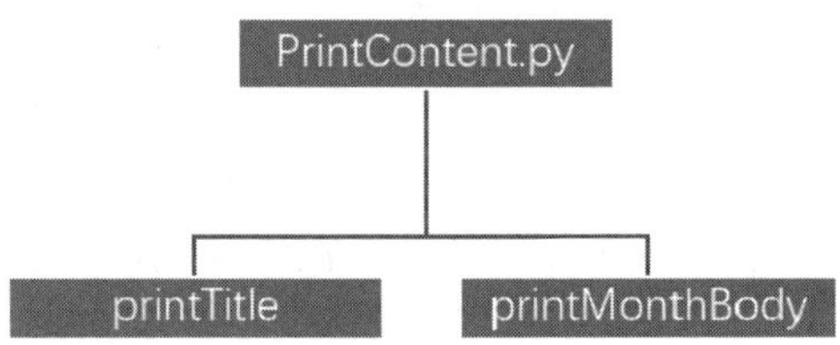

图 6-6　PrintContent.py 包括两个函数

经过以下分析，可以将整个 DateDetail 分解为两部分：计算得到月份英文名及每月的天数和计算得到该月份的第一天为星期几。运算操作中，需要分解出两个函数：一个是计算月份信息的 monthDetail 函数(包括月份英文名及月份天数)，另一个是计算每月第一天是星期几的 weekDay 函数。如图 6-8 所示，可以在 DateDetail.py 中定义这两个函数，用于实现上述两个计算功能。

由于二月份比较特殊，需要根据年份是否为闰年来决定，因此需要增加一个判断是否为闰年的 isLeapYear 函数来协助 monthDetail 函数进行计算，如图 6-8 所示。

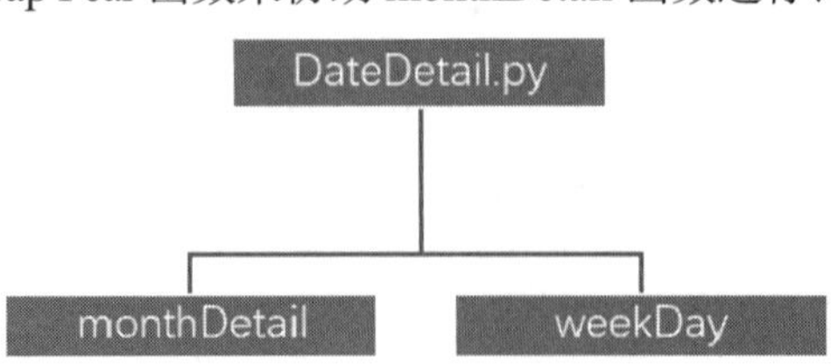

图 6-7　运算操作部分分解成两个功能块

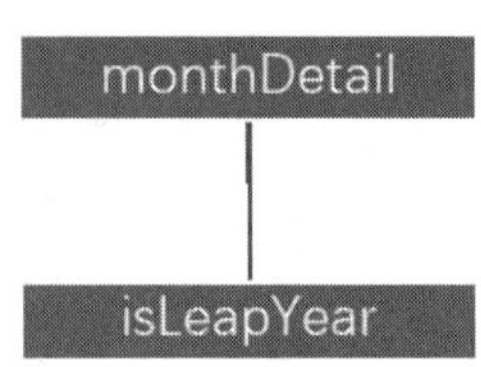

图 6-8　monthDetail 函数需要调用 isLeapYear 函数

经过以上分析之后，基本上把一个输出日历的问题分解成了如图 6-9 所示的若干小问题，把每一个小问题作为一个函数，然后实现这些函数，再将这些函数组合，就能够解决日历输出的问题了。

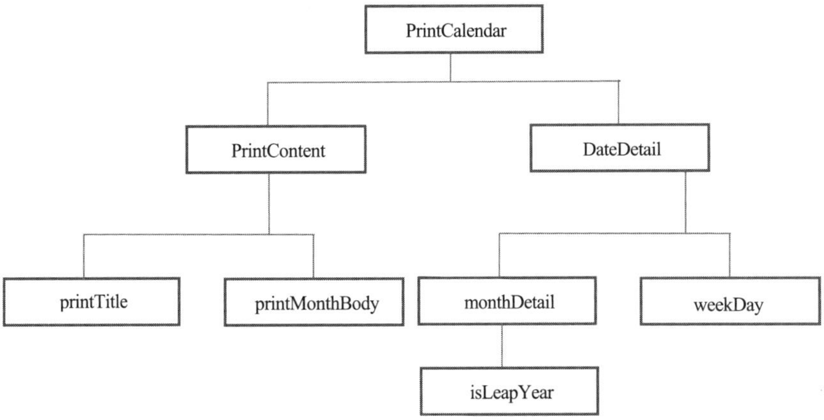

图 6-9 日历输出问题的分解函数

6.6 模块化实现代码

其实输出日历这个程序的规模并不大，这样的小程序，让一个子问题对应一个函数是比较通用的解决方法。本节将在已经实现功能需求的部分函数的基础上增加必要的连接程序，增补必需的功能块，使用函数方法完成日历输出。

参考图 6-8，从底部开始，逐步实现各函数，调试程序，并最终完成日历输出。

【例题 6.17】修改 PrintContent.py，增加输出日历的日期部分的代码。

例题 6.17 源代码(PrintContent.py)如下：

第 8 行留空，从第 9 行开始增加函数 printMonthBody，使用星期几的数值作为传入的参数，并在控制台输出日历的日期部分。

```
9.  def printMonthBoday(weekDay, monthDays):
10.         message = "\t" * weekDay
11.         # 使用循环语句，打印日历
12.         for date in range(1, monthDays + 1):
13.             if (weekDay + date) % 7 == 0:
14.                 # 每七天一个换行
15.                 message = message + str(date) + "\n"
16.             else:
17.                 # 每天占用一个制表位
18.                 message = message + str(date) + "\t"
19.         # 输出日历
20.         print(message)
```

【例题 6.18】使用 PrintContent.py 和 DateDetail.py 中的函数输出日历。

例题 6.18 源代码(PrintCalendar.py)如下：

```
1. from Chapter06.PrintContent import printTitle
2. from Chapter06.PrintContent import printMonthBody
3. from Chapter06.DateDetail import monthDetails
4. from Chapter06.DateDetail import weekDay
5.
6. year = int(input("请输入年份："))
7. month = int(input("请输入月份："))
8. monthName, monthDays = monthDetails(year, month)
9. firstWeekDay = weekDay(year, month)
10. printTitle(year, monthName)
11. printMonthBody(firstWeekDay,monthDays)
```

【代码分析】

(1) 第1～4行，从文件中导入已经写好的4个函数。

(2) 第6、7行，从键盘读入年份与月份数值。

(3) 第8行，使用monthDetails函数计算出月份名称(monthName)和一个月有多少天(monthDays)。

(4) 第9行，使用weekDay函数，计算出每月的第一天是星期几。

(5) 第10行，打印日历表头。

(6) 第11行，打印日历日期部分。

这样写出的程序条理分明、容易理解，请同学们仔细体会如何分析与实现复杂程序的过程。

6.7 函数的递归调用

前面章节中介绍了一个函数如何调用另一个函数，本节将介绍函数如何调用自己。用编程术语来说，函数调用自己的编程方式被称为函数的递归调用。递归通常能够将一个大型的复杂问题的递归条件，一层一层地回溯到终止条件，然后再根据终止条件的运算结果，一层一层地递进运算到满足全部的递归条件。递归调用能够使用少量程序描述解题过程中的重复运算部分，减少程序的代码量。要使用递归的方式进行编程，需要在编程时计划好终止条件，写好递归条件，用回溯的逻辑方法解决问题。

【例题6.19】使用递归函数，求斐波那契数列的前10个数1、1、2、3、5、8、13、21、24、55。

说明：斐波那契数列是一个常用的数学数列，第n个斐波那契数fib(n)由以下两个条件决定：①$n = 0$或$n = 1$时，fib(0) = 1，fib(1) = 1；②$n > 1$时，fib(n) = fib(n-1) + fib(n-2)。

例题6.19源代码(FibonacciSequence.py)如下：

```
def fib(n):
    if n == 0 or n == 1:
        return 1
    else:
        fibonacci = fib(n - 2) + fib(n -1)
        return fibonacci
```

```
7.
8.  for n in range(10):
9.      print(fib(n), end = "\t")
```

【程序运行结果】

```
1 1 2 3 5 8 13 21 34 55
```

【代码分析】

(1) 第 1 行，定义一个名为 fib 的函数，传递给这个函数的参数为 n。

(2) 斐波那契数列中，n = 0 或 n = 1 时，fib(0)与 fib(1)都等于 1，我们把这个条件叫作终止条件。

(3) 第 2、3 行，在程序中实现终止条件。终止条件一般为给定的一个或多个数值，或实现某些特定操作。

(4) 斐波那契数列中，从第 3 个数开始，第 n 个斐波那契数的数值是由公式 fib(n) = fib(n-1) + fib(n-2)计算得到，我们称这个条件为递归条件。

(5) 第 5、6、7 行，程序中实现了递归条件。

(6) 第 8、9 行，使用循环将 0 到 9 共 10 个数字传递给 fib 函数。

(7) 当 n = 0 和 n = 1 时，fib 的返回值都为 1。

(8) 当 n = 2 时，不会运行第 3 行，会运行第 5 行。第 5 行中，会调用 fib(0)和 fib(1)，执行 fib(2) = fib(0) + fib(1)。

(9) 当 n = 3 时，第 2 行、第 3 行不会运行，会运行第 5 行。第 5 行中，会调用 fib(1)和 fib(2)，执行 fib(3) = fib(1) + fib(2)。但是此时 fib(2)会重复(7)中所描述的动作，所以 fib(3) = fib(1) + fib(2) = fib(1) + (fib(0) + fib(1))。

(10) 当 n = 4 时，第 2 行、第 3 行不会运行，会运行第 5 行。第 5 行中，会调用 fib(2)和 fib(3)，执行 fib(4) = fib(2) + fib(3)。但是此时 fib(2)会重复(7)中所描述的动作，fib(3)会重复(8)中所描述的过程，所以 fib(4) = fib(2) + fib(3) = (fib(0) + fib(1)) + (fib(1) + fib(2)) = (fib(0) + fib(1)) + (fib(1) + (fib(0) + fib(1)))。

……

每次 n 无法满足终止条件时，fib(n)都会回溯到 fib(n-1)和 fib(n-2)，只有当 n 满足了终止条件(n = 0 和 n = 1)时，fib(n)才会返回一个确定值，然后根据这个确定的值开始计算。简单地说，递归函数会执行上述过程……(10)(9)(8)，直到(7)。

【例题 6.20】使用递归函数求 100 以内所有自然数的和。

说明：类似的问题可以使用第 5 章中介绍的循环结构进行编程，也可以使用递归方法。同学们可以发现，使用了递归函数，就不再需要使用 while 或者 for 关键字创建循环结构。

例题 6.20 源代码(Sum100.py)如下：

```
def sum(n):
    if n == 1:
        return 1
    else:
        return sum(n - 1) + n
```

```
6.
7.    print(sum(100))
```

【程序运行结果】

```
5050
```

【代码分析】

(1) 第 1 行，定义一个名为 sum 的函数，传递给这个函数的参数为 n。

(2) 由题设，n = 1 时，sum(1)的返回值为 1，我们把这个条件叫作终止条件。

(3) 第 2、3 行在程序中实现终止条件。此处的终止条件为给定了 n = 1 时，返回值为 1。

(4) 由题设，从第 2 个数开始求和，每次求和都等于本次给定的自然数 n 加上 n 之前的所有自然数的和。和是由公式 sum(n)= sum(n-1) + n 计算得到，我们称这个条件为递归条件。

(5) 第 4、5 行，在程序中实现了递归条件。

(6) 当 n = 1 时，sum 的返回值为 1。

(7) 当 n = 2 时，不会执行第 3 行，会执行第 5 行。第 5 行中，会调用 sum(1)，执行 sum(2) = sum(1) + 2。

(8) 当 n = 3 时，不会执行第 3 行，会执行第 5 行。第 5 行中，会调用 sum(2)，执行 sum(3) = sum(2) + 3。但是 sum(2)会重复(7)中所描述的动作，所以此时 sum(3) = sum(2) + 3 = (sum(1) + 2) + 3。

(9) 当 n = 4 时，不会执行第 3 行，会执行第 5 行。第 5 行中，会调用 sum(2)，执行 sum(4) = sum(3) + 4。但是 sum(3)会重复(8)中所描述的动作，所以此时 sum(4) = sum(3) + 4 = ((sum(1) + 2) + 3) + 4。

……

每次 n 无法满足终止条件时，sum(n)都会回溯到 sum(n-1)，直到回溯到 n = 1，返回一个确定值 1，然后根据这个确定值开始一层一层地回溯运算。

6.8 课后习题

一、选择题

(1) 关键字 def 的作用是(　　)。

A. 开始定义函数　　B. 导入库　　C. 返回运算结果　　D. 注释

(2) 关键字 return 的作用是(　　)。

A. 开始定义　　B. 导入库　　C. 返回运算结果　　D. 注释

(3) 以下关于 Python 函数参数列表和返回值列表的说法中，正确的是(　　)。

A. 使用参数列表，没有返回值列表

B. 可以使用参数列表，有返回值列表

C. 不能使用参数列表，没有返回值列表

D. 不能使用参数列表，有返回值列表

(4) 以下函数命名中，正确的是(　　)。

A. 2a　　B. a2　　C. import　　D. in

(5) 以下函数名称中，符合函数驼峰命名法的是(　　)。

A. firstname　　B. firstName　　C. FirstName　　D. Firstname

(6) 在无返回值的函数末尾可以(　　)。

A. 不使用 return 语句　　B. 加上 return　　C. 加上 return None　　D. 以上都可以

(7) 形式参数是指(　　)。

A. 在参数列表中出现，在函数编写过程中被使用的参数

B. 调用函数时，输入小括号内的数值

C. 未在参数列表中出现，但在函数编写过程中使用的参数

D. 所有参数

(8) 关键字 from…import…的作用是(　　)。

A. 导入模块中的函数　　B. 输出　　C. 输入　　D. 返回值

(9) 关键字 import 的作用是(　　)。

A. 导入模块　　B. 输出　　C. 输入　　D. 返回值

(10) 在不同源文件之间调用函数需要使用到的关键字是(　　)。

A. return　　B. from 和 import　　C. def　　D. Input

(11) return 能够返回(　　)。

A. int 型数据的参数列表　　B. float 型数据的参数列表

C. 字符串的参数列表　　D. 所有类型的参数列表

(12) 函数末尾使用 return 语句不带任何后缀，程序会(　　)。

A. 报错　　B. 编译不通过　　C. 返回 None　　D. 无法给定返回值

(13) return 可以返回(　　)个值。

A. 1 个　　B. 2 个　　C. 3 个　　D. 任意多个

(14) 定义函数的关键字是(　　)。

A. def　　B. input　　C. return　　D. eval

(15) 返回运算结果的关键字是(　　)。

A. def　　B. input　　C. return　　D. Eval

(16) 函数名 firstName 符合的命名法则是(　　)。

A. 小驼峰命名法　　B. 大驼峰命名法　　C. 系统命名法　　D. 随机命名法

(17) 导入模块的关键字是(　　)。

A. def　　B. print　　C. import　　D. from

(18) 下面函数名符合小驼峰命名法的是(　　)。

A. printTitle　　B. print_Title　　C. print　　D. PrintTitle2

(19) 函数名 printTitle 符合(　　)。

A. 大驼峰命名法　　B. 小驼峰命名法　　C. 系统命名法　　D. 随机命名法

(20) Python 函数名的命名规则不包括(　　)。

A. 标识符可以由字母、下画线、数字组成

B. 不能以数字开头

C. 函数名能与关键字重名

D. 可以含有汉字字符

(21) 下列符合 Python 函数名的命名规则的是(　　)。

A. 标识符可以由字母、下画线、数字组成

B. 能以数字开头

C. 开头字母必须大写

D. 可以与关键字重名

(22) 函数名 2print 命名错误的原因是(　　)。

A. 首字母没有大写　　B. 开头为数字

C. 函数名中含有关键字　　D. 函数名太短

(23) 函数名命名应保持(　　)。

A. 见名知意　　B. 随机命名　　C. 顺序命名　　D. 重复使用

(24) 在 Python 中，需要使用(　　)向函数传递值。

A. 参数　　B. 函数　　C. 变量　　D. 类

(25) 调用无函数参数时，只需要(　　)。

A. 使用函数名　　B. 定义函数　　C. 无须操作　　D. 传入参数

(26) 调用有参数的函数时，需要(　　)。

A. 直接使用函数名

B. 使用函数名并在之后的括号中依次加入参数列表

C. 无须操作

D. 定义函数

(27) 最常见的传递参数的方法是(　　)。

A. 按照顺序依次传递　　B. 关键字传递

C. 参数默认值就可以传递　　D. 包裹传递

(28) 在下列函数中，参数的传递方法是(　　)。

```
def area(a, b, c):
    p = (a + b + c) / 2
    s = (p * (p - a) * (p - b) * (p - c)) ** 0.5
    return s
print(area(3, 4, 5))
```

A. 按照位置顺序依次传递　　B. 关键字传递

C. 使用函数参数的默认值传递　　D. 包裹传递

(29) Python 传递参数时，不确定参数的个数的时候，需要(　　)进行传递参数。

A. 使用不定长参数　　B. 使用关键字

C. 使用变量　　D. 使用函数

(30) 不定长参数在传递过程中需要使用(　　)。

A. 函数　　B. 关键字　　C. 变量　　D. 容器

(31) 在 Python 中生成容器需要用到(　　)。

A. _　　B. /　　C. *　　D. %

(32) 符号“*”可以用来(　　)。

A. 生成容器　　B. 运算除法　　C. 运算减法　　D. 取余

(33) 编写程序时，可以采用的策略是(　　)。

A. 分而化之　　B. 单打独斗　　C. 只写主函数　　D. 忽略细节

(34) 分析下列代码，其代码功能可以是(　　)。

```
def area(a):
    s = a * a
    return s

a = int(input("请输入 a:"))
print(area(a))
```

A. 输出 a 的值　　B. 计算正方形面积

C. 计算三角形的边长　　D. 计算三角形的面积

(35) 当函数的输入为 5 时，输出是(　　)。

```
def area(a):
    s = a * a
    return s

a = int(input("请输入边长 a:"))
print("正方形面积是：", area(a))
```

A. 正方形面积是：5　　B. 正方形面积是 5

C. 正方形面积是：25　　D. 正方形面积是 25

(36) 分析下列代码，当函数的输入为 3, 4, 5 时，输出是(　　)。

```
def area(a, b, c):
    p = (a + b + c)/2
    s = (p * (p - a) * (p - b) * (p - c)) ** 0.5
    return s

a, b, c = eval(input(""))
print("三角形面积是：", area(a, b, c))
```

A. 三角形面积是：6　　B. 三角形面积是：12

C. 三角形面积是：60　　D. 三角形面积是：12

(37) 分析下列代码，当函数的输入为 47 时，输出是(　　)。

```
def isPrime(n):
    if n <= 1:
        return False
    for i in range(2, n-1):
        if n % i == 0:
            return False
    return True

n = eval(input(""))
print(isPrimes(n))
```

A. 2　　B. True

C. False　　D. 以上都不对

(38) 下列程序错误的原因是(　　)。

```
def daffodil(s)
    if len(s) == 3:
        result = int(s[0]) ** 3 + int(s[1]) ** 3 + int(s[2])**3
        if int(s) == result:
            print("是水仙花数字")
        else:
            print("不是水仙花数字")
a = input("请输入一个数字：")
daffodil(a)
```

A. daffodil(s)函数末尾没有 return　　B. daffodil(s)函数逻辑错误

C. daffodil(s)函数名命名错误　　D. 第一行最后缺少英文冒号“:”

(39) 分析下列代码，当输入为 57 时，输出是(　　)。

```
def step(x):
    if 0 < x <= 20:
        price = 3.5 * x
    elif x <= 50:
        price = 3.5 * 20 + (x - 20) * 5.0
    else:
        price = 20 * 3.5 + 30 * 5.0 + (x - 50) * 6.5
return price

a = eval(input("请输入本月用水量为多少吨："))
print("本月水费为：", step(a))
```

A. 本月水费为：265.5　　B. 本月水费为：275.5

C. 本月水费为：210　　D. 本月水费为：220

(40) 分析下列代码，当输入为 10 时，输出是(　　)。

```
def isPrimes(n):
    if n <= 1:
        return False
    for i in range(2, n-1):
        if n % i == 0:
            return False
    return True

n = eval(input("输入 n："))
for i in range(1,n):
    if isPrimes(i):
        print(i, end = ", ")
```

A. 无输出，程序报错　　B. 1, 3, 5, 7, 9　　C. 2, 4, 6, 8, 10　　D. 2, 3, 5, 7,

二、判断题

(1) 用户定义函数时，def 的作用是开始定义函数。 ( )

(2) 用户定义函数时，return 的作用是终止程序，且不返回值。 ( )

(3) 函数的参数列表可以为空。 ( )

(4) 函数的返回值列表不可以为空。 ( )

(5) 使用自定义函数，是为了降低编码的难度和提高代码可复用度。 ( )

(6) 函数名需要见名知意，言简意赅。 ( )

(7) 函数的调用只能在同一源文件中进行。 ( )

(8) 函数调用时可以使用多个参数。 ( )

(9) 定义函数时，在参数列表中出现并在函数编写过程中被使用的参数叫作形式参数。 ( )

(10) 调用参数时，输入括号内的数值被称为形式参数。 ( )

(11) 函数可以在不同的源文件中被调用。 ( )

(12) 调用其他源文件中的函数不需要在源文件中导入这个函数。 ( )

(13) 在源文件中导入其他函数需要用到 from 和 import 命令。 ( )

(14) 函数能够被多次调用。 ( )

(15) 形式参数和实际参数没有区别。 ( )

(16) return 命令必须返回值。 ( )

(17) return 命令可以一次返回多个值。 ( )

(18) 不写 return，只写 return 或者 return None 对于无须返回运算结果的函数都是可以的。 ( )

(19) 可以使用 return 返回 True 或者 False 来写判断条件是否成立的函数。 ( )

(20) 函数被定义之后，能被另外的函数调用。 ( )

(21) 函数的调用要注意，哪里调用，返回哪里。 ( )

(22) 通常来说，传递参数的方法是按照位置顺序传递。 ( )

(23) 当传入参数和所需参数数量不一致时，程序仍能运行。 ( )

(24) 当传入参数和所需参数数量不一致时，程序会报错。 ( )

(25) Python 不允许传递参数时不给定参数个数。 ( )

(26) 传递不定长参数时需要生成一个容器。 ( )

(27) 生成容器需要使用“*”。 ( )

(28) 同一个 Python 文件中可以包含很多函数。 ( )

(29) 函数名可以使用 Python 的关键字。 ( )

(30) 按照位置顺序，依次传递参数的方法最为常见。 ( )

(31) global 是关键字，可以定义全局变量。GLOBLE 不是关键字，可以用来作为函数名。这是因为 Python 是大小写敏感的高级语言。 ( )

(32) 函数使用前需要首先声明，使用 def 关键字定义函数。 ( )

(33) 函数名可以以数字开头。 ( )

(34) 函数名可以包含数字、字母、下画线。 ( )

(35) 函数名的首字母必须大写。 ( )
(36) 函数的实现细节可以被封装起来。 ( )
(37) 编写大型程序的时候，常采用分而化之的策略。 ( )
(38) 模块化设计程序是编写复杂程序时的解决办法。 ( )
(39) 函数不能自己调用自己。 ( )
(40) 递归能够将一个大型的复杂问题的递归运算一层层回溯到终止条件。 ( )
(41) 递归能够简化代码，使代码变得简洁。 ( )
(42) 递归能够用少量的程序描述重复的运算。 ( )
(43) 递归算法需要有终止条件和递归条件。 ( )
(44) 在某些情况下，可以使用递归代替循环。 ( )
(45) 递归可以没有终止条件。 ( )
(46) 同一个源文件内只能有一个函数。 ( )
(47) 同一个源文件内可以有多个函数。 ( )

三、编程题

(1) 定义一个名为 zeller(year, month, date)的函数，参数为年、月、日。通过这个函数计算并返回该日期是星期几。在同一源程序中，使用键盘输入年、月、日，验证该函数是否能正确计算出输入的日期为星期几。函数具体内容参阅第 4 章课后习题编程题的第(7)题和本章例题 6.13。

(2) 定义一个名为 isPrime(number)的函数，参数为一个正整数。调用这个函数，能够判断一个正整数是否为质数，是质数则返回 True，不是质数则返回 False。在同一源程序中，使用键盘输入一个正整数，验证该函数是否能够正确判断输入数为质数。

(3) 定义一个名为 primeNumbers(number)的函数，参数为一个正整数。通过使用这个函数，能够输出小于 number 的所有素数，输出的时候，每行 10 个素数。在同一源文件中，使用键盘输入一个正整数，验证该函数的输出结果。

提示：可以使用(2)题中定义的 isPrime(number)函数。

(4) 定义函数 squareArea(a)，根据传入函数的正方形边长 a 计算正方形的面积 s，并返回面积值 s。

(5) 定义函数 triangleArea(a, b, c)，根据三角形的三边 a、b、c 计算三角形的面积，并返回面积值 s。

(6) 定义函数 grade(score)，实现百分制成绩转换成等级制成绩，90～100 为 A，80～89 为 B，70～79 为 C，60～69 为 D，0～59 为 F。

(7) 定义函数 f(x)，计算分段函数的值。

$$f(x)=\begin{cases}2x-1\ (x>=0)\\ x^2-2x(0>x>-3)\\ |x| \qquad (x<=-3)\end{cases}$$

(8) 定义一个函数 multiple(a, b)，求两个数的最小公倍数并输出。

(9) 定义一个函数 divisor(a, b)，求两个数的最大公约数并输出。

(10) 构造一个扔骰子的模型。小明和小王每人都掷骰子3次，每次都扔3个骰子，每次都比较大小，骰子点数和较大的一方赢。如果骰子点数相同则为平局，如果一方投出3个一点或者3个六点，则立即取得胜利。整个游戏五局三胜。请在计算机控制台输出模拟过程。

(11) 使用递归函数的方法，创建一个函数sum(n)，求 $1+2+3+\cdots+n$ 的和。

第 2 部分　提 高 篇

第 7 章 Python的序列结构

本章将介绍 Python 是如何使用序列结构存储相似数据的。有了序列结构之后，Python 能够更加灵活地使用循环结构对相似的数据进行集体编程。本章将简要介绍几种比较基础的序列结构的生成、访问方法。

7.1 序列

实际中可以使用循环控制结构来解决多个、多组数据进行同样操作的问题。这些数据该以何种方法存放在内存中也是编程的时候经常遇到的问题。在 Python 中，一般使用序列结构在内存中存放需要进行相同操作的数据。

所谓序列，指的是一块可存放多个元素的连续内存空间，这些元素按一定顺序排列，可通过位置的编号来访问。

7.1.1 序列的索引

如图 7-1 所示，正索引从前开始向后递增，负索引从后开始向前递减。元素本身可以根据索引值直接被访问。有很多与序列相关的函数都需要使用索引值作为参数。正索引值与负索引值都可以传递给这些函数，让这些函数基于索引进行序列操作。

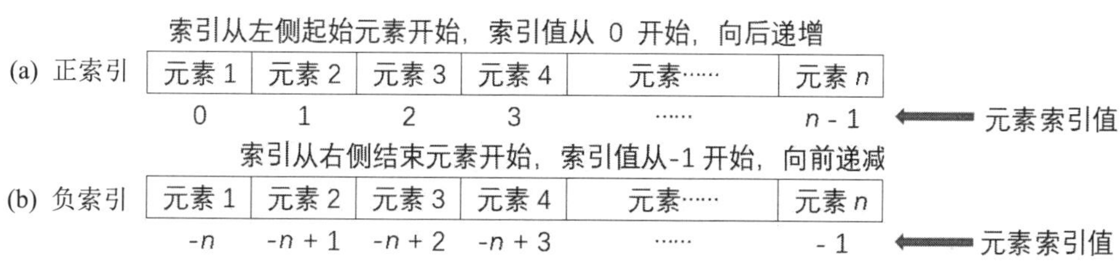

图 7-1 列表的元素索引值

7.1.2 序列的通用操作

序列类型结构可以有一些特定的操作，如表 7-1 所示，包括索引、分片、连接、检查某个元素是否存在于特定序列、计算序列长度、找最大值或最小值。

表 7-1　X 序列可以进行的操作列表

操作	操作描述
X1 + X2	连接 X1、X2 两个序列，生成一个新的序列
X * n	将 X 序列重复 n 次
X[i]	访问 X 序列中，索引号为 i 的元素
X[i : j]	将 X 序列进行分片，截取索引号 i 到 j – 1 的元素，组成一个子序列
X[i : j : k]	将 X 序列截取索引号 i 到 j – 1 的元素，步长为 k，组成一个子序列
x in X	x 元素是否在 X 序列中，如果在，返回 True；如果不在，返回 False
x not in X	x 元素是否不在 X 序列中，如果不在，返回 True；如果在，返回 False
max(X)	访问 X 序列中的最大值
min(X)	访问 X 序列中的最小值

7.2　列表

在实际开发过程中，程序员会对一组数据进行操作。Python 中设计了列表这样的序列结构来存储数据。创建一个列表，可以用一个标识符指向作为列表名，然后用中括号“[ ]”括起来一组数据，每个数据之间用英文逗号隔开。例如：

```
nums = [1, 2, 3, 4, 5]
strings = ["Hello", "morning", "Great", "Nice"]
```

Python 的列表可以为空。例如：

```
emptyList = [ ]
```

列表中的元素不仅可以是同种类型的数据，还可以是不同类型的对象。例如：

```
mix = [1, 3, "Hello", True, 5.75]
```

列表中甚至可以包含其他列表，例如以下数独矩阵：

```
sudoku = [
        [0, 8, 0, 0, 0, 0, 0, 2, 0],
        [5, 3, 0, 9, 0, 0, 0, 4, 6],
        [0, 0, 4, 0, 0, 0, 0, 0, 0],
        [0, 0, 0, 0, 0, 3, 4, 0, 0],
        [0, 7, 0, 0, 6, 0, 0, 9, 0],
        [0, 0, 5, 8, 0, 0, 0, 0, 0],
        [0, 0, 0, 0, 0, 0, 7, 0, 0],
        [1, 6, 0, 0, 0, 9, 0, 8, 4],
        [0, 5, 0, 0, 0, 0, 0, 1, 0]
        ]
```

7.2.1　列表中元素的访问

序列中的每一个元素都有索引值，可以通过使用序列名、元素位置的索引值来访问序列中的元素。

【例题 7.1】演示列表中元素的访问与通用操作。

例题 7.1 源代码(TestListOperation.py)如下：

```
1.    aList = [1, 2, 3, 4, 5, 6, 7]
2.    print(aList)
3.    print(aList[0], aList[len(aList) - 1])
4.    print(aList[-1], aList[-len(aList)])
5.    print(aList[2:6])
6.    print(aList[2: 6: 2])
7.    print(aList[2: 6: 2] * 2)
8.    print(aList[2:6] + aList[2: 6: 2])
9.    print(aList[:4], aList[4:])
10.   print(aList[-1 : : -1])
```

【程序运行结果】

```
[1, 2, 3, 4, 5, 6, 7]
1 7
7 1
[3, 4, 5, 6]
[3, 5]
[3, 5, 3, 5]
[3, 4, 5, 6, 3, 5]
[1, 2, 3, 4] [5, 6, 7]
[7, 6, 5, 4, 3, 2, 1]
```

【代码分析】

(1) 第 1 行，创建了一个列表，在这个列表中，有 1～7 一共 7 个元素。这 7 个元素中，每个元素都有一个索引号，正索引号从 0 开始，到 len(aList)-1 结束；负索引从-len(aList)开始，到-1 结束，如图 7-2 所示。

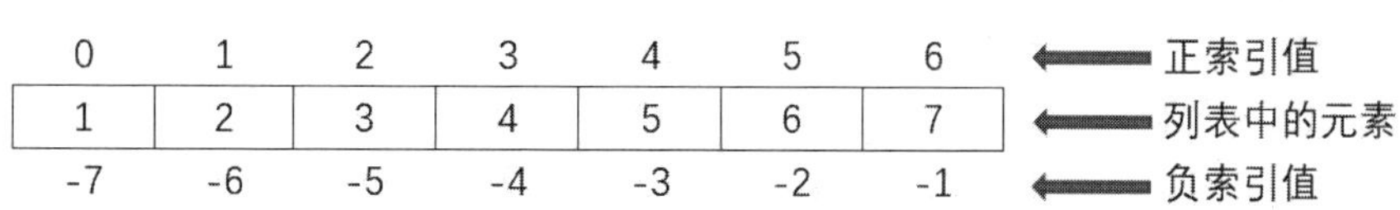

图 7-2　例题 7.1 列表的元素索引值

(2) 第 2 行，在控制台输出整个列表。

(3) 第 3 行，使用索引号访问列表中的元素，然后用 print 函数输出。aList[0]是第一个元素。len(aList)通过调用内置函数 len()返回 aList 中元素的个数。aList 列表中的最后一个元素就是 aList[len(aList) - 1]，因此输出这个列表的第一个和最后一个元素。

(4) 第 4 行，使用了负索引号来访问列表中的元素，然后用 print 函数输出。aList[-1]是最后一个元素。len(aList)通过调用内置函数 len()返回 aList 中元素的个数。aList 这个列表中的第一个元素就是 aList[-len(aList)]，因此输出这个列表的最后一个和第一个元素。

(5) 第 5 行，获取 aList 列表的子列表 aList[2 : 6]，从索引号为 2 的元素开始，至索引号为 6−1 的元素结束，子列表为[3, 4, 5, 6]，共 4 个元素。

(6) 第 6 行，获取 aList 列表的子列表 aList[2 : 6 : 2]，从索引号为 2 的元素开始，至索引号为 6−1 的元素结束，步长为 2，子列表为[3, 5]，共两个元素。

(7) 第 7 行，使用“*”运算符，将原列表重复 2 次后，生成新的列表。新列表一共有 4 个元素。

(8) 第 8 行，使用“+”运算符连接两个列表。连接完两个列表之后，新的列表中一共有 6 个元素。

(9) 第 9 行，列表分片的时候，如果冒号前没有数字，默认从 0 开始；冒号后没有数字的，默认到最后一个元素结束。

(10) 第 10 行，如果步长为负，则与原列表相比，输出的列表为逆序列表。

7.2.2 向列表中添加元素

向列表中添加元素有多种方法，下面首先来看一个例题。

【例题 7.2】演示如何在列表中插入元素。

例题 7.2 源代码(AddElementsToList.py)如下：

```
1.    aList = [1, 2, 3, 4, 5]
2.    aList.append(6)
3.    print(aList)
4.    exList = [7, 8, 9]
5.    aList.extend(exList)
6.    print(aList)
7.    aList.append(exList)
8.    print(aList)
9.    aList.insert(3, 3.5)
10.   print(aList)
```

【程序运行结果】

```
[1, 2, 3, 4, 5, 6]
[1, 2, 3, 4, 5, 6, 7, 8, 9]
[1, 2, 3, 4, 5, 6, 7, 8, 9, [7, 8, 9]]
[1, 2, 3, 3.5, 4, 5, 6, 7, 8, 9, [7, 8, 9]]
```

【代码分析】

(1) 第 1 行，创建名为 aList 的列表，在这个列表中，有 1 到 5 一共 5 个元素。

(2) 第 2 行，执行 aList.append(6)命令，将 6 这个数作为一个新的元素，添加到 aList 列表的尾部。

(3) 第 4 行，声明一个新的名为 exList 的列表，在这个列表中，有 7 到 9 一共 3 个元素。

(4) 第 5 行，执行 aList.extend(exList)命令，将 exList 列表中的 3 个元素添加到 aList 列表尾部。添加完成后，aList 列表一共有 1 到 9 一共 9 个元素。

(5) 第 7 行，如果执行 aList.append(exList)命令，exList 列表将整体作为一个元素，添加到 aList 列表的尾部。

(6) 第 9 行，Python 中还可以在列表的指定位置添加元素。执行 aList.insert(3, 3.5)命令，在 aList 列表的索引值为 3 的位置上添加了 3.5 这个数字，并将原来的索引值 3 及以后的元素位置顺序后挪一位。

综上所述，有 3 个函数可以实现向列表内添加元素。设原列表名为 aList，obj 为添加的元素。

方法一：使用 aList.append(obj)方法添加元素。obj 将被添加到 aList 尾部。如果 obj 也是一个序列，则该序列整体会被当作一个元素添加到 aList 列表的尾部。

方法二：使用 aList.extend(obj)方法添加元素。obj 将被添加到 aList 的尾部。如果 obj 也是一个序列，该序列中所有的元素会被当成不同的元素，依次添加到 aList 列表尾部。

方法三：使用 aList.insert(index, obj)方法添加元素。obj 将被添加到 aList 中的 index 位置上。如果 obj 是一个序列，该序列会被当作一个元素添加到 aList 列表的 index 位置上。

7.2.3　从列表中删除元素

从列表中删除元素也有多种方法，下面通过一个例题来了解一下。

【例题 7.3】演示如何在列表中删除元素。

例题 7.3 源代码(DeleteElementsFromList.py)如下：

```
1.	aList = [1, 2, 3, 4, 5, 6, 7]
2.	del aList[3]
3.	print(aList)
4.	del aList[2:4]
5.	print(aList)
6.	print(aList.pop())
7.	print(aList)
8.	aList.remove(6)
9.	print(aList)
10.	aList.clear()
11.	print(aList)
```

【程序运行结果】

```
[1, 2, 3, 5, 6, 7]
[1, 2, 6, 7]
7
[1, 2, 6]
[1, 2]
[]
```

【代码分析】

(1) 第 1 行，创建名为 aList 的列表，在这个列表中，有 1 到 7 一共 7 个元素。

(2) 第 2 行，使用 del aList[3]命令，指定删除索引值为 3 的元素。

(3) 第 4 行，使用 del aList[2 : 4]命令，在这个列表中，删除索引号从 2 开始，到索引号为 4-1 之间的所有元素。

(4) 第 6 行，aList.pop()命令获取列表最后一个元素。

(5) 第 6 行，使用 aList.pop()命令获取列表最后一个元素之后，最后一个元素从列表中删除。在编程术语中，这个 pop 命令叫作出栈，意思是将列表当成了一个堆栈，最后一个元素会在出栈命令之后被弹出。

(6) 第 8 行，使用 aList.remove(7)命令，从列表中删除 7 这个元素。remove()函数会删除第一个与指定值相同的元素，如果找不到指定值相同的元素，就会产生 ValueError 错误。

(7) 第 10 行，使用 aList.clear()命令，删除整个列表中的所有元素，但是保留空的 aList 列表。

综上所述，有 5 种方法可以实现从列表内删除元素。设原列表名为 aList，index 为索引号。

方法一：使用 del aList[index]方法，删除列表中索引号为 index 的那个元素。

方法二：使用 del aList[index1 : index2]方法，删除列表中从索引号 index1 开始，到索引号 index2-1 之间的所有元素。

方法三：使用 aList.pop()方法，可以出栈列表中的最后一个元素。运行 pop()命令之后，返回值为列表最后一个元素，aList 的最后一个元素从列表中删除。

方法四：使用 aList.remove(obj)方法，可以删除与 obj 指定值相同的第一个元素。如果在列表中找不到 obj 值，就会发生一个 ValueError 错误。

方法五：使用 aList.clear()方法，可以删除 aList 列表中所有的元素，仅仅保留一个名为 aList 的空列表。

7.2.4 修改列表元素

一般来说，只需要给想要修改的元素赋值即可修改列表元素。我们来看以下例题。

【例题 7.4】演示如何修改列表中元素。

例题 7.4 源代码(ModifyElementsInAList.py)如下：

```
1.  aList = [1, 3, 3, 7, 6, 5]
2.  aList[1] = 2
3.  print(aList)
4.  aList[3:6] = [5, 6, 7]
5.  print(aList)
```

【程序运行结果】

```
[1, 2, 3, 7, 6, 5]
[1, 2, 3, 5, 6, 7]
```

【代码分析】

(1) 第 1 行，声明一个名为 aList 的列表，[1, 3, 3, 7, 6, 5]列表中一共有 6 个元素。

(2) 第 2 行，aList[1] = 2 赋值语句，将 aList 列表的第 2 个元素赋值为 2。

(3) 第 4 行，将 aList 列表中索引值从 3 开始到第 6-1 结束的共 3 个元素，分别赋值为 5、6、7。

7.2.5 序列的遍历

7.1 节已经介绍了如何使用索引号访问特定列表中的元素。如果想访问这些带有索引号的序列结构中的每一个元素，可以通过关键字 for 使用循环控制结构来进行遍历。请同学们观察以下例题。

【例题 7.5】演示如何遍历列表中所有的元素，输出列表中所有的偶数。

例题 7.5 源代码(Traversal.py)如下：

```
1. aList = [1, 2, 4, 3, 5, 8, 11]
2. for v in aList:
3.     if v % 2 == 0:
4.         print(v, end = "\t")
```

【程序运行结果】

```
2 4 8
```

【代码分析】

(1) 第 1 行，创建一个名为 aList 的列表，[1, 2, 4, 3, 5, 8, 11]列表中一共有 7 个元素。

(2) 第 2 行，通过 for 关键字使用循环控制结构，即使用 for 循环遍历 aList 中的所有元素，将每一个元素都当作 v 来处理。

(3) 第 3、4 行，输出列表中的偶数。如果 v 是一个偶数，则输出该偶数。

7.3 元组

元组是另一个重要的序列结构。与列表类似，元组也是由一系列的元素组成。元组和列表的不同之处在于：列表的元素是可以更改的，包括修改元素值、删除和插入元素，所以列表是可变序列。而元组一旦被创建，它的元素就不可更改了，所以元组是不可变序列。添加、删除、变序、排序操作不能在原元组中实现，只能通过创建新元组实现元组更新。

创建一个元组，可以用一个标识符指向作为元组名，然后用小括号括起来一堆数据，每个数据之间用英文逗号隔开。列表中采用中括号，元组中采用小括号。例如：

```
nums = (1, 2, 3, 4, 5)
```

与 7.2 节使用中括号“[ ]”来创建列表不一样，此处使用了小括号“( )”创建元组。

7.3.1 元组中元素的访问

序列中的每一个元素都是有索引值的，可以通过序列名、元素位置的索引值来访问序列中的元素。

【例题 7.6】演示元组中元素的访问与通用操作。

例题 7.6 源代码(TestTuple.py)如下：

```
aTuple = (1, 2, 3, 4, 5, 6, 7)
print(aTuple)
print(aTuple[0], aTuple[len(aTuple) - 1])
```

【程序运行结果】

```
(1, 2, 3, 4, 5, 6, 7)
1 7
```

【代码分析】

(1) 第 1 行，创建一个名为 aTuple 的元组，这个元组中有 1 到 7 一共 7 个元素。与列表一样，元组中的每个元素都有自己的索引号。索引号从 0 开始，到 len(aTuple)-1 结束，也有正索引值与负索引值。

(2) 第 2 行，在控制台输出整个元组。

(3) 第 3 行，使用索引号访问元组中的元素，然后用 print 函数输出。aTuple[0]是第一个元素。len(aTuple)通过调用内置函数 len()返回 aTuple 中元素的个数。aTuple 元组中的最后一个元素就是 aTuple[len(aTuple) - 1]，因此输出这个元组的第一个和最后一个元素。

(4) 负索引在元组中一样可以被使用。

(5) 如果只是希望使用序列中的元素，列表和元组都是可以的。一个元组在生成之后，其中的元素不可被改变，如果数据集在生成之后不会改变，可以考虑使用元组；而列表中的元素是可变的，如果需要不断扩展数据集，可以考虑使用列表。

(6) 元组是不可修改的。如果要对元组进行更新，实际上是新生成一个元组，然后将新的元组赋值给老的元组名，进行了一次指向替换。

7.3.2 列表、元组之间的转换

列表与元组这两种序列结构是可以互相转换的。使用 list()函数，能够将序列强制转换为列表；使用 tuple()函数，能够将序列强制转换为元组。

【例题 7.7】演示 list()函数与 tuple()函数的使用方法。

例题 7.7 源代码(TestConvert.py)如下：

```
1.  aTuple = (1, 2, 3, 4, 5)
2.  aList = list(aTuple)
3.  print(aList)
4.  aList = [5, 4, 3, 2, 1]
5.  aTuple = tuple(aList)
6.  print(aTuple)
```

【程序运行结果】

```
[1, 2, 3, 4, 5]
(5, 4, 3, 2, 1)
```

【代码分析】

(1) 第 1 行，创建一个元组。

(2) 第 2 行，使用 list()函数将元组转换成一个列表。

(3) 第 3 行，输出这个列表。

(4) 第 4 行，创建一个列表。

(5) 第 5 行，使用 tuple()函数将列表转换成一个元组。

(6) list()函数和 tuple()函数可以用来将序列转换为列表或元组。

7.4 字典

列表与元组在内存中是依次存放的，是有序排列的，元素能够通过索引顺序访问。字典不一样，字典是映射类型的序列结构，是一种无序的、可变的序列，如图 7-3 所示。字典的元素以键值对(key-value)的形式存储。简单地说，字典通过关键字找到对应值。键的指向可以进行修改，值的存储可以被改变。

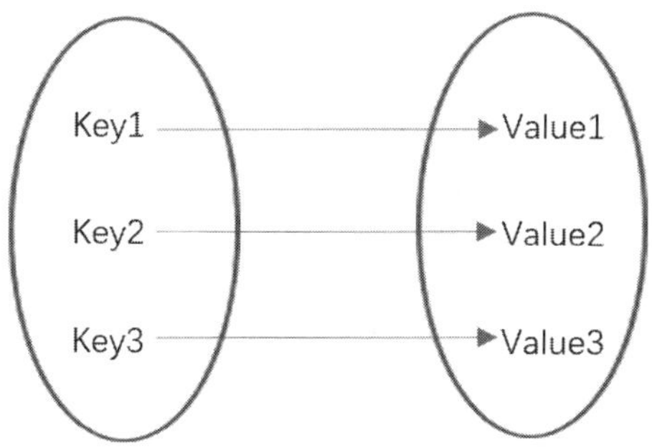

图 7-3 映射关系示意图

7.4.1 创建字典

创建一个字典可以用一个标识符指向作为字典名，然后用大括号括起来一个一个的键值对，键与值之间用冒号隔开，每个键值对之间用英文逗号隔开。

(1) 使用整数作为键，映射字符串。例如：

```
weekDayDic = {0:"Sun", 1:"mon", 2:"Tue", 3:"wed", 4:"Thu", 5:"Fri", 6:"Sat"}
```

(2) 使用字符串作为键，映射数。例如：

```
scoresDic = {"语文": 90, "数学": 82, "英语": 79}
```

(3) 可以创建空字典。例如：

```
emptyDic = { }
```

7.4.2 对字典中的键值对进行操作

可以通过关键字 for 使用循环结构获取字典中所有的键(key)或者通过 keys()函数获取所有的键并以列表的形式输出。如果已经知道了字典中的某一个键，可以直接以键为索引，映射获取这个键对应的值(value)或者通过 values()函数获取所有的值并以列表的形式输出。如果想要输出字典中所有的键值对，可以使用 items()函数获取。如果需要删除某个键值对，可以使用 del()函数删除指定键的键值对。

【例题 7.8】演示如何操作字典中的键值对。

例题 7.8 源代码(TestDic.py)如下：

```
1.    scoresDic = {"语文": 90, "数学": 82, "英语": 79}
2.    print(scoresDic.keys())
3.    print(scoresDic.values())
4.    print(scoresDic.items())
5.    for v in scoresDic:
6.        print(v)
7.    print(scoresDic["语文"])
8.    scoresDic["化学"] = 86
9.    print(scoresDic)
10.   del scoresDic["数学"]
11.   print(scoresDic)
```

【程序运行结果】

```
dict_keys(['语文', '数学', '英语'])
dict_values([90, 82, 79])
dict_items([('语文', 90), ('数学', 82), ('英语', 79)])
语文
数学
英语
90
{'语文': 90, '数学': 82, '英语': 79, '化学': 86}
{'语文': 90, '英语': 79, '化学': 86}
```

【代码分析】

(1) 第 1 行，创建一个字典，这个字典中有 3 个键值对{"语文": 90, "数学": 82, "英语": 79}。

(2) 第 2～4 行，分别使用了 keys()、values()、items()三个函数，返回这个字典的键、值、键值对。其中，键、值被保存在列表中；每个键值对被保存在元组中，所有的键值对组成的元组都被保存在列表中。

(3) 第 5、6 行，使用循环，获取并输出这个字典中所有的键。

(4) 第 7 行，根据键访问字典中的键所映射的值。

(5) 第 8 行，在字典中增加一个键值对("化学", 86)，键为“化学”，值为 86。

(6) 第 10 行，在字典中使用 del()函数删除了键为“数学”的键值对。

7.5 集合

Python 中的集合用来存放无序的不重复的元素，即集合中的元素是唯一的。Python 创建一个集合，可以用一个标识符指向作为集合名，将所有集合元素放在一对大括号“{ }”中，之间用英文逗号隔开。需要注意的是，集合只能用来存储不可变数据类型，如数值、字符串、元组等；不能用来存放可变数据，如字典、列表、集合。举例如下：

```
nums = {1, 2, 3, 4, 5}
strings  =  {"Hello", "morning", "Great", "Nice"}
```

Python 的集合也可以为空。例如：

```
emptySet = { }
```

集合中的元素不仅可以是同种数据，还可以是不同类型的对象。例如：

```
mix = {1, 3, "Hello", ("a", "b", "c"), 5.75}
```

集合与集合之间是可以进行运算的，如图 7-4 所示的交、并、差、补的集合运算，在 Python 中是以表 7-2 中的操作符号表示的。

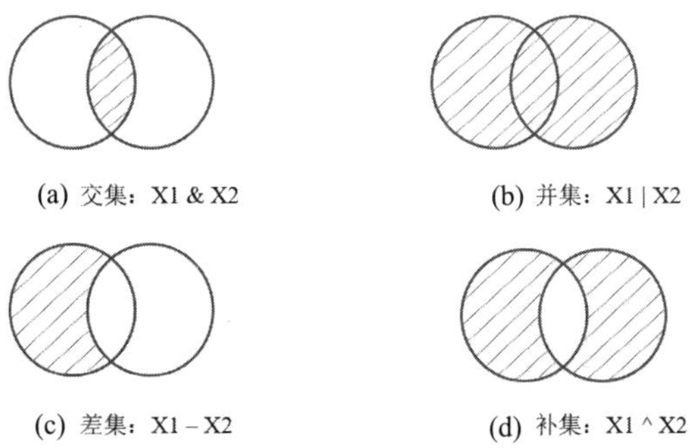

图 7-4　集合运算的演示

表 7-2　X 集合可以进行的操作列表

操作	操作描述
X1 & X2	求出 X1、X2 两个集合的交集
X1 | X2	求出 X1、X2 两个集合的并集
X1 - X2	求出 X1、X2 两个集合的差集
X1 ^ X2	求出 X1、X2 两个集合的补集
X1 <= X2	判断 X1 是否为 X2 的子集，如果是，返回 True；如果不是，返回 False
X1 >= X2	判断 X2 是否为 X1 的子集，如果是，返回 True；如果不是，返回 False

集合主要出现在以下 3 个场景：测试成员间的关系、去除重复元素、去除某些特定的数据项。

【例题 7.9】演示集合中元素的通用操作。

例题 7.9 源代码(TestSet.py)如下：

```
X1 = {1, 2, 3, 4, 5}
X2 = set([4, 4, 5, 5, 6])
print(X2)
X2.add(7)
X2.remove(6)
print(X2)
print(X1 & X2)
print(X1 | X2)
print(X1 - X2)
print(X1 ^ X2)
```

【程序运行结果】

```
{4, 5, 6}
{4, 5, 7}
{4, 5}
{1, 2, 3, 4, 5, 7}
{1, 2, 3}
{1, 2, 3, 7}
```

【代码分析】

(1) 第 1 行，声明一个集合 X1，这个集合有 1 到 5 一共五个元素。

(2) 第 2 行，使用 set()函数，将序列转换为集合。set()函数不仅可以转换列表中的元素为集合，还可以转换元组。

(3) 从第 3 行输出的结果可以看出，[4, 4, 5, 5, 6]列表转换为集合之后，重复的元素被去除，仅留下一个，X2 集合为{4, 5, 6}。

(4) 第 4 行，使用 add()函数向集合中添加元素，因此 X2 中增加了 7 这个元素。

(5) 第 5 行，使用 remove()函数从集合中删除了 6 这个元素。如果这个元素不在集合中，则产生一个错误。

(6) 第 7～10 行，分别演示了集合的交、并、差、补的操作。

(7) 需要再次强调的是，因为集合的特性，集合中不包含重复元素，因此可以使用集合的这个特性进行去重操作。

7.6 字符串的序列操作

字符串是一种特殊的序列，由一对单引号(' ')或者一对双引号(" ")引用。字符串序列中也有序列索引，可以通过索引值对字符串中的字符进行访问或对字符串进行分片生成字符串子串。

使用字符串名后跟索引号，可以获取单个字符，还可以指定一个范围来获取多个字符，也就是一个子串或者片段。

【例题 7.10】演示如何使用字符串的序列操作访问特定字符串的位置。

例题 7.10 源代码(TestString.py)如下：

```
aString = "Hello World"
alist = list(aString)
print(alist)
aTuple = tuple(aString)
print(aTuple)
aSet = set(aString)
print(aSet)
print(aString[0])
print(aString[2:9])
print(aString[2:9:2])
print(aString[-1])
```

【程序运行结果】

```
['H', 'e', 'l', 'l', 'o', ' ', 'W', 'o', 'r', 'l', 'd']
('H', 'e', 'l', 'l', 'o', ' ', 'W', 'o', 'r', 'l', 'd')
{'e', 'l', 'd', 'r', 'o', ' ', 'W', 'H'}
H
llo Wor
loWr
d
```

【代码分析】

(1) 第 1 行，创建一个 aString 字符串。字符串也是一种序列。aString 字符串由 11 个字符元素组成。每个元素都有一个索引号，正索引号从 0 开始，到 len(aString)−1 结束；负索引从−len(aString)开始，到−1 结束，如图 7-5 所示。

0	1	2	3	4	5	6	7	8	9	10	⟸ 正索引值
H	e	l	l	o		W	o	r	l	d	⟸ 列表中的元素
-11	-10	-9	-8	-7	-6	-5	-4	-3	-2	-1	⟸ 负索引值

图 7-5　字符串的字符元素索引值

(2) 第 2 行，使用 list()函数将字符串转换为列表，每一个字符串的字符元素都变成列表中的元素，然后按照索引顺序生成列表。第 3 行输出了这个列表。

(3) 第 4 行，使用 tuple()函数将字符串转换为元组。

(4) 第 6 行，使用 set()函数将字符串转换为集合。

(5) 第 7 行，输出这个集合。集合是无序的，无重复元素，因此每次用 set 函数转换出来的集合中，重复的元素只剩下一个，元素一样，但是顺序不一样。需要注意，无序的集合，元素出现的位置不同是正常的。

(6) 第 8 行，通过使用索引值访问字符串中的字符。

(7) 第 9 行，获取 aString 字符串的子串 aString[2 : 9]，从索引号为 2 的字符元素开始，至索引号为 9−1 的字符元素结束，子串为"llo Wor"，共 7 个字符元素。

(8) 第 10 行，获取 aString 字符串的子字符串 aList[2 : 9 : 2]，从索引号为 2 的字符元素开始，至索引号为 9−1 的元素结束，步长为 2，子字符串为" loWr"，共 4 个字符元素。

(9) 第 11 行，通过负索引来访问 aString 字符串中的字符元素。

(10) 字符串是序列，因此可以对序列进行操作的函数，同样可以用来处理字符串。

如果同学们想更多地了解字符串，可以结合前面章节中对字符串的操作介绍。

总体来说，本章介绍了 Python 在存储数据的时候使用的几个序列结构。序列结构中的元素一般可以通过遍历进行访问，有很多内置函数可以用来处理序列结构。同学们可以在今后的学习中对序列结构进行进一步了解。

7.7 课后习题

一、单选题

(1) 下列 Python 序列结构中，元素可以改变的是(　　)。

A. 列表　　B. 元组　　C. 字符串　　D. 数组

(2) 表达式[3] in [1, 2, 3, 4]的值是(　　)。

A. Yes　　B. No　　C. True　　D. False

(3) 表达式 3 in [1, 2, 3, 4]的值是(　　)。

A. Yes　　B. No　　C. True　　D. False

(4) 下列选项中，与 s[0: -1]表示的含义相同的是(　　)。

A. s[-1]　　B. s[:]　　C. s[: len(s)-1]　　D. s[0: len(s)]

(5) 对于列表 L=[1, 2, 'hello world ', [1,2]]，L[-2]的值是(　　)。

A. 1　　B. 2　　C. 'hello world '　　D. [1,2]

(6) tuple(range(2, 5, 1))的返回结果是(　　)。

A. [2, 3, 4, 5]　　B. [2, 3, 4]　　C. (2, 3, 4)　　D. (2, 3, 4, 5)

(7) 下列 Python 程序的运行结果是(　　)。

```
s = [1, 2, 3]
s.append([5, 6, 9])
print(len(s))
```

A. 2　　B. 4　　C. 5　　D. 6

(8) 下列 Python 程序的运行结果是(　　)。

```
s1 = [1, 2, 3]
s1[1] = 0
print(s1)
```

A. [1, 0, 3]　　B. [1, 2, 3]　　C. [0, 2, 3]　　D. [1, 2, 0]

(9) 以下不能创建字典的语句是(　　)。

A. dict1={}　　B. dict={1: 2}　　C. dict=dict([2], [3])　　D. dict={'A':1,'B': 2}

(10) 对于字典 D = {'A': 1, 'B': 2, 'C': 3, 'D': 4}，对第 1 个字典元素的访问形式是(　　)。

A. D[1]　　B. D[2]　　C. D[A]　　D. D['A']

(11) 对于字典 D = {'A': 1, 'B': 2, 'C': 3, 'D': 4}，len(D)的值是(　　)。

A. 4　　B. 8　　C. 10　　D. 12

(12) 对于字典 D = {'A': 1, 'B': 2, 'C': 3, 'D': 4}，sum(list(D.values()))的值是(　　)。

A. 1　　B. 10　　C. 2　　D. 4

(13) 设 a=set([1, 2, 3, 3, 4, 4, 5, 5, 5])，则 print(a.remove(4))的值是(　　)。

A. None　　B. {1, 2, 3, 3, 4, 5, 5, 5}

C. {1, 2, 3, 3, 5, 5, 5}　　D. {1, 2, 3, 3, 4, 4, 5, 5, 5}

(14) 下列语句执行后的结果是(　　)。

```
d1 = {1: 'dad'}
d2 = {1: '父亲', 2: '母亲'}
d1.update(d2)
print(d1[1])
```

A. 1　　B. 2　　C. 父亲　　D. 母亲

(15) {1, 2, 3, 4, 5} & {3, 4, 5, 6}的值是 ( )

A. {3, 4, 5}　　B. {1, 2, 3, 4, 5}　　C. {1, 2}　　D. {1, 2, 3, 4}

(16) {1, 2, 3, 4, 5} | {3, 4, 5, 6}的值是(　　)。

A. {3, 4}　　B. {1, 2, 3, 4, 5, 6}　　C. {1, 2}　　D. {1, 2, 3, 4, 5}

(17) {1, 2, 3, 4, 5} - {3, 4, 5, 6}的值是(　　)。

A. {3, 4}　　B. {1, 2, 3, 4, 5}　　C. {1, 2}　　D. {1, 2, 3, 4}

(18) 无法实现在列表 grades=[56, 23, 11, 45, 34, 28, 77]中添加新元素 53 的语句是(　　)。

A. grades[7]=53　　B. grades.extend([53])

C. grades.insert(7,53)　　D. grades.append(53)

(19) 将列表中的数据从小到大排序应使用的函数是(　　)。

A. sorted()　　B. max()　　C. min()　　D. sum()

(20) 对于一个列表 list 和一个元组 tuple，以下函数调用错误的是(　　)。

A. sorted(list)　　B. sorted(tuple)　　C. list.sort()　　D. tuple.sort()

二、多选题

(1) 下列关于字典的说法正确的是(　　)。

A. 通过键值对来储存数据　　B. 储存的数据是无序的，可使用键索引

C. 键是必须唯一，但值可以不唯一　　D. 键和值都可以是任何类型

(2) 下列关于集合的说法正确的是(　　)。

A. 集合中保存的元素具有唯一性，不可重复

B. 集合中元素不可重复，因此集合常被用来去重或者过滤

C. 往集合中添加重复数据，集合只保留一个

D. 集合中保存的元素是有序的

(3) 以下名项属于字典的内置方法的是(　　)。

A. get()　　B. copy()　　C. update()　　D. pop()

(4) 以下不能定义 Python 字典的语句是(　　)。

A. { }　　B. {1, 2}　　C. [1, 2]　　D. (1, 2)

(5) 以下描述正确的是(　　)。

A. 字典格式：dictionary = {'x': 'y'}　　B. 冒号(:)前面的数据被称为键

C. 冒号(:)后面的数据被称为值　　D. 字典里存放的都是一个一个的键值对

三、判断题

(1) 使用字典的键作为标志来访问字典中的值。 ( )

(2) 列表可以作为字典的键。 ( )

(3) 元组可以作为字典的键。 ( )

(4) 字典的键必须是可变的。 ( )

(5) Python 集合中的元素不允许重复。 ( )

(6) Python 集合可以包含相同的元素。 ( )

(7) Python 字典中的键不允许重复。 ( )

(8) Python 字典中的值不允许重复。 ( )

(9) Python 集合中的元素可以是元组。 ( )

(10) Python 集合中的元素可以是列表。 ( )

(11) Python 字典中的键可以是列表。 ( )

(12) Python 字典中的键可以是元组。 ( )

(13) Python 列表中所有元素必须为相同类型的数据。 ( )

(14) Python 中的列表、元组、字符串都属于有序序列。 ( )

(15) 已知 A 和 B 是两个集合，并且表达式 $A < B$ 的值为 False，那么表达式 $A > B$ 的值一定为 True。 ( )

(16) 列表对象的 append()方法用于对原列表进行操作，在列表尾部追加元素。 ( )

(17) 对于列表而言，在尾部追加元素比在中间位置插入元素速度更快一些，尤其是对于包含大量元素的列表。 ( )

(18) 假设有非空列表 x，那么 x.append(5)、x = x + [5]与 x.insert(0, 5)在执行时间上基本没有太大区别。 ( )

(19) 使用 Python 列表的方法 insert()为列表插入元素时会改变列表中插入位置之后元素的索引。 ( )

(20) 元组是不可变的，不支持列表对象的 inset()、remove()等方法，也不支持 del 命令删除其中的元素，但可以使用 del 命令删除整个元组对象。 ( )

(21) 已知列表 x = [1, 2, 3]，那么执行语句 x = 3 之后，x 的地址指向不变。 ( )

(22) 使用列表对象的 remove()方法可以删除列表中首次出现的指定元素，如果列中不存在要删除的指定元素则抛出异常。 ( )

(23) 已知列表 x 中包含超过 5 个以上的元素，那么语句 x = x[:1] + x[1:] 的作用是将列表 x 中的元素循环左移 1 位。 ( )

(24) Python 字典和集合属于无序序列。 ( )

(25) Python 集合支持使用下标访问其中的元素。 ( )

(26) Python 字典和集合不支持双向索引。 ( )

四、编程题

(1) 创建一个列表，其中包含 100 个取值范围是 1~10 的随机数字。统计这个列表中每个数字出现的次数。打印出这个列表，并在打印之后输出统计结果。

(2) 创建一个季节列表，包含春、夏、秋、冬四个季节。假设 12 月到次年 2 月是冬季，

3—5 月是春季，6—8 月是夏季，9—11 月是冬季。使用键盘输入月份 m，求这个月是什么季节。

(3) 有一个 nums = [3, 4, 2, 1, 9, 8, 5, 7, 6]的列表。设计一个 sortList(nums)方法，对这个列表进行排序，并将排序后的列表进行输出。

(4) 有一个 nums = [3, 4, 2, 1, 9, 8, 5, 7, 6]的列表，将这个列表逆序排列后生成一个新的列表，并输出这个新的逆序列表。

(5) 使用键盘，输入 5 个学生的分数，存储至一个分数列表。再将这些分数成绩转化为 A、B、C、D、F 五个等级，并存储到一个等级列表中。在控制台分两行，对应输出这两个列表。

(6) 创建一个列表，其中包含 1000 个取值范围是 1~1000 的随机数字。请输出最终有哪些数字被随机生成了(如果随机生成了多次同样的数，则只能计算该数字一次)。

(7) 一个列表中按照顺序存储了 0~51 一共 52 个数字。设计一个方法，使得这个列表中的 52 个数字被随机排列到不同的位置上。

第 8 章 类与对象

Python 是一种面向对象的高级语言。实际上，面向对象的编程方式是由面向过程的编程方式发展而来的。可以说，面向对象的编程是高级语言发展的第二发展阶段。第二发展阶段的面向对象的高级语言比第一发展阶段的面向过程的高级语言有更强的灵活性与可扩展性。目前，面向对象的高级语言占据主流地位。本章将介绍类与对象，以及面向对象的编程语言。

8.1 类与对象的概念

类是一个模板，根据同一模板可以创建很多具体实例。尽管这些实例可以有自己独特的特点，但是这些实例都是同一类事物，都是根据同一个模板创造的。这些实例可以被称为对象。所谓面向对象的编程，就是首先研究实例对象，抽象并提炼出这些对象的特征属性与特征行为，生成类；再以类为模板，生成一个又一个实例；最后针对一个又一个的实例对象进行编程。

类是面向对象的编程语言的核心。Python 中的所有类型都是类，如 int、float、bool、str 等。如果想知道自己操作的数据是什么类型的，可以使用内置函数 type()。

【例题 8.1】通过 type()内置函数验证数据类型。

例题 8.1 源代码(TestType.py)如下：

```
print(type(True))
print(type(2.3))
print(type(2))
print(type("Hello"))
print(type([2, 3, 4]))
print(type({2, 3, 4}))
```

【程序运行结果】

```
<class 'bool'>
<class 'float'>
<class 'int'>
<class 'str'>
<class 'list'>
<class 'set'>
```

【代码分析】

(1) Python 中所有的数据都可以作为参数，使用内置函数 type()获取数据的类型。

(2) type()函数甚至能获取序列类型名。

所有面向对象的编程语言都可以使用面向过程的编程方式。但是对于一般的程序员来说，更希望采用面向对象的编程方式。

第一步，定义一个类，创建一个模板或者蓝图：抽象出类中的特征属性，抽象出类的行为方法。

第二步，创建类实例，针对实例对象进行编程。

8.2 定义类的方法

在 Python 中，使用 class 关键字来定义一个类。它的一般语法如下：

```
class 类名:
    定义构造函数
        ……
    定义类属性
        ……
    定义类函数
        ……
```

创建类时，可以手动添加__init__()方法，该方法是一个特殊的方法，被称为构造函数(或构造方法)。构造函数在创建实例对象时被使用，每创建一个类的实例对象时，Python 都会自动调用构造函数。一般来说，类名使用大写字母开头的驼峰命名法，类中的属性名与函数名使用小写字母开头的驼峰命名法。

Python 类中，构造函数的语法格式如下：

```
def __init__(self, 属性列表):
    程序块
    ……
```

此处需要特别指出，由于印刷问题，可能看到的是此函数的函数名中 init 的前后各有一条下画线。但是实际上，init 的前后各有 2 条下画线，且中间没有空格。

__init__()函数可以包含多个参数，但必须包含 1 个名为 self 的参数，且必须作为第一个参数。也就是说，类的构造函数最少要有一个 self 参数，仅包含 self 参数的__init__(self)构造函数被称为默认构造函数。

类是一个模板，同一个类可以产生多个对象。当某个对象调用类函数时，该对象会把自身的引用作为第一个参数自动传给该函数，因此这些函数可以被称为实例函数(或者对象函数)。self 参数的具体作用是将自身传递给实例函数。

Python 类中，定义类行为(可以被称为方法或函数)的语法格式如下：

```
def 函数名(self, 属性列表):
    程序块
    ……
```

【例题 8.2】设计一个名为 Food 的简单的类。这个类包含两个属性，用来记录信息。这两个属性为 name 与 cal，分别代表食物名和食物的热量。

例题 8.2 源代码(DefineClasses.py)如下：

```
1.  class Food:
2.      def __init__(self, name, cal):
3.          self.name = name
4.          self.cal = cal
5.
6.      def eat (self):
7.          print ("\t 每百克的" + self.name + "具有" \
8.                  + str(self.cal) + "卡路里的热量")
9.
10.         return self.cal
```

【代码分析】

(1) DefineClasses.py 源文件中定义了一个名为 Food 的类。

(2) 第 1 行，关键字 class 表明，从此处开始定义了一个类，类名为 Food。

(3) 第 2～4 行，定义了一个构造函数。这个构造函数的参数有 3 个，分别为 self、name 和 cal，__init__()函数中的 name 和 cal 是这个类的两个属性。

(4) 第 6～10 行，定义了一个类函数，用来返回信息。

【例题 8.3】承例题 8.2，在给定的 DefineClasses.py 文件中，继续定义一个名为 StopWatch 的类。利用这个类模拟秒表。创建出一个秒表实例之后，调用实例函数，开始计时。指定的读秒秒数结束之后，停止秒表计时，并给出秒表计时结束提示。

例题 8.3 源代码(DefineClasses.py)，第 11 行留空，从第 12 开始：

```
11.
12. import time
13. import winsound
14. class StopWatch:
15.     def __init__(self, seconds):
16.         self.seconds = seconds
17.         print("本秒表将在启动后计时" + str(seconds) + "秒")
18.     def startStopWatch(self):
19.         print("开始使用秒表计时")
20.         count = self.seconds
21.         start = time.time()
22.         while True:
23.             end = time.time()
24.             duration = (end - start) // 1
25.             if duration == (self.seconds - count):
26.                 print(count)
27.                 count = count - 1
28.                 if count == -1:
29.                     winsound.Beep(2000, 600)
30.                     break
```

```
31.                 else:
32.                     winsound.Beep(600, 200)
```

【代码分析】

(1) 本例仍然在 DefineClasses.py 源文件中定义了一个名为 StopWatch 的类。

(2) 第 12、13 行，导入了 time 模块和 winsound 模块。这两个 import 命令可以放在 Food 类之后，也可以放在源文件开头处，作用是一样的。

(3) 第 15～17 行，定义了一个构造函数。这个构造函数的参数有两个，分别为 self 和 seconds，__init __()函数的属性中，seconds 是类的属性。

(4) 除了给成员变量附初值外，构造函数中还有一个输出语句，用来提示用户已经创建了一个秒表实例。

(5) 第 18～32 行，定义了一个启动秒表的函数 startStopWatch(self)。

(6) 第 19～32 行，代码的说明参见例题 5.10。

8.3 对象及对象的使用

8.2 节介绍了定义类的方法。本节将介绍如何调用已经定义好的类的构造函数，构造出实例，通过使用实例与实例函数来运行已经编写好的程序。其实，第 6 章已经介绍了如何调用自己写的函数。面向对象的思维方式实际上就是针对特定的实例运行程序，调用实例函数。

【例题 8.4】调用 StopWatch 类的构造函数，初始化计时 5 秒和计时 3 秒的两个秒表，在计时 10 秒之后，紧接着继续计时 3 秒。

例题 8.4 源代码(TestStopWatch.py)如下：

```
from Chapter08.DefineClasses import StopWatch

watch1 = StopWatch(5)
watch1.startStopWatch()
watch2 = StopWatch(3)
watch2.startStopWatch()
```

【程序运行结果】

```
本秒表将在启动后计时 5 秒
开始使用秒表计时
5
4
3
2
1
0
本秒表将在启动后计时 3 秒
开始使用秒表计时
3
2
1
0
```

【代码分析】

(1) 第 1 行，from Chapter08.DefineClasses import StopWatch 导入 StopWatch 类。整条语句可以这么理解：从 Chapter08 目录下的 DefineClasses.py 源文件导入 StopWatch 类。此处可以发现，与第 6 章在不同源文件之间导入函数的写法是一样的。为了区分到底是在导入函数，还是在导入类，请大家严格遵循驼峰命名法进行命名：类名使用大写字母开头的驼峰命名法，函数名使用小写字母开头的驼峰命名法。

(2) 第 3 行，watch1 = StopWatch(5)语句中，watch1 是一个标识符，用来代表第一个秒表。有人认为，StopWatch(5)中，StopWatch 是类名，实际上 StopWatch(5)是构造函数。在 DefineClasses.py 的第 15 行，__init__(self, seconds)是一个构造函数。调用构造函数的方法：类名(参数列表)。因此，此处的 StopWatch(5)是将 5 作为一个实际变量，传递到 StopWatch 类的构造函数中，用来生成一个 StopWatch 的实例。这个实例被赋值给了 watch1，由 watch1 标识符指代了这个生成的以 5 作为特征属性的实例。

(3) 第 4 行，调用了 watch1 这个实例的一个实例方法。

(4) 第 5 行，生成了另外一个实例，这个实例的特征属性为 3，这个实例被赋值给了 watch2。

(5) 第 6 行，调用了 watch2 这个实例的一个实例方法。

watch1 和 watch2 被称为两个实例，watch1 是一个 5 秒的秒表实例，而 watch2 是一个 3 秒的秒表实例。Python 可以根据不同的构造函数构造出不同的实例对象。只要调用类模板中已经生成的行为模式，就可以让对象进行特定的程序操作。本例中可以使用类中已经编辑好的 startStopWatch()函数，让两个秒表进行倒数计时。

8.4 类的继承

Python 的继承机制可以轻松实现类的复用。Python 的继承有单根继承和多重继承两种。对于初学者来说，多重继承比较难以理解，本节仅介绍单根继承。继承机制经常用于在不影响现有类的基础上，创建与现有类功能类似的新类，对现有类进行功能扩展；或是现有类的属性不够描述新的需求，需要在现有类基础上添加一些新的属性和方法。总体来说，类的继承可以实现类的复用机制。

在例题 8.2 中，我们定义了一个很简单的 Food 类。Food 类仅具有两个属性，一个是食物名称 name，另一个是食物基础热量 cal。但是，食物有很多种，比如苹果、鱼、肉等。每种食物有各自的食用方式，因为食材和处理方式不同，提供的热量也不同。因此，编写程序计算摄入食物的热量时，可以采用子类继承父类的方式。可以定义 3 个类，分别为 Apple 类、Fish 类和 Meat 类，这 3 个类是 Food 的子类，请务必使用大写字母开头的驼峰命名法对类进行命名。

需要指出的是，Python 中，子类继承父类的一般语法结构如下：

```
class 子类名(父类名):
    定义构造函数
        ……
    定义类属性
```

```
    ……
定义类函数
    ……
```

【例题 8.5】 承例题 8.4，创建一个 Apple 类作为 Food 类的子类。假设大的苹果削皮吃，小的苹果榨汁喝。每百克苹果的热量大约为 54 卡路里。

例题 8.5 源代码(DefineClasses.py)如下，从第 33 行开始增加代码：

```
33.  class Apple(Food):
34.      def __init__(self, name, size, num):
35.          super().__init__(name, cal = 54)
36.          self.size = size
37.          self.num = num
38.      def eat (self):
39.          if self.size == "大":
40.              eatMethod = "削皮吃了"
41.          else:
42.              eatMethod = "榨汁喝了"
43.          print(str(self.num) + "百克" + self.size \
44.                + "的" + self.name + eatMethod)
45.          calorie = super().eat () * self.num
46.          return calorie
```

【代码分析】

(1) 在 DefineClasses.py 源文件中，第 33～46 行，定义了一个名为 Apple 的类。

(2) 第 33 行，关键字 class 表明从此处开始定义了一个类，类名为 Apple。类名 Apple 之后，有一个小括号括起来的 Food，表明 Apple 是 Food 的一个子类。

(3) 第 34 行，定义了 Apple 类的构造函数。这个构造函数有 self、name、size 和 num 4 个参数。

(4) 第 35 行，由于 Apple 是 Food 的一个子类，因此可以调用父类中的构造函数 super().__init__(name, cal = 54)，向父类的构造函数中传递 name 和 cal 两个参数。例题 8.2 中介绍了 Food 类的构造函数，除了 self 参数外，还有 name 和 cal 两个参数。

(5) 第 36、37 行，对 size 和 num 这两个参数进行了赋值。总体来说，Apple 子类的类属性一共有 4 个，分别为父类构造函数构造出的父类属性，传递给子类的 name 和 cal，以及子类中进行赋值得到的 size 和 num。

(6) 第 38～46 行，定义了 Apple 子类的一个方法。这个方法的方法名为 eat。根据题设，在 eat 中模拟了苹果的两种不同的吃法，最后返回该吃法产生的热量值。

(7) 本例中多次出现“super().”，在阅读与书写程序的时候，建议读成“父类的”。例如 super().__init__(name, cal = 54)可以读作向父类的构造函数传递 name 与 cal = 54 两个参数；super().eat ()可以读作调用父类的 eat ()方法。

(8) 本章多次出现 self，在阅读与书写程序的时候，建议读成“本类的”。例如 self.size 可以读作本类的 size 参数。

(9) 再次提醒大家，务必使用大写字母开头的驼峰命名法给类命名，使用小写字母开头的驼峰命名法给属性、参数、函数或方法命名，避免出现混淆与模糊。

【例题 8.6】承例题 8.5，创建一个 Fish 类，作为 Food 类的子类。假设 1.5 千克以上的鱼红烧吃，0.5～1.5 千克的鱼清蒸吃，0.5 千克以下的鱼炸着吃。每百克鱼的热量大约为 123 卡路里。另外，对鱼的不同烹饪方法会导致食材热量变化。如：红烧会增加 70 卡路里热量，清蒸会减少 20 卡路里热量，油炸会增加 120 卡路里热量。

例题 8.6 源代码(DefineClasses.py)，第 47 行留空，从第 48 行开始增加代码：

```
47.
48.  class Fish(Food):
49.      def __init__(self, name, kilo):
50.          super().__init__(name, cal = 123)
51.          self.kilo = kilo
52.      def eat(self):
53.          if self.kilo >= 1.5:
54.              eatMethod = "红烧吃了"
55.              self.cal = self.cal + 70
56.          elif self.kilo > 0.5:
57.              eatMethod = "清蒸吃了"
58.              self.cal = self.cal - 20
59.          else:
60.              eatMethod = "炸着吃了"
61.              self.cal = self.cal + 120
62.          print(str(self.kilo) + "千克的" + self.name + eatMethod)
63.          calorie = super().eat () * self.kilo * 10
64.          return calorie
```

【代码分析】

(1) 在 DefineClasses.py 源文件中，第 48～64 行，定义了一个名为 Fish 的类。

(2) 第 48 行，关键字 class 表明从此处开始定义了一个类，类名为 Fish，在类名 Fish 之后有一个小括号括起来的 Food，表明 Fish 也是 Food 的一个子类。

(3) 第 49 行，定义了 Fish 类的构造函数。这个构造函数有 self、name 和 kilo 3 个参数。

(4) 第 50 行，由于 Fish 是 Food 的一个子类，因此也可以调用父类中的构造函数，使用 super().__init__(name, cal = 123)向父类的构造函数中传递 name 和 cal 两个参数。

(5) 第 51 行，对 kilo 参数进行了赋值。总体来说，Fish 子类的类属性一共有 3 个，分别为父类构造函数构造出的父类属性，传递给子类的 name 和 cal，以及子类中进行赋值得到的 kilo。

(6) 第 52～64 行，定义了 Fish 子类的一个方法。这个方法的方法名为 eat。根据题设，在 eat 中模拟了不同重量的鱼的 3 种不同的吃法，最后返回该种吃法产生的热量值。

需要注意到，苹果是根据大小决定怎么吃的，鱼是根据重量决定怎么吃的。

【例题 8.7】承例题 8.6，创建一个 Pork 类，作为 Food 类的子类。假设排骨或者脊骨煲汤喝，肘子红烧吃，其他部位做红烧狮子头。每百克猪肉的热量大约为 271 卡路里。另外，对猪肉不同部位的不同烹饪方法会导致食材热量变化。如：排骨或脊骨煲汤会减少 20 卡路里热量，红烧肘子会增加 70 卡路里热量，红烧狮子头会增加 120 卡路里热量。

例题 8.7 源代码(DefineClasses.py)如下，第 65 行留空，从第 66 行开始增加代码：

```
65.
66. class Pork(Food):
67.     def __init__(self, name, part, kilo):
68.         super().__init__(name, cal = 271)
69.         self.part = part
70.         self.kilo = kilo
71.     def eat(self):
72.         if self.part == "排骨" or self.part == "脊骨":
73.             eatMethod = "煲汤吃了"
74.             self.cal = self.cal - 20
75.         elif self.part == "肘子":
76.             eatMethod = "红烧吃了"
77.             self.cal = self.cal + 70
78.         else:
79.             eatMethod = "做狮子头吃了"
80.             self.cal = self.cal + 120
81.         print(str(self.kilo) + "千克的" + self.part + eatMethod)
82.         calorie = super().eat () * self.kilo * 10
83.         return calorie
```

【代码分析】

(1) 在 DefineClasses.py 源文件中，第 66～83 行，定义了一个名为 Pork 的类。

(2) 第 66 行，关键字 class 表明从此处开始定义了一个类，类名为 Pork，在类名 Pork 之后，有一个小括号括起来的 Food，表明 Pork 也是 Food 的一个子类。

(3) 第 67 行，定义了 Pork 类的构造函数。这个构造函数有 self、name、part 和 kilo 4 个参数。

(4) 第 68 行，由于 Pork 是 Food 的一个子类，因此也可以调用父类中的构造函数，使用 super().__init__(name, cal = 271)向父类的构造函数中传递 name 和 cal 两个参数。

(5) 第 69、70 行，对 part 和 kilo 这两个参数进行了赋值。总体来说，Pork 子类的类属性一共有 4 个，分别为父类构造函数构造出的父类属性，传递给子类的 name 和 cal，以及子类中进行赋值得到的 part 和 kilo。

(6) 第 70～83 行，定义了 Pork 子类的一个方法，这个方法的方法名为 eat。根据题设，在 eat 中模拟了不同部位的猪肉的三种不同的吃法，最后返回该种吃法产生的热量值。

需要注意到，苹果是根据大小决定怎么吃的，鱼是根据重量决定怎么吃的，猪肉是根据部位决定怎么吃的。

学习了父类、子类，子类单根继承父类的概念之后，我们简单地总结一下。

(1) 使用单根继承的时候，父类中的函数、属性都可以被子类继承；反过来，子类中的属性、函数却无法被父类使用。

(2) 若想使用父类中的成员，使用 super()函数表达完父类之后，需要加入 “.” 运算符，即 super().。

(3) 父类的逻辑范围比子类的逻辑范围要广。

(4) 父类中包含全部子类抽象出来的共同点。子类与子类之间有互不相同的特点。

(5) 父类与所有的子类中可以包含相同命名的方法，这些方法的运算逻辑是可以不一样的。子类从父类继承得来的类方法可以给子类直接使用，但有的时候需要对类方法进行修改。针对这种情况，就需要在子类中重写父类的方法，如本节例题中的 eat()方法。

8.5 面向对象的编程

【例题 8.8】假设某人早上吃了 100 克大苹果，中午吃了 0.5 千克排骨、1 千克桂花鱼，下午吃了 300 克小苹果，晚上吃了 1 千克肘子，请列出他今天一天都吃了些什么东西以及摄入了多少热量。

例题 8.8 源代码(Intake.py)如下：

```
from Chapter08.DefineClasses import Apple, Fish, Pork
# 创建一个列表，向列表中添加摄入的食物
intakeList = []
intakeList.append(Apple("苹果", "大", 1))
intakeList.append(Apple("苹果", "小", 3))
intakeList.append(Pork("猪肉", "排骨", 0.5))
intakeList.append(Fish("桂花鱼", 1))
intakeList.append(Pork("猪肉", "肘子", 1))

calorie = 0
# 使用关键字 for 创建一个循环，遍历列表中的所有元素
for v in intakeList:
    print(intakeList.index(v) + 1, end = "\t")
    # 调用 Food 子类对象的 eat()对象方法，获取每种食物的热量
    c = v.eat()
    print("本次共摄入" + str(c) + "卡路里")
    # 对每次摄入的热量进行累加
    calorie = calorie + c
print("摄入的总热量为" + str(calorie) + "卡路里")
```

【程序运行结果】

```
1 100 克大的苹果削皮吃了
  每百克的苹果具有 54 卡路里的热量
本次共摄入 54 卡路里
2 300 克小的苹果榨汁喝了
  每百克的苹果具有 54 卡路里的热量
本次共摄入 162 卡路里
3 0.5 千克的排骨煲汤吃了
  每百克的猪肉具有 251 卡路里的热量
本次共摄入 1255.0 卡路里
4 1 千克的桂花鱼清蒸吃了
  每百克的桂花鱼具有 103 卡路里的热量
本次共摄入 1030 卡路里
5 1 千克的肘子红烧吃了
  每百克的猪肉具有 341 卡路里的热量
本次共摄入 3410 卡路里
摄入的总热量为 5911.0 卡路里
```

【代码分析】

(1) 第 1 行，from Chapter08.DefineClasses import Apple, Fish, Pork 导入 Apple、Fish、Pork 这 3 个类。整条语句可以这么理解：从 Chapter08 目录下的 DefineClasses.py 源文件导入 Apple、Fish、Pork 类。此处，再一次强调严格使用驼峰命名法：类名使用大写字母开头的驼峰命名法，参数名、属性名、函数名使用小写字母开头的驼峰命名法。

(2) 第 3 行，创建了一个空的列表。

(3) 第 4～8 行，使用 append()函数向列表中添加元素，每个元素都是一种食物。第 8 行运行结束之后，一共有 5 种食物被添加进了列表。

(4) 第 10 行，calorie 是一个用来存放累加值的变量名，这个变量需要被赋初值 0。

(5) 第 12～18 行，使用 for 循环遍历列表中所有的元素，使用这些食物子类对象的对象方法获取食材的处理方式，及食材经过处理后的卡路里数值。

(6) 第 18 行，在循环内进行累加。

本例中，首先生成了多个食物子类的对象，在创建这些子类的时候，已经针对这些子类的不同特征进行了编程。汇总使用这些子类的时候，仅仅需要告诉 Python 生成的是什么实例：苹果、猪肉或者鱼，根据这些实例函数的逻辑就可以得到运算结果。

所谓面向对象的编程，就是在准备编写程序之初分析实例信息，抽象出各种对象；然后根据这些对象的特点，编写可以涵盖相似对象的类；有了类之后，使用这些类的构造函数，创建不同属性特征的实例；应用实例函数得到运行结果。

8.6 UML 图纸(类图模型)

软件编制是工程行为。现代的软件越来越复杂，编写大型软件之前需要有一个蓝图。程序设计过程中，使用 UML(unified modeling language，统一建模语言)进行模型抽象，用 UML 来描绘系统间的关系。由于本书的对象为初学者，本节将简单介绍如何看懂 UML 中的简单类图模型。

PyCharm 自动生成的 Food、Fish、Apple 和 Pork 的类图模型如图 8-1 所示。图 8-1 中，每一个矩形块代表了一个类，有向箭头表示 Fish、Apple、Pork 类是 Food 类的子类。

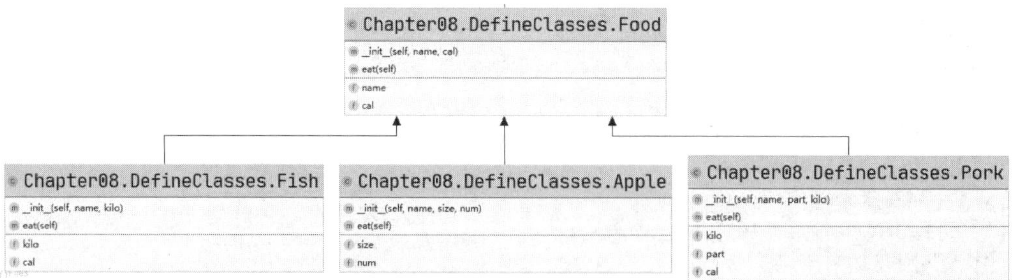

图 8-1　PyCharm 自动生成的 Food、Fish、Apple 和 Pork 的类图模型

以 Food 类为例，Chapter08 是文件所在目录，DefineClasses 是 py 源文件名，Food 是类名。有“m”标记的是 method 方法或函数，有“f”标记的是类属性。可以从类图中读出类名、函数名、属性名，然后按照图纸进行类的设计。

【例题 8.9】根据图 8-2～图 8-4 所示 Shape、Rectangle 和 Circle 类的类图模型以及图 8-5 所示父类和子类模型编写程序。

提示：图纸中没有明确说明应如何编写函数方法，可以使用关键字 pass 在最开始编程的时候跳过对函数方法的逻辑设计，等待进一步分析程序后，再决定如何编写。

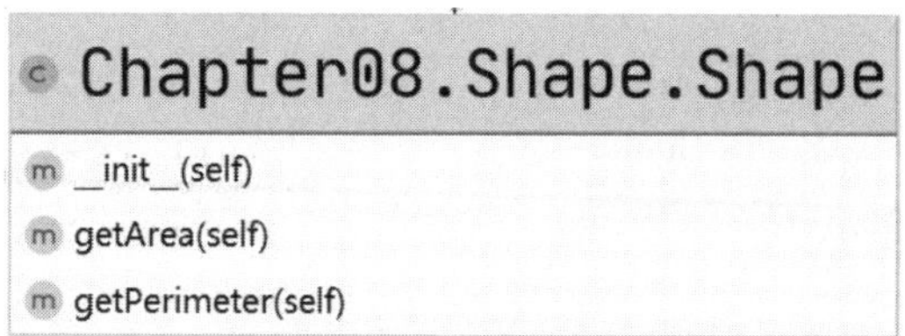

图 8-2　Shape 类的类图模型

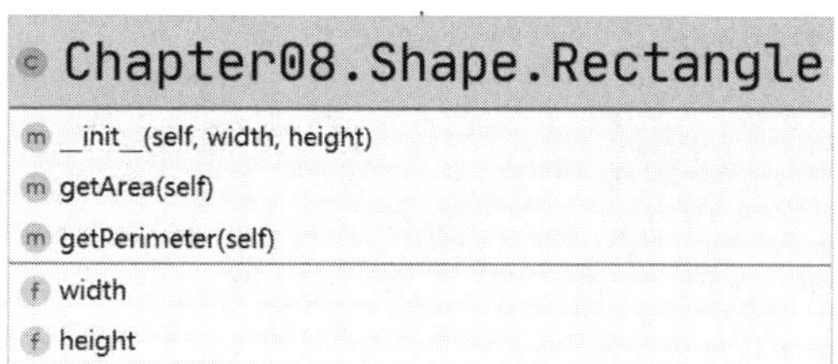

图 8-3　Rectangle 类的类图模型

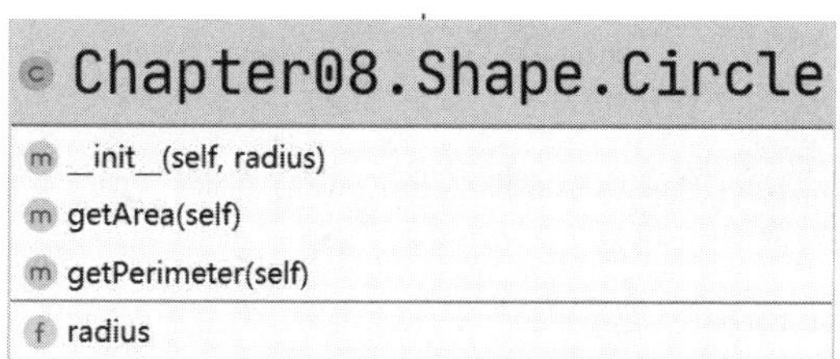

图 8-4　Circle 类的类图模型

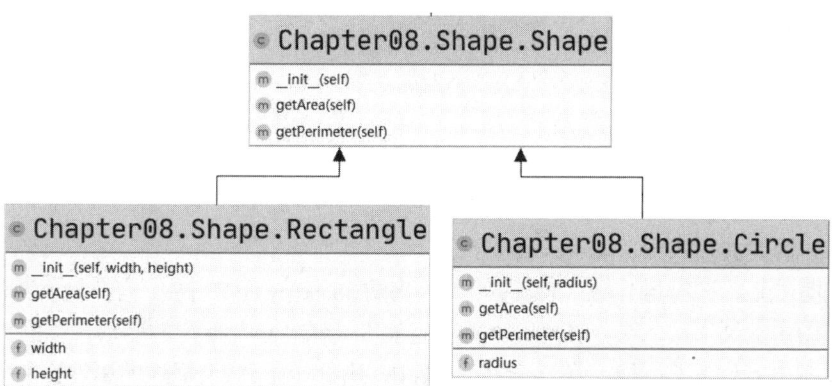

图 8-5　Shape 类是 Rectangle 类和 Circle 类的父类

例题 8.9 源代码(Shape.py)第一部分如下：

```
class Shape:
    def __init__(self):
        pass
```

```
    def getArea(self):
        pass
    def getPerimeter(self):
        pass
```

【代码分析】

(1) 类图由上至下第一格，在 Chapter08 文件夹的 Shape.py 源文件中，有一个名为 Shape 的类。

(2) 类图由上至下第二格，在 Shape 类中，有 3 个被“m”标注的函数。

例题 8.9 源代码(Shape.py)第二部分如下：

```
class Rectangle:
    def __init__(self, width, height):
        self.width = width
        self.height = height

    def getArea(self):
        pass

    def getPerimeter(self):
        pass
```

【代码分析】

(1) 类图由上至下第一格，在 Chapter08 文件夹的 Shape.py 源文件中，有一个名为 Rectangle 的类。

(2) 类图由上至下第二格，在 Rectangle 类中，有 3 个被“m”标注的函数。

(3) 类图由上至下第三格，在 Rectangle 类中，有 2 个被“f”标注的属性。

例题 8.9 源代码(Shape.py)第三部分如下：

```
class Circle:
    def __init__(self, radius):
        self.radius = radius

    def getArea(self):
        pass
    def getPerimeter(self):
        pass
```

【代码分析】

(1) 类图由上至下第一格，在 Chapter08 文件夹的 Shape.py 源文件中，有一个名为 Circle 的类。

(2) 类图由上至下第二格，在 Circle 类中，有 3 个被“m”标注的函数。

(3) 类图由上至下第三格，在 Rectangle 类中，有 2 个被“f”标注的属性。

例题 8.9 源代码(Shape.py)如下，修改 3 个类之间的关系：

```
class Shape:
    def __init__(self):
        pass
    def getArea(self):
        pass
```

```
6.      def getPerimeter(self):
7.          pass
8.
9.  class Rectangle(Shape):
10.     def __init__(self, width, height):
11.         self.width = width
12.         self.height = height
13.
14.     def getArea(self):
15.         pass
16.
17.     def getPerimeter(self):
18.         pass
19.
20. class Circle(Shape):
21.     def __init__(self, radius):
22.         self.radius = radius
23.
24.     def getArea(self):
25.         pass
26.     def getPerimeter(self):
27.         pass
```

【代码分析】第 9 行、第 20 行，添加(Shape)，将 Rectangle 和 Circle 标识为 Shape 的子类。

UML 是一个专门的非过程化语言，本节只是简单地介绍了如何读懂简单类图以及如何根据简单类图编写程序。在将来的学习中，同学们会接触到专门介绍 UML 语言的课程。

8.7 课后习题

一、选择题

(1) Python 类中，构造函数的语法格式是(　　)。

A. def __init__(self, 属性列表)
　　程序块
　　……

B. def __init__ (属性列表, self)
　　程序块
　　……

C. def __init__(self)
　　程序块
　　……

D. def __init__ (属性列表)
　　程序块
　　……

(2) Python 类中，定义类函数(可以被称为方法或行为)的语法格式是(　　)。

A. def 函数名(self, 属性列表)
　　程序块
　　……

B. def 函数名(属性列表, self)
　　程序块
　　……

C. def 函数名(self)
　　程序块
　　……

D. def 函数名(属性列表)
　　程序块
　　……

(3) 定义一个类如下：

```
class Food:
    def __init__(self, name, cal):
        self.name = name
        self.cal = cal
    def eat(self):
        print("\t 每百克的" + self.name + "具有" \
        + str(self.cal)+ "卡路里的热量")
```

以下说法中，错误的是(　　)。

A. class 关键字定义了一个名为 Food 的类

B. 构造函数的参数有两个

C. 构造函数的参数有三个

D. __init__是类函数，有 name、cal 两个属性

(4) 定义类如下：

```
class Hello():
    def __init__(self, name):
        self.name = name
    def showInfo(self):
        print(self.name)
```

下列代码能正常执行并在控制台输出“张三”的是(　　)。

A. h = Hello
   h.showInfo()

B. h = Hello()
   h.showInfo("张三")

C. h = Hello("张三")
   h.showInfo()

D. h = Hello("张三")

(5) 当程序中使用以下语句时：

```
super().__init__(name, cal=54)
```

以下说法中，正确的是(　　)。

A. 向父类的构造函数传递 name 和 cal=54 两个参数

B. 向父类的构造函数传递 name 这个参数

C. 向父类的构造函数传递 cal=54 这个参数

D. 向父类的构造函数传递 name=54 和 cal=54 这个参数

(6) 下列有关类的说法中，不正确的是(　　)。

A. 对象是类的一个实例

B. 任何一个对象只能是一个类的实例

C. 一个类只能有一个对象

D. 类与对象的关系可以被理解为数据类型与变量的关系

(7) 以下函数中，(　　)的作用是初始化对象。

A. 构造函数　　　　B. 实例函数

C. 数据成员　　　　D. 静态成员函数

(8) 下列定义 Food 类的表达式中，正确的是(　　)。

A. class Food:

```
    def eat(self):
        print("\t 每百克的" + self.name + "具有"\
        + str(self.cal ) + "卡路里的热量")
    def init(self, name, cal):
        self.name = name
        self.cal = cal
```

B. class Food:

```
    def __init__(self, name, cal):
        self.name = name
        self.cal = cal
    def eat(self):
        print("\t 每百克的" + self.name + "具有"\
        + str(self.cal)+ "卡路里的热量")
```

C. class Food:

```
    def eat(self):
        print("\t 每百克的" + self.name + "具有"\
        + str(self.cal)+ "卡路里的热量")
```

D. class Food:

```
    def _init_(self, name, cal):
        self.name = name
    def eat(self):
        print("\t 每百克的" + self.name + "具有"\
        + str(self.cal)+ "卡路里的热量")
```

(9) 下列关于方法作用的说法中，描述错误的是(　　)。

A. 方法引入后，可以使程序简洁　　B. 方法被定义后，可以重复被调用

C. 方法引入后，使得程序结构清晰　　D. 方法都是重复无用的冗余代码

(10) 要调用父类里面的方法使用的是(　　)。

A. super()　　B. self()　　C. keys()　　D. values()

(11) 如果想知道自己操作的数据是什么类型，可以使用的函数是(　　)。

A. set()　　B. str()　　C. bool()　　D. type()

(12) 以下代码的输出结果是(　　)。

```
print(type(True), end = " ")
print(type("num"), end = " ")
print(type([1,2]))
```

A. <class 'bool'> <class 'str'> <class 'list'>

B. <class 'str'> <class 'bool'> <class 'list'>

C. <class 'set'> <class 'int'> <class 'list'>

D. <class 'bool'> <class 'list'> <class 'bool'>

(13) 父类 Food 中，有如下定义方式：

```
class Food:
    def __init__(self, name, cal):
        self.name = name
        self.cal = cal
    def eat(self):
        print("\t 每百克的" + self.name + "具有" \
        + str(self.cal)+ "卡路里的热量")
```

以下可以调用 Food 构造函数方法的是(　　)。

A. super().__init__(self)　　B. super().__init__(self, name, cal)

C. super().__init__()　　D. super().(self, name, cal)

(14) 使用构造函数的场景是(　　)。

A. 定义类　　B. 创建对象　　C. 使用对象变量　　D. 调用对象方法

(15) 以下特性中，面向对象的编程优点不包括的是(　　)。

A. 封装性　　B. 继承性　　C. 多态性　　D. 抽象性

(16) 在类中，可以使用(　　)来声明 name 属性是私有的。

A. private　　B. super　　C. public　　D. class

(17) 下列关于 self 参数的说法中，错误的是(　　)。

A. 可以将自身作为参数进行传递

B. 类的构造函数中，需要有一个 self 参数

C. self 必须作为第一个参数

D. 只要包含 self 参数的构造函数，都称为默认构造函数

(18) 下列说法错误的是(　　)。

A. type()函数不可以获取序列的类型名

B. 驼峰命名法规定，类名需要使用大写字母开头

C. 调用构造函数可以创建类的实例

D. 面向对象的意思就是针对特定的实例

(19) 以下类的继承机制的说法中，错误的是(　　)。

A. 父类中的函数、属性都可以被子类继承

B. 一个类可以拥有多个子类

C. 子类可以使用父类的方法

D. 子类中的函数可以被父类使用

二、判断题

(1) Python 中所有的数据都可以被当作参数传递给函数。　(　　)

(2) 可使用内置函数 type()获取数据类型。　(　　)

(3) 一般来说，类名使用大写字母开头的驼峰命名法。　(　　)

(4) Python 中导入模块可使用 import 关键字，必须放在源文件开头。　(　　)

(5) 类与函数的区别在于首字母的大小写不同。 ( )

(6) 为了区别函数和类，定义时应严格遵循驼峰命名法的书写规范。 ( )

(7) 一个类中如果有不同的构造函数，可以调用这些构造函数构造出不同的实例。 ( )

(8) Python 中，一个父类可以有多个子类，但是一个子类只能有一个父类。 ( )

(9) 类是对客观世界中事物的抽象，对象对应类中独特的实体。 ( )

(10) 类的属性一般分为公有属性和私有属性，默认情况下所有的属性都是公有的。 ( )

(11) 类的构造函数最少需要一个 self 参数。仅包含 self 参数的__init__(self)构造函数称为默认构造函数。 ( )

(12) 类是一种模板，一个类只能产生一个对象。 ( )

(13) 当某个对象调用类函数时，该对象会把自身的引用作为第一个参数自动传给该函数。 ( )

(14) 面向对象的思维方式，实际上就是针对特定的实例编写程序。 ( )

(15) 调用构造函数的方法是使用：类名(参数列表)。 ( )

(16) 只要调用类中已有的行为模式，就可以让对象进行指定的程序操作。 ( )

(17) 实现类的复用机制，使用的并不是类的继承机制。 ( )

(18) 使用继承机制的时候，父类中的函数、属性都可以被子类使用；反过来，子类中的属性、函数却无法被父类使用。 ( )

(19) 使用 super()可以调用父类里面的成员。 ( )

(20) 父类是子类中抽象出来的共同点，父类的逻辑范围比子类大。 ( )

三、编程题

(1) 创建一个圆类，这个类中含有以下属性：圆的半径。含有以下构造函数：默认构造函数，规定圆的默认半径为 1；带有半径的构造函数，将半径作为一个参数传入构造方法。含有以下方法函数：设定圆的半径，向方法中传入圆的半径；根据半径，计算圆的周长，并返回这个周长；根据半径，计算圆的面积，并返回这个面积。

请根据描述完成圆类的建模。模型中至少需要含有 1 个类属性、2 个类的构造方法、3 个类的行为方法函数。

(2) 创建一个电器类，这个类中含有以下属性：电器类别名称、电器要求的额定电压与额定电流强度、电器的通电状态、电器的实际工作电压、实际工作电流。

该类含有带有电器类别名称的构造函数：规定电器的额定电压为 250V，额定电流为 16A，通电状态为关闭。将电器类别名称作为一个参数传入构造方法，并调用默认构造函数。

该类含有以下方法函数：

- 设定实际工作电压、电流的方法：向方法函数传入工作电压、工作电流两个参数。如果电器工作电压、工作电流没有超过当前电器额定电压、额定电流，且开关处于开状态，按照设定值工作，超过额定电压或电流，则关闭电器。
- 获取当前工作电压方法、获取当前工作电流的方法：将当前工作电压、工作电流作为返回值。
- 计算当前功率的方法：根据公式 $W = UI$ 来计算电功率，并返回计算结果。
- 开电器方法：开关状态设置为开。

- 电器关机方法：开关状态设置为关，且设定当前工作电压、电流为 0。
- 获取电器类型的方法：返回电器类型。

请根据描述完成电器类的建模。模型中至少需要含有 6 个类属性，类的构造方法和 8 个类的行为方法函数。

(3) 创建一个空调子类，这个类需要继承习题(2)中的电器父类。这个类中含有以下属性：空调品牌、空调温度、空调风速。

该类含有带有空调品牌名称的构造函数：继承父类默认构造函数，并设定当前默认工作温度为 26℃，默认风速为 5，默认电流强度为 7A，默认工作电压 220V。将电器类别名称作为一个参数传入构造函数。

该类含有以下方法函数：

- 设定当前风速的函数：若空调为开状态，向设定风速函数传入风速参数。
- 设定当前温度的函数：若空调为开状态，向设定温度函数传入温度参数。根据温度，设定当前空调的工作电流强度。26°为默认温度，每降低 1°，电流强度增加 1A。
- 返回当前温度的函数。
- 返回当前风扇速度的函数。
- 关闭空调函数：将空调状态设置为关机，恢复默认温度 26°，风扇速度 5。
- 打开空调函数：返回自身实例。
- 检查空调运行状态的方法：返回品牌名、电器名、温度值、风速，以及工作功率。

请根据描述完成空调类的建模。空调子类中至少需要含有 3 个子类属性、2 个类的构造方法、2 个子类的行为方法函数。

测试空调类的测试方法如下：

```
from Ch08Exe03 import Conditioner

c = Conditioner("格力")
c.setOn()
print(c.getWorkingStatus())
c.setOff()
print(c.getWorkingStatus())
```

会产生以下结果：

```
格力空调，温度：26 摄氏度，风速：5, 功率：1540
格力空调，温度：26 摄氏度，风速：5, 功率：0
```

第 9 章

异　常

程序运行时常会碰到一些错误，有些是语法错误，PyCharm 集成开发环境会帮助我们发现并排除绝大多数语法错误。有些错误无法被集成开发环境发现，在运行的时候会中断程序然后报错，例如除数为 0，或找不到对象，或没有找到操作目录或文件等，这类错误语句虽然符合 Python 语法，但是编译之后却无法让程序继续运行。如果这类错误不能被发现并加以处理，程序就会在发生错误的地方跳出运行逻辑，也就是导致程序崩溃的原因。

如何在编程的时候尽最大可能避免程序崩溃？在编写程序的时候，应引入异常处理机制。

9.1 异常的概念

学习这一章的时候，读者一定已经自己编写过很多的代码了。在编写、调试程序的过程中，一定遇到过很多次的 Error，如在例题 2.4 中，我们已经首次介绍了程序 Error 的出现。

【例题 9.1】使用键盘输入三组被除数与除数，求这三组数的商。

例题 9.1 源代码(ShowErrorExample.py)如下：

```
count = 0
while count < 3:
    num1, num2 = eval(input("输入两个数，中间用英文逗号隔开："))
    print(num1 / num2)
    count = count + 1
```

【程序运行结果】

程序运行后，在输入三组两个数值(如(2，3)，(4，2)，(5，1))之后，结果如下：

```
输入两个数，中间用英文逗号隔开：2, 3
0.6666666666666666
输入两个数，中间用英文逗号隔开：4, 2
2.0
输入两个数，中间用英文逗号隔开：5, 1
5.0
```

这个程序非常简单，只有 5 行语句，关于语法的知识点，在以往章节已经介绍了，如循环控制、键盘输入、控制台输出等。

【程序运行结果】

如果某处输入的不是数值，而是字母(如 a)，则输出结果如下：

```
输入两个数，中间用英文逗号隔开：2, a
Traceback (most recent call last):
  File "E:/LearnPython/Chapter09/ShowErrorExample.py", line 3, in <module>
    num1, num2 = eval(input("输入两个数，中间用英文逗号隔开："))
  File "<string>", line 1, in <module>
NameError: name 'a' is not defined
```

如果除数输入的数值是 0，则输出结果如下：

```
输入两个数，中间用英文逗号隔开：2, 0
Traceback (most recent call last):
  File "E:/LearnPython/Chapter09/ShowErrorExample.py", line 4, in <module>
    print(num1 / num2)
ZeroDivisionError: division by zero
```

【代码分析】当遇到上述错误的时候，错误的输入导致整个程序无法被执行完。遇到错误，就终止程序逻辑，循环不再进行。在 Python 中，把这种语法正确，但是运行时产生错误导致程序崩溃从而终止的情况叫作异常。也许只是编写程序时手抖了一下，导致输入错误，异常处理，就是在手抖出错的时候，继续让程序完成既定逻辑。简单地讲，异常处理机制就是在程序运行过程中，出现错误的时候，让 Python 解释器能够按照事先准备好的报错程序执行，保持整个程序的执行状态。表 9-1 中列出了初学者经常遇到的异常及异常情况说明。

表 9-1 常见异常及异常情况说明表

异常	说明
NameError	尝试访问一个未声明的变量时，引发此异常
ZeroDivisionError	除法运算中除数为 0 引发此异常
TypeError	不同类型数据之间的无效操作
IndexError	序列索引错误引发的异常
KeyError	在字典中查找一个不存在的关键字时引发此异常
IndexError	索引超出序列范围会引发此异常
AttributeError	访问的对象属性不存在时引发的异常
IOError	输入/输出找不到文件引发的异常
ImportError	无法导入模块引发的异常
ValueError	无效值引发的异常
UnicodeError	Unicode 错误引发的异常
WindowsError	系统调用错误引发的异常
OverflowError	超限溢出错误引发的异常
Exception	所有常规异常错误的父类
BaseException	所有异常的父类

如果程序发生了异常，希望保持程序的执行状态而不是直接跳出程序导致程序崩溃，我们

可以有针对性地捕获异常，将异常处理作为程序的一部分。意思是告诉程序，正常情况和异常情况都按照编程的内容去工作，别因为不知道怎么办而罢工。

9.2 异常的处理

发生异常，就需要捕获异常；没有捕获异常，就会导致程序崩溃，终止运行。Python 中捕获异常的关键字是 try…except，一般的异常捕获的语法如下：

```
try:
    可能发生异常的语句块
except Error1 as e1:
    处理异常语句块 1
except Error2 as e2:
    处理异常语句块 2
except Error3 as e3:
    处理异常语句块 3
……
else:
    语句块
finally:
    语句块
```

以关键字 try 开头，except 结尾，包裹可能发生错误的程序块，以一次缩进来标识被包裹的程序块。Error1、Error2、Error3 是异常类型。同一段程序有多种可能的异常情况，Python 将捕获距离最近的一个异常。as 关键字给异常本身起了一个指向名，指向名需要符合标识符命名规则，as 部分可以省略不写。else 关键字标注了没有异常发生时将要运行的语句块。finally 标注的是无论如何都会最后执行的语句。else 部分与 finally 部分为异常处理的可选部件。

【例题 9.2】使用键盘输入三组被除数与除数，求这三组数的商。应用异常处理机制，在异常发生时，报告异常，并依然保持程序运行逻辑直到三组输入完成为止。

提示：由例题 9.1 的异常运行结果可以知道，有可能发生的错误有 NameError、ZeroDivisionError。

例题 9.2 源代码(UseException.py)如下：

```
count = 0
total = 0
while count < 3:
    try:
        num1, num2 = eval(input("输入两个数："))
        print(num1 / num2)
        count = count + 1
    except NameError as ne:
        print("你没有输入一个数值，请再次输入")
    except ZeroDivisionError as zde:
        print("除数不能是 0，请再次输入")
```

```
12.         except Exception as e:
13.             print("请输入数值")
14.         else:
15.             print("本次运算成功")
16.         finally:
17.             total = total + 1
18.     print("循环结束，循环总共进行了" + str(total) + "次")
```

【程序运行结果】

程序运行后，输入几组数值，如(2，3)、(2，a)、(2，"a")、(4，0)、(4，2)、(5，1)，结果如下：

```
输入两个数，中间用英文逗号隔开：2, 3
0.6666666666666666
本次运算成功
输入两个数，中间用英文逗号隔开：2, a
你没有输入一个数值，请再次输入
输入两个数，中间用英文逗号隔开：2, "a"
请输入数值
输入两个数，中间用英文逗号隔开：4, 0
除数不能是 0，请再次输入
输入两个数，中间用英文逗号隔开：4, 2
2.0
本次运算成功
输入两个数，中间用英文逗号隔开：5, 1
5.0
本次运算成功
循环结束，循环总共进行了 6 次
```

【代码分析】

(1) 第 1 行，count 计数器用来控制循环次数。第 2 行，total 计数器用来记录循环总共运行了多少次。

(2) 第 3～17 行是一个循环结构，循环结构中，主要想实现的逻辑就是例题 9.1 的题设，也就是第 5～7 行。这一部分程序块被包裹在了 try…except 结构之中。一旦程序块运行出现异常，就会被对应的异常处理语句捕获，并进入异常处理环节。本例中，异常处理很简单，就是生成一个提示语。在高端复杂编程中，可能会有很多复杂的操作，可以通过创建对象实例、使用实例方法，或者使用某些模块中的模块函数来解决异常。

(3) 当首次输入 2,3 的时候，没有异常发生，程序运行，并运算出答案。由于没有异常产生，异常捕获语句不会运行，因此直接运行 else 部分的程序块，然后运行 finally 部分的程序块。

(4) 当输入 2,a 的时候，由例题 9.1 可以知道会产生一个异常。本例中，产生异常的语句块已经被包裹进了异常处理结构之中，产生的 NameError 会被第 8 行 except 关键字标识出来的异常处理语句所捕获。因此运行第 9 行语句块之后，不再判断是否为后续异常。由于产生了一个异常，因此不会运行 else 部分语句块，然后运行 finally 部分程序块。

(5) 当输入 2,"a"的时候，同学们自己在例题 9.1 的源代码中尝试运行一下，实际上会产生的异常为 TypeError，由于异常种类不同，因此不会被第 8 行、第 10 行 except 关键字标识出来的异常处理语句所捕获。但是由于第 12 行有一个 Exception 异常，这个 Exception 异常是所有常规异常的父类。由第 8 章的知识可以知道，子类描述的是父类的特殊情况，父类能够涵盖所有子类的共同点。Exception 异常是一个大的异常范围，TypeError 实际上是 Exception 的子类，因此这个异常能够被第 12 行 except 关键字标识出来的异常处理语句所捕获。因此运行第 13 行语句块之后，不再判断是否为后续异常。务必注意，范围大的异常一定要放在范围小的异常之后。由于产生了一个异常，因此不会运行 else 部分语句块，然后运行 finally 部分程序块。

(6) 当输入 4,0 的时候，由例题 9.1 可以知道会产生一个异常。本例中，由于产生异常的语句块已经被包裹进了异常处理结构之中，产生的 ZeroDivisionError 会被第 10 行 except 关键字标识出来的异常处理语句所捕获。因此运行第 11 行语句块之后，不再判断是否为后续异常。由于产生了一个异常，因此不会运行 else 部分语句块，然后运行 finally 部分程序块。

(7) 当输入 4,2 和 5,1 的时候，没有异常发生的时候，程序运行，并运算出答案。由于没有异常产生，异常捕获语句不会运行，因此直接运行 else 部分的程序块，然后运行 finally 部分的程序块。

(8) 异常一旦产生，就会被对应的异常捕捉语句所捕获。以输入 2,a 或 2,"a"为例，异常是在循环中的第 5 行产生的。此时，会跳过第 6、7 行，于是第 7 行的 count 变量累加，就不会被执行。如果输入 4,0，异常是在第 6 行产生的，因此会跳过第 7 行。程序成功运行的话，最终会成功输入 3 组能进行除法运算的数值，并进行成功运算，因为循环条件是 count 从 0 开始，count < 3 成立，每次成功进行一次循环，count 自增 1。

(9) finally 语句所标识出来的程序块，无论有没有异常都会被执行，因此 total 自增是一定会被执行的。循环结束之后，第 18 行，输出实际循环过程进行了多少次。

9.3 抛出异常

9.2 节介绍的异常都是 Python 自动抛出的异常，是在 Python 中预先设定好的异常。进行程序设计的过程中，有时候尽管程序能正常运行，但是却需要根据自己编写程序的逻辑意义，在某些指定位置手动抛出一种或多种异常。此时，就需要使用关键字 raise，抛出异常的一般语法如下：

```
raise 异常名称("提示语")
```

提示语可有可无，一般提示语可以帮助我们更好地判断出现的是何种异常。

【例题 9.3】求给定半径列表(假设列表为[1, 7, -1, "a", 2])的一组圆的面积。

提示：使用列表，给定半径，使用面向对象的编程方法，求圆的面积。

例题 9.3 源代码 1(Shape.py)，创建 Circle 类：

```
import math
class Circle:
    def __init__(self, radius):
        self.radius = radius
        if self.radius <= 0:
            raise RuntimeError("圆的半径不能小于 0")
```

```
7.        def getArea(self):
8.            area = math.pi * self.radius ** 2
9.            return area
10.       def getParameter(self):
11.           Parameter = math.pi * self.radius * 2
12.           return Parameter
```

例题 9.3 源代码 2(TestCircle.py)如下：

```
1.  from Chapter09.Shape import Circle
2.
3.  radiusList = [1, 7, -1, "a", 2]
4.  for radius in radiusList:
5.      try:
6.          c = Circle(radius)
7.          print(c.getArea())
8.      except RuntimeError as re:
9.          print(re)
10.     except TypeError as te:
11.         print("半径类型错误，不成为一个圆")
```

【程序运行结果】

```
3.141592653589793
153.93804002589985
圆的半径不能小于 0
半径类型错误，不成为一个圆
12.566370614359172
```

【代码分析】

Shape.py 源文件中：

(1) 第 1 行，由于计算圆的半径或面积要用到 pi 的数值，因此需要导入 math 模块。

(2) 第 2 行，使用关键字 class 创建一个名为 Circle 的类。

(3) 第 3 行，定义了 Circle 类的构造函数，这个构造函数有两个参数：self 和 radius，其中 radius 是 Circle 类的属性。使用构造函数，可以根据 radius 的特征值的不同，创建出不同的 Circle 对象。

(4) 第 5 行、第 6 行，如果 Cirlce 对象的 radius 特征属性值小于等于 0，无法构成一个圆，此时尽管将负值赋值给 radius 没有语法错误，但是逻辑上产生了一个异常，因此，在条件判断之后，需要抛出一个异常。

(5) 第 6 行，使用 raise 关键字抛出一个 RuntimeError 异常，抛出的异常提示语为“圆的半径不能小于 0”。

(6) 第 7～12 行，两个对象函数分别用来求圆的面积和周长。

TestCircle.py 源文件中：

(1) 第 1 行，从 Chapter09 文件夹的 Shape.py 源文件中导入 Cirlce 类。

(2) 第 3 行，题设中的列表中有一个负数、一个字符，这两种情况都不能作为一个圆对象的半径。

(3) 第 4～11 行，使用 for 关键字构成循环结构，遍历列表中的元素。

(4) 第 5 行，开始使用关键字 try…except 包裹可能发生异常的程序块。第 6、7 行就是被包裹的可能发生异常的程序块。

(5) 第 6 行，将 radiusList 列表中的每一个元素逐个作为参数，传入 Circle 类的构造函数中，用以创建新的 Circle 对象。

(6) 以 1、7 和 2 作为构造函数的特征参数，构建 Circle 对象，没有问题。

(7) 以-1 作为参数传入构造函数，因为-1 是小于 0 的，所以将触发 Shape.py 源文件中的第 5、6 行的条件语句，也就是使用 raise 关键字，手动抛出一个 RuntimeError 异常，提示语为“圆的半径不能小于 0”；这个手动抛出的 RuntimeError 异常会被第 8 行的异常处理语句所捕获。当我们将这个异常通过使用 as 关键字命名为 re 以后，可以使用 print()语句获取 Shape.py 源文件第 6 行给出的提示语。

(8) 以“a”这个字符作为参数传入构造函数，因为“a”不是数值，无法与 0 进行数值比较，因此系统会自动抛出一个 TypeError 异常。这个自动抛出的 TypeError 异常会被第 10 行的异常处理语句所捕获，然后运行第 11 行程序块，输出第 11 行的提示语。

(9) 第 7～12 行，两个对象函数分别用来求圆的面积和周长。

需要指出的是，使用 raise 关键字手动抛出异常的目的并不是让程序崩溃，而是期望异常捕获语句能够抓住异常，并消除程序运行后由逻辑问题导致程序崩溃的隐患。

9.4 使用自定义类来处理异常

由第 8 章得知，Python 中所有的结构都是类的实例，异常也是一样。9.3 节中也介绍了 Exception 是所有常规异常的父类。由 Python 程序员编制好的异常经常无法满足编程需求，比如 9.3 节中使用了 RuntimeError 这个异常。其实运行异常这种说法比较奇怪，因为 RuntimeError 的涵盖范围也可以比较大，更好的说法应该是输入无效数值异常。这个异常在 Python 中是没有的，但是可以通过继承 Exception 类或继承 RuntimeError 类，来构造自己的异常。

【例题 9.4】生成自己自定义的异常，给 Shapy.py 文件中的 Circle 类使用。

例题 9.4 源代码 1(MyException.py)如下，创建输入无效数值异常类：

```
1.  class 输入无效数值异常(RuntimeError):
2.      def __init__(self, str):
3.          super().__init__()
4.          self.str = str
```

【代码分析】

(1) 在 MyException.py 文件中，使用了关键字 class 创建一个名为输入无效数值异常的类。这个异常类的命名比较奇怪，此处使用这个名字是为了告诉同学们这是程序员自己写的异常，而不是原本已经存在于 Python 中的异常，可以帮助读者更好地理解发生了什么事情。请在以后的编程中，尽量使用简短的英文名来命名自己的类。

(2) 第 1 行，使用关键字 class 创建了这个异常类，并指定这个异常类的父类为 RuntimeError 类。

(3) 第 2 行，定义了这个类的构造函数，这个构造函数有两个参数：self 和 str，其中 str 是这个异常类的属性。

(4) 第 3 行，使用 super().__init__()调用了父类的构造函数。

(5) 第 4 行，给自己的 str 属性进行了赋值。

例题 9.4 程序源代码 2 如下，继续例题 9.3 源代码 1，修改 Shape.py，抛出自己的异常类：

```
import math
from Chapter09.MyException import 输入无效数值异常

class Circle:
    def __init__(self, radius):
        self.radius = radius
        if self.radius <= 0:
            raise 输入无效数值异常("圆的半径不能小于 0")
    def getArea(self):
        area = math.pi * self.radius ** 2
        return area
    def getParameter(self):
        Parameter = math.pi * self.radius * 2
        return Parameter
```

例题 9.4 源代码 3 如下，继续例题 9.3 源代码 2，修改 TestCircle.py，捕获自己的异常类：

```
from Chapter09.MyException import 输入无效数值异常
from Chapter09.Shape import Circle

radiusList = [1, 7, -1, "a", 2]
for radius in radiusList:
    try:
        c = Circle(radius)
        print(c.getArea())
    except 输入无效数值异常 as re:
        print(re.str)
    except TypeError as te:
        print("半径类型错误，不成为一个圆")
```

【代码分析】对比本节与上一节中的 Shape.py 与 TestCircle.py 源文件可以发现，创建自己的异常类的主要目的就是在编程的过程中更好地对程序进行解释，可以在异常发生的时候对发生了什么异常一目了然。如前所述，如果根本不在乎发生了什么异常，完全可以使用 Exception 这个最大的常规异常类，但是这么做的后果就是在若干时间之后，完全不知道到底发生的是什么错误异常，无法有针对性地扩展自己的程序。

9.5 课后习题

一、选择题

(1) 下列异常中，不同类型数据之间的无效操作引发的 Error 是(　　)：

A. NameError B. TypeError C. ValueError D. ArributeError

(2) 下列异常中，因为访问的对象属性不存在时引发的 Error 是( )：

A. NameError B. TypeError C. ValueError D. ArributeError

(3) 下列异常中，因为序列索引错误引发的 Error 是( )：

A. NameError B. IndexError C. KeyError D. ValueError

阅读下列代码，回答(4)~(6)题：

```
def  div(num1):
        num2 = int(input("请输入一个整数:"))
        result = num1 / num2
        print("num1 // num2 = ", result)


try:
        div (100)
except ValueError:
        print("输入的数据应该是整数")
except ZeroDivisionError:
        print("分母不能是 0")
except Exception:
        print("其他异常")
else:
        print("除法运算成功")
finally:
        print("结束")
```

(4) 输入 0 后的异常检测的输出结果是( )。

A. 输入的数据应该是整数 B. 分母不能是 0

C. 其他异常 D. 分组成功

(5) 输入 3.5 后的异常检测的输出结果是( )。

A. 输入的数据应该是整数 B. 分母不能是 0

C. 其他异常 D. 分组成功

(6) 当出现一个异常，执行完 except 语句后，则( )。

A. 返回 try 语句块 B. 运行 else 语句块

C. 运行 finally 语句块 D. 运行结束

(7) 括号位置可以被捕获的异常可以填写( )。

```
try:
      print(6/0)
except (        ):
      print("错误")
```

A. TypeError B. ValueError C. OverflowError D. ZeroDivionError

(8) 当函数参数类型为数值，调用函数时却将字符作为参数传入，系统会自动抛出的异常是( )。

A. IndexError B. TypeError C. NameError D. ValueError

(9) 下列程序的输出结果是(　　)。

```
i=32
alist = [1, 2, 'a', 0, 4]
while i>4:
    try:
        for v in alist:
            i=i // v
    except ZeroDivisionError:
        break
    except TypeError:
        continue
print(i)
```

A. 2　　B. 4　　C. 8　　D. 16

(10) 下列程序的输出结果是(　　)。

```
i = 2020
count = 0
alist = [2, 2, 0, 'a', 1]

while i > 4:
  try:
        for v in alist:
              i = i / v
              count += 1
  except ZeroDivisionError:
        count += 1
        break
  except TypeError:
        count += 1
        continue
print(count)
```

A. 1　　B. 3　　C. 5　　D. 7

(11) Python 中用来抛出异常的关键字是(　　)。

A. except　　B. raise　　C. try　　D. finally

(12) try…except 语句块中，打开文件的操作一般在(　　)语句块中。

A. finally　　B. else　　C. except　　D. try

(13) 下列程序中，遇到的异常将会是(　　)。

```
a = 9
c = a / b
```

A. IndexError　　B. TypeError　　C. NameError　　D. ValueError

(14) 下列程序运行时会遇到的是(　　)。

```
alist = [1, 3, 5, 'a', 5, 8]
print(alist[3: 6])
```

A. IndexError　　B. TypeError　　C. NameError　　D. 无异常

(15) 下列程序运行时会遇到的是(　　)。

```
alist=[1, 3, 5, 7]
print=(alist[4])
```

A. IndexError　　B. TypeError　　C. NameError　　D. 无异常

二、判断题

(1) 捕获异常的结构是 try…except…finally，其中 except 部分可有可无。(　　)

(2) BaseError 是所有异常的父类。(　　)

(3) try…except…else 结构没有异常发生时，else 中的语句将会被执行。(　　)

(4) 捕获异常结构中，finally 子结构也可以不存在。(　　)

(5) as 关键字是用于指向异常对象的变量，可以省略。(　　)

(6) try…except…else 语句中，finally 子句的代码仍然有可能出错从而再次引发异常。(　　)

(7) try…except…finally 语句无论是否发生异常都将执行 finally 的代码。(　　)

(8) 当使用 raise 语句抛出异常时，可以给异常类型指定描述信息。(　　)

(9) finally 里的语句不会引发任何异常。(　　)

(10) else 子块中的程序语句，无论有没有异常都会进行。(　　)

(11) 异常的对象命名不能省略。(　　)

(12) except 语句块排列在前面的先捕获。(　　)

(13) 异常处理机制是为了让程序运行过程中出现异常后，仍能保持整个程序的运行状态。(　　)

(14) 抛出异常后的提示语必须存在。(　　)

(15) try…excpet 结构中，try 部分包裹的是可能发生异常的程序块。(　　)

(16) 捕获一个异常后，加入 pass 语句，可在运行过程中忽略该异常。(　　)

(17) 可以通过继承 Exception 类，来构造自定义异常。(　　)

三、编程题

(1) 编写一个程序，连续输入 5 个整数，求它们的和。即使用户输入了浮点数或字符，程序依然会继续完成运算逻辑而不中止。

(2) 编写一个程序，输入圆的半径，求它的面积。如果用户输入的半径为负数或 0，程序抛出 RuntimeError 异常；如果输入的不是数值，需要捕获产生的异常。一旦产生了异常，需要提示用户输入不正常，需要重新输入半径值。

(3) 编写自己的异常类 NotATriangle，该异常类继承 RuntimeError，一旦用户输入三条线段的长度，判定这三条线段无法构成一个三角形，就抛出这个 NotATriangle 异常；如果输入数值出现其他错误，则捕获这些异常。如果可以构成一个三角形，就计算这个三角形的周长。

第10章 文件处理

数据存放在内存中是暂时的，计算机断电之后，内存中的数据会消失，只有将数据保存在硬盘中，才能够永久保存。计算机运算之后得到的数据可以实时输出，也可以存放于硬盘的文件中。本章将介绍如何使用文本文件进行数据的读取与写入，以及简单地读写 Excel 文件的方法。

10.1 文本的读写操作

10.1.1 文件的目录结构

在现代计算机系统中，如果需要永久保存信息，就需要使用到文件，文件存在于目录之下。文件系统被认为是树状结构：文件与目录之间的关系好像树叶与树干之间的关系，目录与目录之间的关系好像树干与树干之间的关系。不管是 Windows 操作系统还是 MacOS 操作系统，文件系统都是树状结构的。每一片树叶都必须长在树枝之上，每一个文件都必须存在于目录之中。

为了描述文件所存放的逻辑位置，首先需要确定文件所在的驱动器及文件的路径，例如：

```
D:\PycharmProject\LearnPython\Chapter08\Shape.py
```

表示 D 盘 PycharmProject\LearnPython 目录中的 Chapter08 子目录中，有一个名为 Shape.py 的文件。这是一种绝对路径，完整地描述了包括驱动器、目录名、子目录名及文件名。对于 Python 来说，可以使用绝对路径调用文件。

使用绝对路径的好处主要是能够非常明确地知道文件所在位置，缺点是无法知道是否有权限访问绝对路径文件。

Python 还可以使用相对路径。PyCharm 创建了工作目录之后，在工作目录的基础之上使用相对路径。例如，仅仅写部分目录与文件名(在书写相对路径的时候，请注意斜杠方向)：

```
./test/Shape.py
```

相对路径表示在工作路径的 test 子目录之中，有一个名为 Shape.py 的文件。相对路径没有描述驱动器，因为工作目录创建的时候就已经描述过了驱动器。假设工作路径为 D:\PycharmProject\LearnPython\Chapter08\，文件的相对路径连接上工作路径之后，就能确定文件在硬盘上的位置，即 D:\PycharmProject\LearnPython\Chapter08\test\Shape.py。

绝对路径 = 工作目录 + 相对路径，使用相对路径的好处主要是部署项目的时候不用在意是否对绝对路径具有访问权限，因为部署的工作路径必然是有访问权限的。

10.1.2 打开一个文件

Python 中，需要创建一个文件对象才能够对文件进行打开操作。内置函数 open()可以完成这样的操作。使用 open()函数的语法如下：

```
file = open(filename, mode)
```

file 是文件对象，filename 可以是相对路径或绝对路径指示的文件，mode 是一个字符串参数，是指定文件打开方式的参数。不同的 mode 字符串代表了文件不同的打开方式，如表 10-1 所示。

表 10-1 常见的 mode 文件打开方式说明

mode 字符串	说明	注意问题
r	以只读方式打开文件	
rb	以只读方式打开二进制文件	一般用于非文本文件
w	以只写模式打开文件	
wb	以只写方式打开二进制文件	一般用于非文本文件
a	以追加数据方式打开文件	
ab	以追加数据方式打开二进制文件	一般用于非文本文件

注：以上打开方式都可以在字符后加上“+”，标识为可读可写状态，如 r+、w+。

只有使用 open(filename, mode)函数创建了一个文件对象之后，才能对文件对象进行读写操作。

10.1.3 将信息写入一个文件

以 w 方式对文件对象进行操作，进行文本写入文件对象的函数是 write(str)函数。可以使用这个函数将字符串写入指定的文件之中。操作完成之后，需要使用文件对象函数 close()关闭打开的文件。

【例题 10.1】将字符串写入一个 Python 工作目录的名为 test.txt 的文件中。

例题 10.1 源代码 1(Operations.py)如下：

```
def writeString(filename, str):
    output = open(filename, "w")
    output.write(str)
    print("文件写入成功")
    output.close()
```

例题 10.1 源代码 2(TestWrite.py)如下：

```
from Chapter10.Operations import writeString
filename = "test.txt"
```

```
3.  str = "Hello"
4.  str = str + "World\n"
5.  str = str + "Greetings\n" + "Good Morning\n"
6.  writeString(filename, str)
```

【程序运行结果】

```
文件写入成功
```

工作目录中的 test.txt 文件的内容如下：

```
HelloWorld
Greetings
Good Morning
```

【代码分析】

Operations.py 中：

(1) 这个名为 Operations.py 的源文件中，定义了一个名为 writeStrings(filename, str)的函数。

(2) 第 1 行，使用关键字 def 创建了名为 writeString()的函数。这个函数有 2 个参数，分别为 filename 和 str。filename 可以用来表示文件及文件位置，str 可以用来表达需要写入文件的字符串。

(3) 第 2 行，使用了 open()方法，将 filename 文件以 w 方式，也就是以只写方式打开，创建了一个文件对象 output。

(4) 第 3 行，向 output 文件写入了 str 字符串。

(5) 第 5 行，写入完成后，一定要关闭程序。

TestWrite.py 中：

(1) 这个名为 TestWrite.py 的源文件中，调用了 Operations.py 文件中定义的 writeStrings(filename, str)函数。

(2) 第 2 行，给 filename 赋值为 test.txt。

(3) 第 3 行，给 str 赋值为 Hello。

(4) 第 4 行，在 str 字符串的尾部连接上“World\n”。

(5) 第 5 行，又在 str 字符串的尾部连接上“Greetings\n”与“Good Morning\n”。

(6) 第 6 行，test.txt 字符串将作为 filename 传入 writeString(filename, str)函数。由于没有盘符，所以 test.txt 是一个相对路径的文件，这个文件存在于 Python 的工作目录中。相对路径、绝对路径都是可以使用的。str 字符串传入 writeString(filename, str)函数，由 test.txt 文件可以发现，代表另起一行的转义字符“\n”也被记录到了文本文件中，并进行了另起一行的操作。如果需要在文本文件中换行，可以使用转义字符“\n”。

需要特别指出的是，w 方式创建了一个文件对象 output 后，可以使用 output.write(str)将 str 字符串写入指定的文件对象中。如果指定文件不存在，则会创建一个文件；如果指定文件存在，就会以 str 字符串中的内容替换原来存在的内容。如果想要保留原来文件中的文本内容，并在原来文本之后加入 str 字符串的内容，则不能以 w 方式打开，只能使用 a 方式打开。

10.1.4 从文件中读取信息

以 r 方式对文件对象进行操作，读取文件对象中的信息的函数是 read()函数(将包括转移字符在内的所有文本一次性作为一个字符串读出)或 readlines()函数(读取全部文本，将文本全部转换成列表，每遇到换行符“\n”，就生成列表的一个元素)。可以使用这两个函数，读取文件对象中的信息。操作完成之后，使用文件对象函数 close()关闭打开的文件。

【例题 10.2】承例题 10.1，从工作目录中名为 test.txt 的文件中读取文本信息。

提示：工作目录中的 test.txt 文件由例题 10.1 输入，内容如下：

```
HelloWorld
Greetings
Good Morning
```

例题 10.2 源代码 1(Operations.py)如下，从第 7 行开始扩展：

```
7.  def readFromFile(filename):
8.      input = open(filename,"r")
9.      str = input.read()
10.     print(str)
11.     input.close()
12.     return str
13.
14. def readlinesFromFile(filename):
15.     input = open(filename,"r")
16.     strList = input.readlines()
17.     print(strList)
18.     input.close()
19.     return strList
```

例题 10.2 源代码 2(TestRead.py)如下：

```
from Chapter10.Operations import readlinesFromFile, readFromFile

filename = "test.txt"
readFromFile(filename)
readlinesFromFile(filename)
```

【程序运行结果】

```
HelloWorld
Greetings
Good Morning

['HelloWorld\n', 'Greetings\n', 'Good Morning\n']
```

【代码分析】

Operations.py 中：

(1) Operations.py 源文件中，又扩展定义了一个名为 readFromFile(filename) 的函数和一个

名为 readLinesFromFile(filename)的函数。

(2) 第 7 行，使用关键字 def 创建了名为 readFromFile(filename) 的函数；第 14 行，创建了一个名为 readlinesFromfile(filename) 的函数，这两个函数都只有 1 个参数 filename。filename 可以用来表示文件及文件位置，可以是绝对路径，也可以是相对路径，只要文件存在就可以。如果文件不存在或者目录错误，就会抛出一个异常。

(3) 第 8 行和第 15 行，使用了 open(filename,"r") 方法，将 filename 文件以 r 方式，也就是以只读方式打开，创建了文件对象 input。对于计算机来说，即运算结果可以输出到文件，信息可以从文件读入到计算机。当然，input、output 的名字是可以变的，只要符合标识符命名规则就没有问题。

(4) 第 9 行，使用 read()函数从文件中读出全部内容，并作为一个字符串输出。

(5) 第 16 行，使用 readlines()函数从文件中读出全部内容，转化为字符串列表，每一行作为一个列表元素。请大家注意，一定是 readlines()函数而不是 readline()函数。readline()函数只读取一行。

(6) 第 10、17 行，分别输出字符串和字符串列表。

(7) 第 11、18 行，从文件中读取信息的操作完成之后，一定要关闭程序。

(8) 第 12、19 行，将从文件中读取的字符串和字符串列表，通过使用 return 关键字返回调用函数的地方。一般读取完文本信息之后，都需要对文本信息有进一步操作。如果不返回读取内容，等于没有读了。获取了文本中的字符串或字符串列表，可以再对信息做进一步处理。需要指出的是，第 10 行、第 17 行可以保留，也可以注释掉。保留的目的是编写程序的时候能够了解程序运行到了什么地方。注释掉的目的是编写完成之后，让控制台信息不至于太多、太乱，可以根据自己的需求进行选择。

限于篇幅，本节只介绍了使用较多且较容易理解的文本操作。读者深入了解编程之后，可以自行学习其他的读写操作。

10.2 使用第三方库进行读写

本节将介绍使用 Python 的第三方库读写 Excel 文件的方法。

10.2.1 第三方库

Python 中的函数有很多种。我们已经学习过了一些不需要执行 import 操作就可以使用的内置函数(如 print()函数等)，以及一些需要执行 import 操作才能使用的模块函数(如 time.time()函数等)，本节将介绍第三方库函数。

所谓第三方的库，指的是需要下载安装的，由非 Python 开发方开发的库。这类库由活跃在 Python 社区中的开发团体设计开发，供所有 Python 用户使用。Python 的第三方库的网址是 https://pypi.org/，如图 10-1 所示。

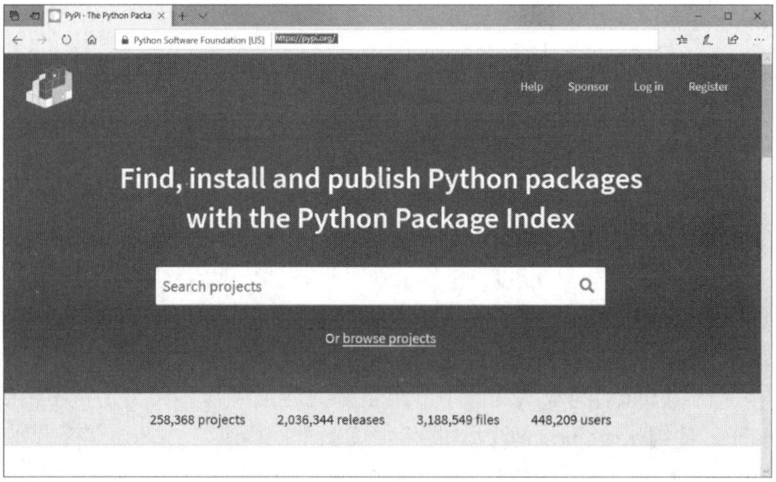

图 10-1　Python 第三方库的官网欢迎页

在这个页面中，输入第三方库的库名就可以搜索到相关的第三方库说明及下载路径。表 10-2 列出了常用的第三方库，用户可以根据自己的需求，使用这些第三方库设计自己的应用程序。

表 10-2　常用的几个第三方库及其说明

库名	处理问题类型	功能简介
numPy	数组处理	处理高维数组和矩阵的操作
sciPy	数据处理	处理线性代数和概率统计的操作
pandas	数据处理	数据挖掘、数据分析、数据清洗的操作
plotly	数据可视化	创建可在 Web 页面显示的数据可视化图形
tensorflow	神经元网络	处理大型数据集，进行神经元网络算法操作
matplotlib	数据可视化	创建二维可视化数据分析图
jieba	自然语言处理	进行中文切词
pygame	游戏开发	开发游戏使用

10.2.2　导入第三方库的方法

本节以 pandas 库与 plotly 库为例，介绍如何安装第三方库。

在 PyCharm 中，如果导入的库是第三方库，需要先安装第三方库，否则会有红色的波浪线提示错误，如图 10-2 所示。此时可以选择在终端使用 pip 命令进行第三方库的安装。

```
import pandas as pd
```

图 10-2　没有安装第三方库，导入 pandas 库会出现红色波浪线

若要导入第三方库，首先需要使用 pip 命令进行安装。在 PyCharm 终端的提示符之后，可以使用 pip 命令安装第三方库。需要指出的是，pip 命令需要在终端输入，而非在控制台输入，如图 10-3 所示。

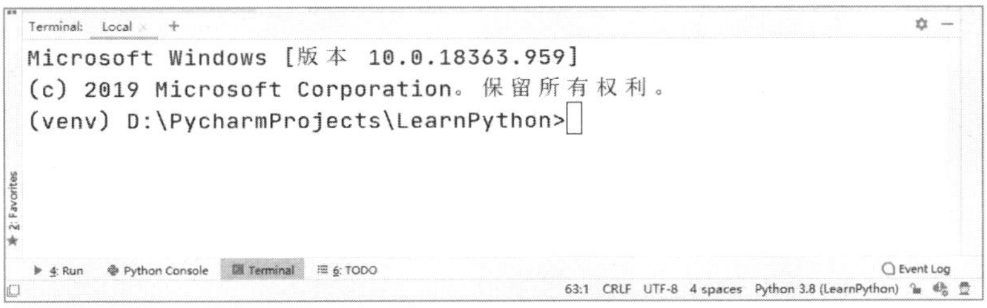

图 10-3　PyCharm 终端

pip 的一般语法如下：

```
pip install 第三方库名
```

例如，可以在终端输入 pip install pandas，以安装 pandas 库，如图 10-4 所示。

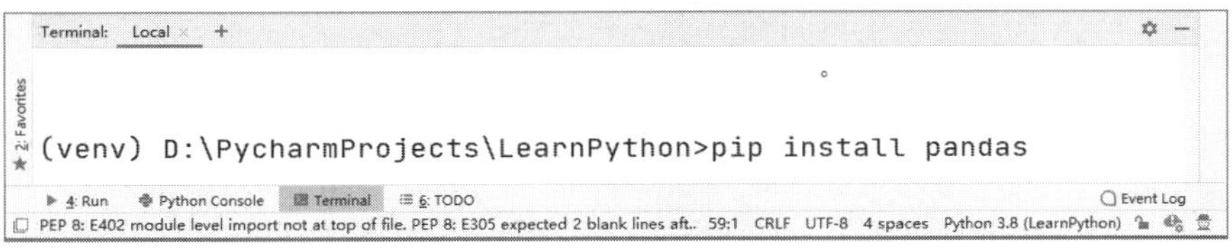

图 10-4　使用 pip 命令安装 pandas 库

安装第三方库的时候需要有网络支持，因此首先要进行联网操作。如果没有网络支持，则无法安装第三方库。输入命令后，按 Enter 键，执行 pip 命令。如果支持下载该第三方库，且网络通畅，将会出现图 10-5 所示安装过程。

```
Microsoft Windows [版本 10.0.18363.959]
(c) 2019 Microsoft Corporation。保留所有权利。
(venv) D:\PycharmProjects\LearnPython>pip install pandas
Collecting pandas
  Downloading pandas-1.1.1-cp38-cp38-win_amd64.whl (9.6 MB)
     |████████████████████████████████| 9.6 MB 2.2 MB/s
Collecting pytz>=2017.2
  Downloading pytz-2020.1-py2.py3-none-any.whl (510 kB)
     |████████████████████████████████| 510 kB 3.3 MB/s
Collecting python-dateutil>=2.7.3
  Downloading python_dateutil-2.8.1-py2.py3-none-any.whl (227 kB)
     |████████████████████████████████| 227 kB 3.2 MB/s
Collecting numpy>=1.15.4
  Downloading numpy-1.19.1-cp38-cp38-win_amd64.whl (13.0 MB)
     |████████████████████████████████| 13.0 MB 3.3 MB/s
```

图 10-5　使用 pip 命令安装 pandas 库的过程

成功安装 pandas 库之后，再使用 import 关键字导入该第三方库，就不会有红色波浪线报错了。如图 10-6 所示，pandas 下方的红色波浪线消失了。

```
import pandas as pd
```

图 10-6　pandas 库安装成功后，pandas 下没有红色波浪线

pandas 库是用来进行数据挖掘、数据分析、数据清洗的，最初作为金融数据分析工具。pandas

库是在2008年开始开发，并在2009年完成开发，并开源给所有Python用户使用。Pandas库中含有大量的函数和标准数据模型。开发这个第三方库的目的是提供高效的数据操作工具(处理数据的函数)。这个库的开源、开放使得Python在数据分析领域取得了相当大的优势，很多人选择Python作为数据分析的工具语言，就是因为有了这个名为pandas的库。

下面介绍使用PyCharm的自带安装功能安装第三方库的方法。

比如想要导入plotly第三方库，在没有使用pip命令安装这个库之前，如果导入这个库，就会在plotly的库名之下出现红色波浪线，如图10-7所示。

图10-7　没有安装第三方库，导入plotly库会出现红色波浪线

把鼠标移动到plotly下的红色波浪线上会弹出餐单，可以单击这个菜单的install命令，如图10-8所示。

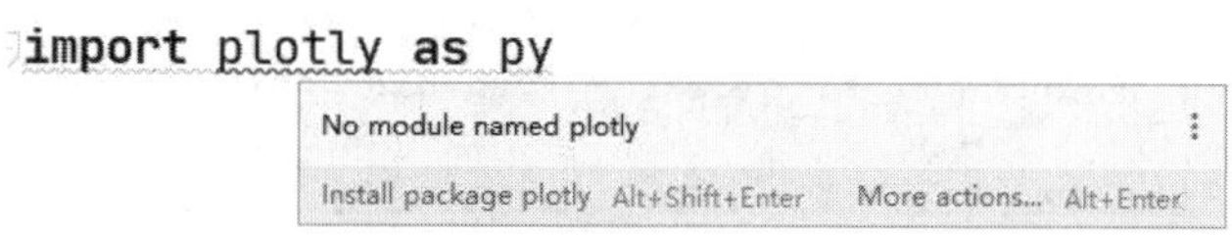

图10-8　PyCharm提供的安装功能，能自动下载安装第三方库

单击PyCharm提供的install命令后，开始自动下载安装第三方库，软件底部会显示安装过程，如图10-9所示。

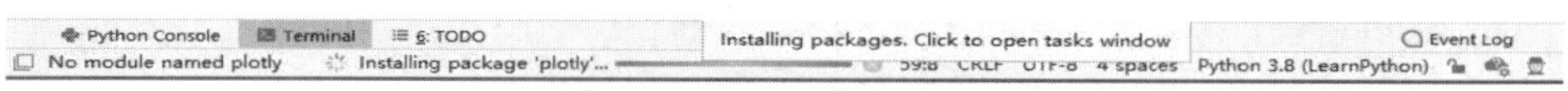

图10-9　第三方库安装过程

安装成功后，PyCharm会提示用户已经成功安装了第三方库，如图10-10所示。

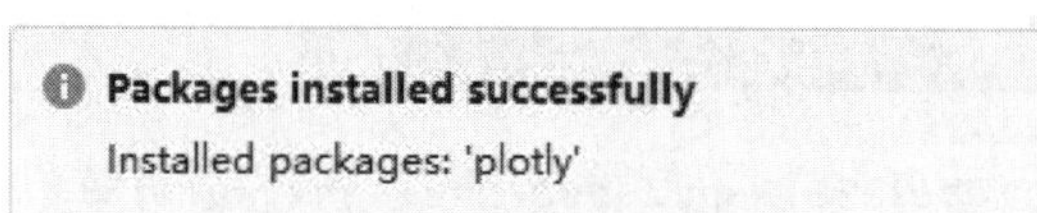

图10-10　第三方库安装成功后会出现成功提示

plotly库是一个创建可在Web页面显示的数据可视化图形的库。使用plotly库中的函数绘制出来的数据可视化图形默认是一个HTML网页文件，可以不经过任何额外操作，直接出现在Web应用程序中，也就是说，可以通过网页浏览器直接观看绘制出来的图形。plotly的绘图函数非常强大，支持各种类型的绘图方案，是目前Python环境中主流的绘图库。

10.2.3　使用第三方库写入Excel文件

【例题10.3】某课程总成绩由平时成绩与考试成绩构成，总成绩的计算公式为

课程总成绩=平时成绩*平时成绩占比+考试成绩*(1–平时成绩占比)

请编写一个程序，记录学生成绩，将学生的成绩输入一个Excel文件中，并在网页浏览器中显示出来。

分析：本例将使用面向对象的编程方式，将学生、课程和记录成绩的表格作为三个类。

(1) 学生类：用来记录学生信息，如学号、姓名、课程名、平时成绩、考试成绩和总成绩。在这个类中，除了属性之外，设计一个构造函数，使用学号、姓名来创建学生对象；设计setCourse(self, course, percent)函数，将一门课程的课程名与课程的平时成绩比例记录到这个学生对象中；设计一个setScores(self)函数，用来输入平时成绩与考试成绩，并计算总成绩，得到所有信息之后，将信息记录到信息列表中；设计一个getStudentDetails(self)对象函数，返回得到的信息列表。

(2) 课程类：用来记录课程信息，如课程名、平时成绩比例。除属性外，设计一个构造函数，使用课程名、课程平时成绩比例来创建课程对象；设计一个addStudent(self, student)函数，用来向课程中添加学生列表。一门课程中有很多学生，因此需要一个列表，用来保存学习这门课程的所有学生。设计一个getStudentsList(self)方法，返回学习这门课程所有的学生对象信息。由于学生对象的信息是一个列表，学生信息列表保存到另外一个列表中，因此生成了一个二维的列表。

(3) 表格类：用来记录需要写入表格的数据、表格的表头字段名，用来生成的表格。

作为准备工作，首先生成这三个类。

例题10.3源代码1(Classes.py)，学生类的编写如下：

```
class Student:
    # Student 类中，学生的属性
    # 学生的学号、姓名
    sid, sname = "", ""
    # 学生的课程名、平时成绩占比
    courseName = ""
    percent = 0
    # 平时成绩、考试成绩、总评成绩
    dailyScore, exam, final = 0, 0, 0
    # 学生所有的信息保存在一个列表中
    studentDetails = []
    # 构造函数，使用学号与姓名构造一个 Student 对象
    def __init__(self,sid, sname):
        self.sid = sid
        self.sname = sname
    # 通过这个函数给 Student 的课程属性赋值
    def setCourse(self, course, percent):
        self.courseName = course
        self.percent = percent

    def setScores(self):
        # 输入学生平时成绩、考试成绩，
        print("请输入" + self.sname + "同学的"+\
                self.courseName + "成绩：")
        self.dailyScore = eval(input("平时成绩："))
        self.exam = eval(input("考试成绩："))
        # 根据题设公示计算总成绩
        self.final = self.dailyScore * self.percent \
                        + self.exam * (1 - self.percent)
```

```
30.         # 总成绩保留一位小数
31.         self.final = round(self.final, 1)
32.         # 将此学生信息保存在一个列表中
33.         self.studentDetails = [self.sid, self.sname, self.courseName,\
34.                               self.dailyScore, self.exam, self.final]
35.
36.     def getStudentDetails(self):
37.         # 将一个学生的信息列表进行返回操作
38.         return self.studentDetails
```

【代码分析】

Classes.py 的 Student 类中：

(1) Classes.py 源文件中，定义了一个名为 Student 的类，这个类的对象就是需要存储并运算的学生信息。

(2) 第 2～11 行是 Student 类的属性，包括：学生的学号、姓名，默认值为空字符；学生的课程名、课程平时成绩占比，默认值为空字符与 0；平时成绩、考试成绩、总评成绩，默认值为 0；一个用来存放所有学生信息的空列表。

(3) 第 12～19 行是 Student 类的构造函数，使用学生的学号、姓名作为属性，创建学生对象。学生对象的其他初始值在第 2～21 行中，被赋值为默认值。

(4) 第 16～19 行，使用 setCourse 函数，对学生对象的 course 和 percent 两个属性进行了赋值。只要调用这个函数，传递两个参数，就能将学生对象中的 course 和 percent 属性进行赋值。因为需要使用 percent 进行计算，在学生表中，需要记录课程名，因此学生的属性中需要包括这两个属性。

(5) 第 21～34 行，使用 setScores(self)函数，从键盘获取学生的平时成绩与考试成绩信息，通过计算获取总成绩，并将所有信息记录到 studentDetail(self)列表之中。

(6) 第 23、24 行，在控制台生成提示语，提示将要输入学生的成绩。

(7) 第 25 行，self.dailyScore 指某个学生对象的平时成绩。

(8) 第 26 行，self.exam 指某个学生对象的考试成绩。

(9) 由于第 19 行已经输入了 self.percent 的对象属性值，因此计算总成绩的 3 个参数都已经有了。第 28 行，使用公式计算总成绩。

(10) 第 31 行，总成绩保留一位小数。

(11) 第 33、34 行，将的所有信息放入名为 studentDetails 的列表中。生成的列表相当于想要保存的一行数据。

(12) 第 36～38 行，返回某个学生对象的 studentDetails 信息行。

例题 10.3 源代码 2(Classes.py)，课程类的编写如下，39 行留空，从第 40 行开始：

```
39.
40. class Course:
41.     # 课程中所有的学生都按顺序存入学生列表
42.     studentsList = []
43.     # 构造函数，使用课程名与平时成绩占比作为属性
44.     def __init__(self, courseName, percent):
45.         self.courseName = courseName
```

```
46.         self.percent = percent
47.     # 向列表中增加学生实例
48.     def addStudents(self, student):
49.         student.setCourse(self.courseName, self.percent)
50.         student.setScores()
51.         self.studentsList.append(student)
52.     # 返回课程列表中所有的学生实例
53.     def getStudentsList(self):
54.         return self.studentsList
```

【代码分析】

Classes.py 的 Course 类中：

(1) Classes.py 源文件中，又定义了一个名为 Course 的类，这个类的对象就是课程，这个课程相当于将一个班上很多同学集合在一起。本例只以一门课程为例。实际上，这个程序可以扩展为包含很多课程的课程列表，只要再生成 Course 对象的列表就可以了。

(2) 第 42 行，studentsList 是一个空的列表，用来存放某个课程实例中所有学生实例的信息。

(3) 第 43～46 行是 Course 类的构造函数，使用课程的课程名、平时成绩占比作为属性，创建课程对象。

(4) 第 48～51 行，定义一个名为 addStudents(self, student)的函数，使用这个函数把 student 实例放入 studentsList 列表之中。因此，student 作为参数被传递到这个对象函数中。

(5) 第 49 行，将课程名与平时成绩占比传递到 student 实例中。

(6) 第 50 行，调用 student.setScores(self)对象方法。

(7) 第 51 行，将 student 的实例添加到 studentsList 列表中。多次向 studentsList 中添加 student 对象之后，最终会生成一个列表，这个列表中的元素都是 student 对象。

(8) 第 53、54 行，返回课程类中的 studentsList 列表。如前所述，这个列表中存储了所有的学生对象。

在以上的准备工作中，以面向对象的方式准备了 Student 类和 Course 类。下面介绍 Table 类。Table 类对象是多个表格，这些表格以内容和表头字段名作为参数。由于表格内容会经常发生改变，因此建议使用列表来存储表格信息，表头字段名不经常改变，因此建议使用元组来存储字段名信息。

首先介绍如何将表格内容、表格字段名写入 Excel 文件，存入 HTML 网页文件。

将表格内容等写入 Excel 文件首先需要以下第三方库的支持：用来打包数据的 pandas 库，用来打开 Excel 文件对象的 openpyxl 库，用来向 Excel 中写入内容的 plotly 库，用来读 Excel 文件的 xlrd 库，用来写 Excel 文件的 xlwt 库，用来在网页上绘制表格的 plotly 库。以上第三方库都可以通过 pip install 命令进行安装。

安装结束之后，可以通过查看 PyCharm 的 venv 虚拟环境目录中的 lib 子目录，查看第三方库是否安装成功，如图 10-11 所示。

图 10-11　第三方库安装成功后，将出现在 venv 虚拟环境中

安装完第三方库之后，可以开始编写表格类。

例题 10.3 源代码 3(Classes.py)，表格类的编写如下，第 55 行留空，从第 56 行开始：

```
55.
56.     import plotly as py
57.     from plotly import figure_factory as FF
58.     import pandas as pd
59.
60.     class Table:
61.         # 表格类，用来处理表格对象的操作
62.         # 定义一个表格类
63.         def __init__(self, dataList, titleTuple):
64.             # 表格类的构造函数，两个属性分别为数据列表与表头名称
65.             # 此处 dataList 是一个二维的列表
66.             self.dataList = dataList
67.             self.titleTuple = titleTuple
68.             # 根据数据列表与表头名称生成一个 DataFrame 对象
69.             # 将数据打包为 pandas 库中的 DataFrame 对象进行操作
70.             self. content = pd.DataFrame(self.dataList, \
71.                                 columns=self.titleTuple)
72.
73.         def writeToExcel(self, filename):
```

```
74.            # 将 table 对象中的 DataFrame 属性内容写入 Excel 文件
75.            self. content.to_excel(filename, index = 0)
76.
77.        def drawAWebTable(self):
78.            # 使用 plotly 包中的 figure_factory 函数绘制表格
79.            # DataFrame 对象需要作为参数传递进这个函数
80.            table = FF.create_table(self. content)
81.            # 使用离线方式生成网页显示的表格
82.            plt = py.offline.plot
83.            plt(table, show_link=False)
```

【代码分析】

Classes.py 的 Table 类中：

(1) Classes.py 源文件中，又定义了第三个类，类名为 Table，这个类的对象就是表格实例。

(2) 第 62～71 行，定义了一个构造函数，这个构造函数中使用了 dataList 和 titleTuple 两个属性参数来创建表格对象。

(3) 第 66、67 行，传递 dataList 与 titleTuple 两个属性值给构造函数。

(4) 第 70 行，使用传递来的 dataList 与 titleTuple 这两个数据打包为 pandas 包的 DataFrame 类型的数据。需要指出，dataList 是一个二维列表，这个 dataList 数组就是一行一行的数据，这些数据共同组成一个二维表，而 titleTuple 是这个 Excel 文件的表头字段名，如图 10-12 所示。

	A	B	C	D	E	F
1	学号	姓名	科目	平时成绩	考试成绩	总成绩
2	1001	小张	语文	90	95	94
3	1002	小王	语文	93	84	85.8
4	1003	小李	语文	94	92	92.4

titleTuple

dataList

图 10-12　表格对象中，titleTuple 与 dataList 所对应的内容

如果想要生成图 10-12 所示 Excel 文件，DataFrame 对象中需要被打包的数据包括 dataList 和 titleTuple。

dataList：

```
dataList = [
            ["1001", "小张", "语文", 90, 95, 94],
            ["1002", "小王", "语文", 90, 95, 94],
            ["1003", "小李", "语文", 90, 95, 94]
        ]
```

简单地说，这个二维数组中的每一行就是一个包含 Excel 文件一行信息的一维列表，每个一维列表中的一个格子就是一个数据信息元素。

titleTuple：

```
titleTuple = ("学号", "姓名", "科目", "平时成绩", "考试成绩', '总成绩")
```

简单地说，这个 titleTuple 元组中的每一个元素都是这个 Excel 文件的表头字段。

(5) 第 70、71 行，实际上是一个语句，只是行的宽度不够，语句被分为两行。pd 是在第 58 行中导入的：import pandas as pd，因此 pd 代表的就是 pandas 库。二维数组需要作为 DataFrame 的第一个传递参数，columns 属性就是 titleTuple 表头字段名。

(6) 第 73～75 行，写 Excel 文件。调用已经打包为 DataFrame 对象的 content 的对象函数 to_excel(filename, index = 0)，将 filename 作为参数传递进去，然后将 index 属性设置为 0。如果没有这个属性设置的话，会在 Excel 文件中额外生成一列序号值。感兴趣的读者可以尝试。

(7) 第 77～83 行，写 Web 文件。调用已经打包为 DataFrame 对象的 content 的对象函数 to_excel(filename, index = 0)，将 filename 作为参数传递进去，然后将 index 属性设置为 0。如果没有这个属性设置的话，会在 Excel 文件中额外生成一列序号值。

创建完以上类之后，完成了准备工作，就可以按照例题 10.3 题设要求输入课程学生信息并保存到 Excel 文件中，或显示到 Web 页面上的操作了。因为不管是模块函数还是类中的对象函数，都需要被调用才能工作。我们所做的工作是创建类和类对象函数，如果想要进行操作，必须实现对象并调用对象函数。

下面将编写程序，测试是否可以完成以下操作：

(1) 在控制台输入课程信息。

(2) 在课程中注册学生。

(3) 完善学生信息。

(4) 将信息输出到 Excel 文件。

(5) 展示到 Web 页面。

例题 10.2 源代码 4(Test.py)如下：

```
from Chapter10.Classes import Course, Student, Table
# 输入课程信息，创建课程对象
cname = input("请输入课程名：")
percent = eval(input("请输入平时成绩占比："))
course = Course(cname, percent)
# 向课程对象 course 输入多个学生对象
stNum = eval(input("请输入学生人数："))
for i in range(0, stNum):
    sid = input("输入学生学号：")
    sname = input("输入学生姓名：")
    # 使用学号、姓名，创建学生实例
    stu = Student(sid, sname)
    # 向 course 实例中添加学生实例
    course.addStudents(stu)
# 生成创建表格内容所需要的二维数组
dataList = []
for stu in course.getStudentsList():
    dataList.append(stu.getStudentDetails())
# titleTuple 是创建表格的表头字段名
titleTuple=("学号","姓名","科目","平时成绩","考试成绩","总成绩")
# 使用 table 对象中的对象方法，将键盘输入的学生信息，
# 画入 Web 网页、写入 Excel 文件
table = Table(dataList, titleTuple)
table.drawAWebTable()
table.writeToExcel("test.xlsx")
```

【程序运行结果】

程序运行，可以按照提示依次输入各种数据(如课程名、课程平时成绩占比，几名学生的成

绩、学号、姓名、平时成绩、考试成绩)。

输入课程名，如“语文”，平时成绩占比 0.2, 输入 5 名学生的学号、姓名、平时成绩、考试成绩后：

```
请输入课程名：语文
请输入平时成绩占比：0.2
请输入学生人数：5
输入学生学号：1001
输入学生姓名：张三
请输入张三同学的语文成绩：
平时成绩：85
考试成绩：67
输入学生学号：1002
输入学生姓名：李四
请输入李四同学的语文成绩：
平时成绩：82
考试成绩：75 输入学生学号：1003
输入学生姓名：王五
请输入王五同学的语文成绩：
平时成绩：78
考试成绩：86
输入学生学号：1004
输入学生姓名：赵六
请输入赵六同学的语文成绩：
平时成绩：92
考试成绩：87
输入学生学号：1005
输入学生姓名：段七
请输入段七同学的语文成绩：
平时成绩：85
考试成绩：94
```

PyCharm 中，工作目录中生成一个名为 test.xlsx 的 Excel 文件和一个 Web 展示页面，如图 10-13 所示。

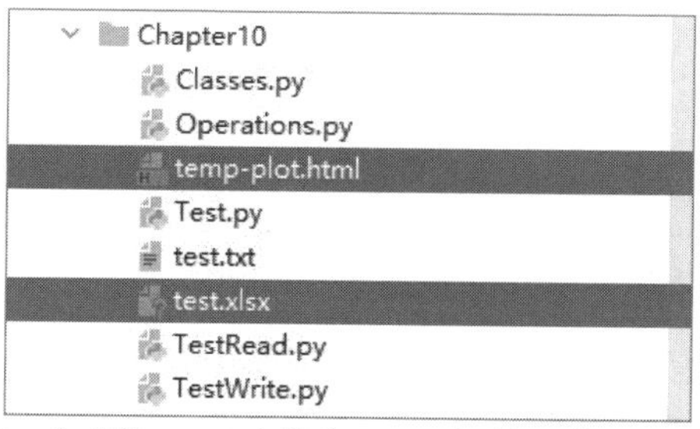

图 10-13　生成的 Excel 文件和 Web 页面在工作目录中的位置

双击打开 temp.plot.html 和 test.xlsx 这两个文件，如图 10-14 与图 10-15 所示，可以看到这两个文件中已经记录了想要输入的数据了。

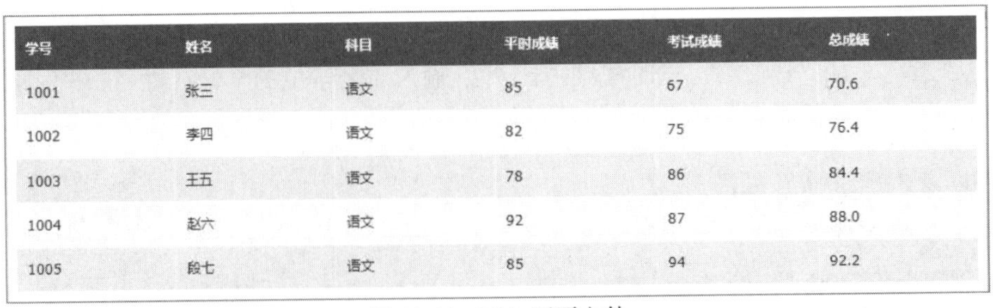

学号	姓名	科目	平时成绩	考试成绩	总成绩
1001	张三	语文	85	67	70.6
1002	李四	语文	82	75	76.4
1003	王五	语文	78	86	84.4
1004	赵六	语文	92	87	88.0
1005	段七	语文	85	94	92.2

图 10-14　Web 网页文件

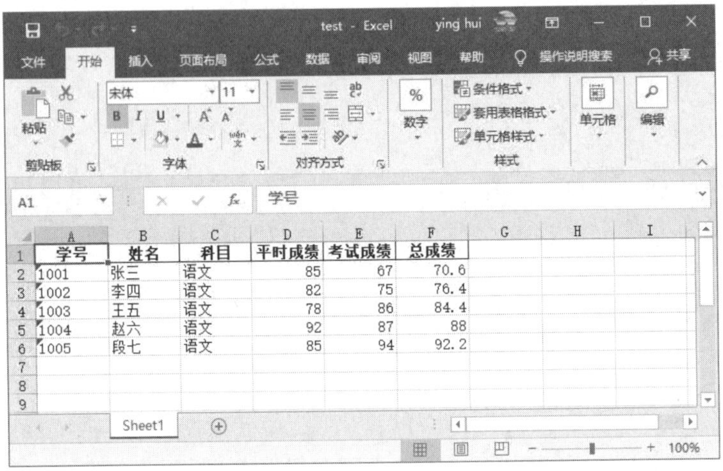

学号	姓名	科目	平时成绩	考试成绩	总成绩
1001	张三	语文	85	67	70.6
1002	李四	语文	82	75	76.4
1003	王五	语文	78	86	84.4
1004	赵六	语文	92	87	88
1005	段七	语文	85	94	92.2

图 10-15　生成的 Excel 文件

本例中没有编写进行异常处理判断的语句。如果有输入异常或者文件名异常，程序会终止。感兴趣的读者可以根据例题 9.2，采用类似的方法，自行编写异常处理语句。

【代码分析】

(1) 第 1 行，导入了 Chapter10 文件夹中的 Classes 文件里定义的三个类。

(2) 第 3～5 行，从键盘输入课程名与平时成绩占比，传递这两个参数至 Course 类的构造函数，生成课程对象。

(3) 第 7 行，从键盘输入，获取学生人数。

(4) 第 8～14 行，使用循环结构，向课程对象中的学生列表添加学生。

(5) 第 9、10 行获取学生学号、学生姓名。

(6) 第 12 行，将学生学号、学生姓名这两个参数传递给 Student 类的构造函数，生成学生对象。

(7) 第 14 行，向课程对象中添加学生实例。循环几次，就添加几个学生实例。

(8) 第 16 行，创建 dataList 对象，这个对象将是表格文件中表格的数据内容。

(9) 第 17、18 行，循环语句中，每次循环都从 course 对象中获取单个学生信息，并把这条信息放到 dataList 列表的尾部。最终会生成一个二维列表，记录所有的学生信息。

(10) 第 20 行，创建的 titleTuple 保存了表格的表头字段名。

(11) 第 23 行，将 dataList 和 titleTuple 两个参数传递给 Table 类的构造函数，创建了 table 表格对象。

(12) 第 24 行，在 Web 页面绘制表格。

(13) 第 25 行，创建 Excel 文件。由于传递 filename 的时候使用相对路径，因此，在工作目录中创建了名为 test.xlsx 的文件。

10.2.4 使用第三方库读 Excel 文件信息

导入第三方库之后，读取 Excel 文件也变得很简单。

【例题 10.4】承例题 10.3，从 test.xlsx 文件中使用以下方法读取数据信息：

(1) 读取全部数据。

(2) 读取一列数据。

(3) 读取一行数据。

例题 10.4 源代码 1，在 Classes.py 文件中扩展 Table 类，使得 Table 对象能够有读取 Excel 文件的对象方法。第 84 行留空，从第 85 行开始，添加对象函数，对类进行扩展：

```
84.
85.     def readFromExcel(self, filename):
86.         # 从 Excel 文件中读取信息，生成一个字典
87.         # 表头字段为 keys，数据内容为 values
88.         df = pd.read_excel(filename)
89.         # 以列表方式获取文件中数据
90.         self.dataList = df.values.tolist()
91.         # 以元组方式获取表头字段名
92.         self.titleTuple = tuple(df)
93.         # 返回内容列表与表头字段名元组
94.         return self.dataList, self.titleTuple
95.
96.     def readOneColumnFromExcel(self, filename, key):
97.         # 从 Excel 文件中读取信息，生成一个字典
98.         # 表头字段为 keys，数据内容为 values
99.         df = pd.read_excel(filename)
100.        # 以列表方式返回一列数据
101.        return (df[key].tolist())
102.
103.    def readOneRowFromExcel(self, filename, row):
104.        # 使用对象方法获取 Excel 文件内容列表的内容
105.        # 在 readFromExcel 函数的返回值中，
106.        # [0]位置是内容列表，[1]位置是表头字段名元组
107.        dataList = self.readFromExcel(filename)[0]
108.        # 第 row 行数据的标号实际上是 row - 1
109.        return dataList[row -1]
```

【代码分析】

(1) 这 3 个对象函数包含在 Table 类中的。

(2) 第 85～94 行，读取 Excel 文件中的所有数据内容与表头字段名。

(3) 第 85 行，filename 作为一个参数，传递给 readFromExcel(self, filename)函数。

(4) 第 88 行，使用 pandas 库中的 read_excel(filename)方法，读取 Excel 文件的全部内容。读取之后，生成了一个字典 df，所有的表头字段名为 keys，数据的内容为 values。

(5) 第 90 行，dataList 是 df 的 values。

(6) 第 92 行，titleTuple 是 keys。

(7) 第 94 行，返回了 dataList 和 titleTuple。

(8) 需要特别指出，dataList 是一个二维列表，titleTuple 是一个元组。

(9) 第 96～101 行，读取 Excel 文件中指定列的数据。key 是一列的表头字段名，指定了 key，就能通过读取 df 字典中指定关键字获取一列数据。

(10) 第 101 行，将通过字典关键字获取的对象转变为列表以后，进行返回操作。将对象转变为列表的目的是对这些数据进行序列操作，以便在操作之后对数据进行运算。

(11) 第 103～109 行，获取指定行，读取一行的内容。

以上对 Table 类进行了扩充，如果需要调用对象方法，完成读取表格的操作，还需要对 Table 类的对象进行对象操作才行。

例题 10.4 源代码 2(ReadTable.py)如下：

```
from Chapter10.Classes import Table
# 生成一个空的表对象
table = Table([], ())
# 使用对象方法获取数据内容和表头字段名
dataList, titleTuple = table.readFromExcel("test.xlsx")
print(dataList)
print(titleTuple)

# 根据表头字段名，作为 key，得到一列内容
columnData = table.readOneColumnFromExcel("test.xlsx", "姓名")
print(columnData)

# 读取指定行的一行数据
rowData = table.readOneRowFromExcel("test.xlsx", 4)
print(Data)
```

【程序运行结果】

```
[[1001 '张三' '语文' 85 67 70.6]
 [1002 '李四' '语文' 82 75 76.4]
 [1003 '王五' '语文' 78 86 84.4]
 [1004 '赵六' '语文' 92 87 88.0]
 [1005 '段七' '语文' 85 94 92.2]]
('学号', '姓名', '科目', '平时成绩', '考试成绩', '总成绩')
['张三', '李四', '王五', '赵六', '段七']
[1004 '赵六' '语文' 92 87 88.0]
```

【代码分析】

(1) 第 1 行，从 Chapter10 目录的 Classes.py 文件中导入 Table 类。

(2) 第 3 行，创建一个 table 对象。

(3) 第 5 行，使用对象函数 readFromExcel(self, filename)读取 Excel 文件信息。

(4) 第 6 行，dataList 输出的是表格中的数据内容。实际上这些内容是二维列表。

(5) 第 10 行，使用对象函数 readOneColumnFromExcel(self, filename, key)读取指定表头字段名为关键字的一列的内容。

(6) 第 14 行，使用对象函数 readOneRowFromExcel(self, filename, row)读取数据表中指定行的内容。

(7) 获取需要的数据列表后，可以通过序列操作对特定数据进行运算。

10.3 课后习题

一、选择题

(1) 绝对路径可以描述为“工作目录+(　　)”。

A. 文件名　　B. 子目录名　　C. 目录名　　D. 相对路径

(2) 下列可以访问到文件的路径是(　　)。

A. C:/User/documents/1.txt　　B. C:\User\downloads

C. 1.txt　　D. test/1.txt

(3) 绝对路径完整地描述了(　　)、目录名、子目录名以及文件名。

A. 硬盘　　B. 驱动器　　C. 控制器　　D. 存储器

(4) file = open("./test/02.py", "r+")的意思是(　　)。

A. 只读方式打开指定文件　　B. 只读方式打开二进制文件

C. 只写方式打开文件　　D. 可读可写模式打开文件

(5) 下列程序写入 txt 纯文本文件中的结果是(　　)。

```
fd = open("1.txt", "w+")
fd.write("123")
fd = open("1.txt", "r+")
fd.write("456")
fd = open("1.txt", "a+")
fd.write("789")
fd.close()
```

A. 789　　B. 456789　　C. 456　　D. 123456789

(6) 如果需要在源文件文本后另外加入字符串内容，需要以(　　)方式打开。

A. w　　B. r　　C. r+　　D. a

(7) 读取全部文本，作为一个字符串读出的是(　　)函数。

A. read()　　B. readline()　　C. readlines()　　D. write()

(8) readlines()函数读取全部文本转换为字符串列表，遇到换行符生成的字符是(　　)。

A. "\t"　　B. "\r"　　C. "\n"　　D. "\0"

(9) 下列程序的输出结果是(　　)。

```
f = open("string.txt", 'w')
str="1\n2\n3\n4\n"
f.write(str)
f.close()
f = open("string.txt","r")
alist=f.readlines()
print(alist[2])
```

A. 2　　B. 2\n　　C. 3　　D. 3\n

(10) 下列第三方库中，可以用于进行自然语义处理的是(　　)。

A. pandas　　B. Matplotlib　　C. plotly　　D. jieba

(11) 下列第三方库中，可以用于数据挖掘、数据分析、数据清洗的是(　　)。

A. pandas　　B. Matplotlib　　C. plotly　　D. jieba

(12) 只读取图片文件应该以(　　)模式打开文件。

A. w　　B. r　　C. r+　　D. rb

二、选择题

(1) 使用绝对路径可以明确知道文件所在位置，确保能访问到文件。　(　　)

(2) 使用相对路径的文件不一定有访问权限。　(　　)

(3) 相对路径需要连接工作路径之后才能确定文件保存在硬盘上的位置。　(　　)

(4) 文件系统的关系是关系型的。　(　　)

(5) 使用绝对路径访问文件优于使用相对路径访问文件。　(　　)

(6) 相对路径没有描述驱动器，但工作目录创建时，就已经描述了驱动器。　(　　)

(7) 执行 rb 时，以只读模式打开二进制文件，一般用于非文本文件。　(　　)

(8) 如果以 w+方式打开文件，文件不存在时会报错。　(　　)

(9) 以 a 的方式打开文件时，文件只可读。　(　　)

(10) 文件读写后的 close()方法没有调用，可能会导致数据丢失。　(　　)

(11) write()方法不会在字符串的末尾添加换行符(\n)。　(　　)

(12) Python 中，字符串不能包括二进制数据。　(　　)

(13) 文件路径作为参数传入函数可以是绝对路径，也可以是相对路径。　(　　)

(14) read()函数读取文件的数值数据可直接用于运算。　(　　)

(15) read(size)中，size 是从文件中读取指定的字节数。　(　　)

(16) 第三方库不需要导入就可以使用。　(　　)

(17) 可以在终端使用“pip install 第三方库名”来导入第三方库。　(　　)

(18) 打开方式后加上“+”，可以把文件标识为可读写状态。　(　　)

(19) 执行 file = open("test.txt", "r")，一定可以打开 test.txt 文件。　(　　)

(20) open 关键字和 close 关键字可以打开、关闭文件。　　(　　)

(21) open()函数会使用两个参数：文件名(file)和模式(mode)。　　(　　)

(22) readline()从文件中读取一整行，以字符串形式输出。　　(　　)

第 3 部分　实 战 篇

第 11 章 一个小游戏

前面章节中，我们已经学习了如何进行 Python 的一些简单操作，本章将通过一个综合性的例子来介绍如何应用 Python 语言进行简单游戏的编写。本章使用 pygame 第三方库，开发一个贪食蛇的游戏，如图 11-1 所示。

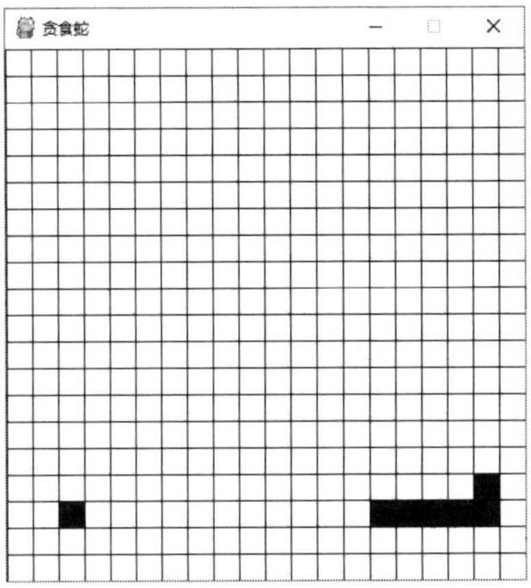

图 11-1　贪食蛇游戏截图

整个小游戏的开发是根据需求分块扩充完成的，不可能如前面的章节一样，一次性编写成功。因此，在本章前面章节中，分步介绍代码，最后一节给出了完整的代码。

11.1　pygame 的安装

pygame 库是基于 Python 的游戏开发套件，这个开发套件是第三方开发的，因此需要进行 pygame 库的安装。编写程序之前，可以使用 pip install pygame 命令在终端安装这个第三方库，如图 11-2 所示。安装第三方库的方法请参阅 10.2.2 节。读者可以自行选择使用 pip 命令或使用 PyCharm 功能安装。

图 11-2　在终端使用 pip 命令安装 pygame 第三方库

pygame 库安装成功后，查看 PyCharm 的 venv 虚拟环境目录中的 lib 子目录，会出现 pygame 库，如图 11-3 所示。

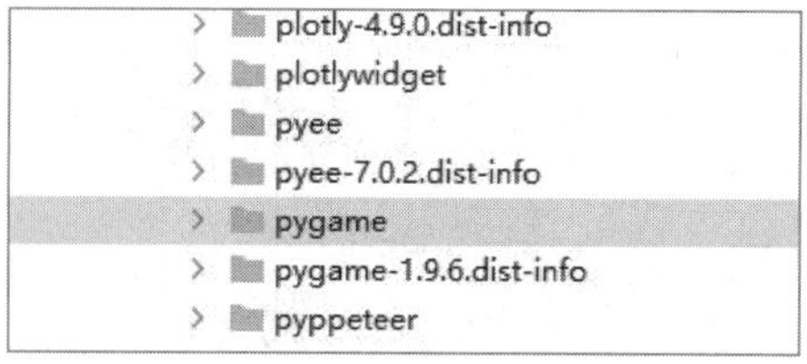

图 11-3　pygame 第三方库安装成功

安装完 pygame 库之后，就可以进行二维游戏的开发了。

11.2　创建游戏窗体

使用 pygame 库开发游戏，首先需要创建游戏运行的窗体。在这个窗体中，将运行游戏逻辑。本节将介绍如何创建这个窗体。

【例题 11.1】编写贪食蛇程序。

例题 11.1 源代码(Snake.py)如下：

```
#导入 pygame 模块，使用 pg 来指代 pygame
import pygame as pg

#初始化 pygame
pg.init()
clock = pg.time.Clock()

# 创建窗口
win_w = 400
win_h = 400
win = pg.display.set_mode((win_w, win_h))

# 将窗体名设置为"贪食蛇"
pg.display.set_caption("贪食蛇")

# 设置程序运行窗口

while True:
    # 获取各种交互信息
    for event in pg.event.get():
        # 单击关闭按钮后进行关闭操作
        if event.type == pg.QUIT:
            exit()


    # 以每秒 60 次的频率，在屏幕上更新窗体内容
    pg.display.flip()
    clock.tick(60)
```

以上程序创建了游戏的窗体，这个窗体是一个 400 * 400(单位是像素)的正方形窗体。由于复杂程序编写的特殊性，创建窗体后，需要对程序进行扩充，因此程序段的行序号会经常发生变化。本章将尽可能一段一段地添加代码，每节添加一个主题的代码，让大家了解程序开发的过程。

【程序运行结果】

运行程序后生成的窗体被命名为贪食蛇。单击关闭按钮可以关闭窗体，如图 11-4 所示。

图 11-4　运行程序后生成的窗体

【代码分析】

(1) 第 2 行，导入 pygame 库。pygame 库是第三方模块，必须首先对这个库进行 pip install 安装。以 pg 作为 pygame 库的简化名。

(2) 第 5 行，首先需要将 pygame 库进行初始化。使用 pg.init()函数进行了 pygame 初始化。

(3) 第 6 行，创建了一个时钟对象。这个时钟对象将用来控制窗体的刷新次数。

(4) 第 9～11 行，使用 pg.display.set_mode 方法创建一个宽和高均为 400 像素的窗体。

(5) 第 14 行，使用 pg.display.set_caption 方法将这个窗体命名为“贪食蛇”。

(6) 第 18～23 行，不断刷新窗体，将窗体中更新的内容显现出来。

(7) 第 20～23 行，判断用户是否单击了窗体的关闭按钮“×”，该按钮一旦被单击，将结束这个窗体的运行。

(8) 第 22 行，单击窗体的关闭按钮，这个事件的名称为 pg.QUIT。程序在运行过程中可以捕获一个个消息，如按键、鼠标移动、鼠标单击等。一旦在一组消息中发现了单击窗体关闭按钮这样的操作，就运行 exit 函数，结束窗体运行。

(9) 第 27、28 行，以每秒 60 次的频率刷新窗体。

可以这么说，如果要使用 pygame 进行二维游戏的编程，以上的命令是必须要有的，各个游戏的差别可能只体现在窗体的大小、窗体的名称、刷新频率等。

本节中源代码的行号并非最终代码的行号。代码的最终行号请参照 11.7 节。随后的章节中，代码将在本节的 28 行代码的基础上不断扩充，行号会不断发生变化。有些时候，在【代码分析】文字中指出的行号是本节中代码的行号。请大家阅读时，对照完整代码的行号进行理解。

11.3 设置窗体

为了获得比较好的演示效果，可以将游戏窗体的背景色进行人为设置，例如将背景色设置为白色。在 pygame 库中，一般可以使用 RGB 三基色方案来表达每个像素点的颜色。R 是红色，G 是绿色，B 是蓝色。每种颜色有 0～255 共 256 种色号。RGB 组合起来就是计算机显示的颜色方案，如白色是(255, 255, 255)，黑色是(0, 0, 0)，纯红是(255, 0, 0)，纯绿是(0, 255, 0)，纯蓝是(0, 0, 255)。每个像素点有 256 * 256 * 256(16 777 216)种可能的颜色。

为了设置窗体的背景色，首先需要对颜色进行定义，设置窗体的 createWin(win)函数：

```
def createWin(win):
    white = pg.Color(255, 255, 255)
    win.fill(white)

    # 在窗体中绘制 20 行 20 列网格
    drawGrid(win)
```

【代码分析】此处的代码直接添加于源文件中，添加两行(完成后的代码行号为第 51 行、第 52 行)与背景颜色相关的代码之后，窗体的背景色就变成了白色，如图 11-5 所示。第 51 行，使用 pg.Color()创建一个颜色对象。第 52 行，win.fill 函数用来设置颜色。定义了颜色，然后将这个被定义好的颜色作为参数传入 win.fill()函数，就可以设置窗体的背景色。请参照 11.7 节中的完整代码。

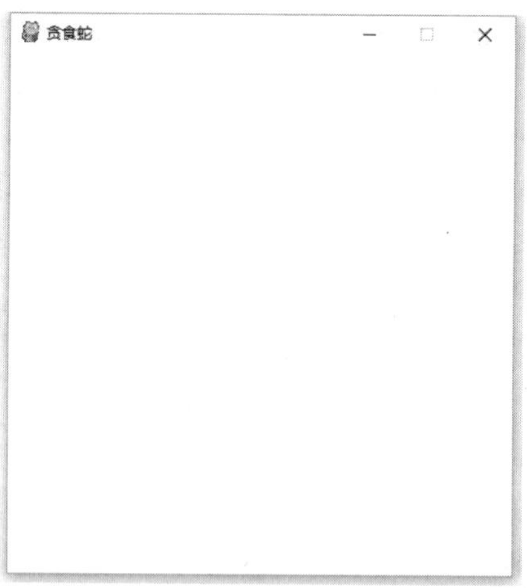

图 11-5　窗体的背景色被设置为白色

为了比较清晰地看到蛇运动的轨迹，在窗体中绘制网格。在创建窗体的 createWin(win)函数中将窗体设置为白色背景之后，可以调用绘制网格的 drawGrid(win)函数。

在 createWin(win)函数之后，创建 drawGrid(win)函数。以下代码定义了用来绘制网格的 drawGrid(win)函数(完成后的代码行号为第 57～68 行)：

```
def drawGrid(win):
    black = pg.Color(0, 0, 0)
    grid_w = win_w // 20
    grid_h = win_h // 20

    grid_dx = 0
    grid_dy = 0
    for i in range(20):
        pg.draw.line(win, black, (grid_dx, 0), (grid_dx, win_w))
        pg.draw.line(win, black, (0, grid_dy), (win_w, grid_dy))
        grid_dx = grid_dx + grid_w
        grid_dy = grid_dy + grid_h
```

尽管定义了这两个函数，但是由于还没有调用这两个函数，因此，此时运行程序还会出现黑色的窗体。需要在后续的程序中调用上述两个函数，才能够发生变化。

【代码分析】使用 pygame 绘制的窗体中，坐标系统如图 11-6 所示。左上角为坐标原点(0, 0)，往左，则横坐标增加；往下，则纵坐标增加。

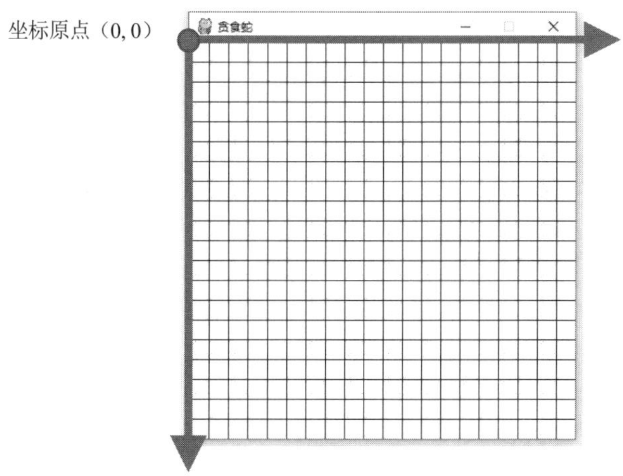

图 11-6　使用 pygame 绘制的窗体中的坐标系统

之所以能够绘制出网格，是因为在第 65、66 行使用了 pg.draw.line 函数。这个函数有 4 个参数，分别代表在哪个窗体中绘制，用什么颜色绘制，从哪开始，到哪结束。pg.draw.line(win, black, (grid_dx, 0), (grid_dx, win_w))的意思就是在窗体中用黑色画一条直线，从(grid_dx, 0)坐标开始，到(grid_dx, win_w)坐标结束。因为第 64 行使用了循环结构，进行了 20 次循环，每次循环中，都以 1/20 的窗体宽度与高度进行递进(第 67、68 行)，因此可以在窗体中绘制出 20×20 的网格结构。

至此，还没有正式开始编制贪食蛇的逻辑，估计很多同学已经开始混乱。如前所述，很多的稍微复杂的程序，都不能够一口气从头至尾编写完成，都需要逐步添加功能。请大家记住以下方法：

(1) 添加注释。

(2) 能使用方法时，就使用方法。

(3) 能使用类时，就使用类。

很多时候，注释、方法或类能够帮助大家理解编写的程序。本节中，将窗体背景色填充为白色，并在白色背景上绘制 20×20 的网格的代码，就被分别放入了 createWin(win)函数和 drawGrid()函数。当需要绘制窗口时调用 createWin(win)函数即可。有具体意义的方法名能够提示该程序的操作是什么。

pygame 需要在循环内一次又一次地绘制游戏逻辑生成的图形图像，因此，将窗口绘制相关逻辑放入一个方法中是合理的。

将 11.2 节中显示黑色游戏窗体的代码放入 main()函数。(此处的代码行号与最终的代码行号不一样，此处为了介绍生成 main()函数而使用了不同于最终代码的行号。)

```
1.  #导入 pygame 模块，使用 pg 来指代 pygame
2.  import pygame as pg
3.
4.  #初始化 pygame
5.  pg.init()
6.  clock = pg.time.Clock()
7.
8.  # 创建窗口
9.  win_w = 400
10. win_h = 400
11.
12. def main():
13.     win = pg.display.set_mode((win_w, win_h))
14.
15.     # 将窗体名设置为"贪食蛇"
16.     pg.display.set_caption("贪食蛇")
17.
18.     # 设置程序运行窗口
19.
20.     while True:
21.         # 获取各种交互信息
22.         for event in pg.event.get():
23.             # 点击关闭按钮后进行关闭操作
24.             if event.type == pg.QUIT:
25.                 exit()
26.
27.
28.         # 以每秒 60 次的频率，在屏幕上更新窗体内容
29.         pg.display.flip()
30.         clock.tick(60)
31.
32. main()
```

第 12 行，定义了 main()函数，代码被放入 main 函数之后，如果要执行这些代码，需要进行调用。第 32 行调用了 main()函数。

定义完 main()函数并调用之后，生成的是 11.2 节中介绍的黑色窗体。再添加本节中介绍的 createWin(win)函数与 drawGrid(win)函数之后，就可以绘制出带网格的白色窗体。从第 32 行起，添加定义 createWin(win)、drawGrid(win)这两个函数的代码。

```
26.
27.         createWin(win)
28.         # 以每秒 60 次的频率，在屏幕上更新窗体内容
29.         pg.display.flip()
30.         clock.tick(60)
31.
32. def createWin(win):
33.     white = pg.Color(255, 255, 255)
34.     win.fill(white)
35.
36.     # 在窗体中绘制 20 行 20 列网格
37.     drawGrid(win)
38.
39. def drawGrid(win):
40.     black = pg.Color(0, 0, 0)
41.     grid_w = win_w // 20
42.     grid_h = win_h // 20
43.
44.     grid_dx = 0
45.     grid_dy = 0
46.     for i in range(20):
47.         pg.draw.line(win, black, (grid_dx, 0), (grid_dx, win_h))
48.         pg.draw.line(win, black, (0, grid_dy), (win_w, grid_dy))
49.         grid_dx = grid_dx + grid_w
50.         grid_dy = grid_dy + grid_h
51.
52. main()
```

第 32 行添加 createWin(win)函数与 drawGrid(win)函数之后，调用 main 语句被推到了第 52 行。第 27 行，添加调用 createWin(win)函数的语句。此时运行程序，就会显示出图 11-7 所示带网格线的、背景色为白色的窗体。注意，调用完上述两个函数之后，运行结果才如图 11-7 所示。

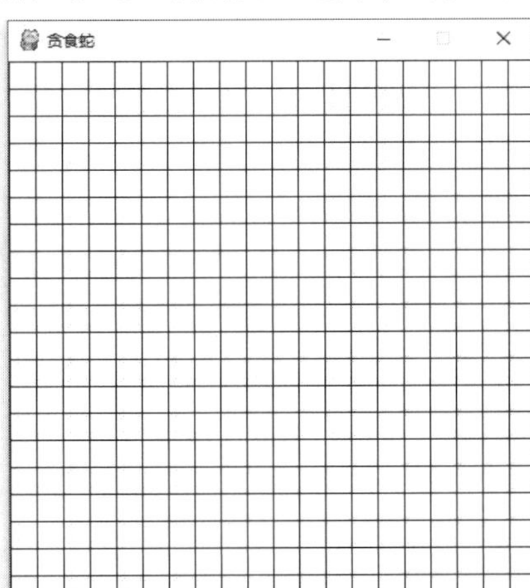

图 11-7　黑色的网格线将白色背景的窗体切分出 20×20 的网格区域

11.4 Snake 类的设计与实现

本节将设计、实现 Snake 类，并为 Snake 类添加属性、方法，采用了典型的面向对象的编程方法。

11.4.1 Snake 类的设计

窗体中需要显示一条会运动的蛇，这条蛇由几个方块组合而成。很明显，我们可以创造一个类，在窗体中绘制这个类的对象。Snake 类需要有这样两个属性：代表蛇身体的列表 body 和代表蛇移动方向的 direction。

body 列表中将存储多个方格，这些方格经过绘制就成了蛇。蛇的运动方向，即 direction 属性，由按动键盘方向键来决定。

Snake 类的行为方法可以有以下几个：

(1) 向蛇添加组成身体的方块的 addBlock()方法。

(2) 负责蛇移动的 move()方法。

(3) 判断游戏是否结束的 isDead()方法。

(4) 管理蛇头转向的 turn()方法。

确定 Snake 类的属性与行为方法之后，就可以在纸上绘制这个类的 UML 类图模型，如图 11-8 所示。UML 图能够更加直观地反映一个类中需要如何编写代码。

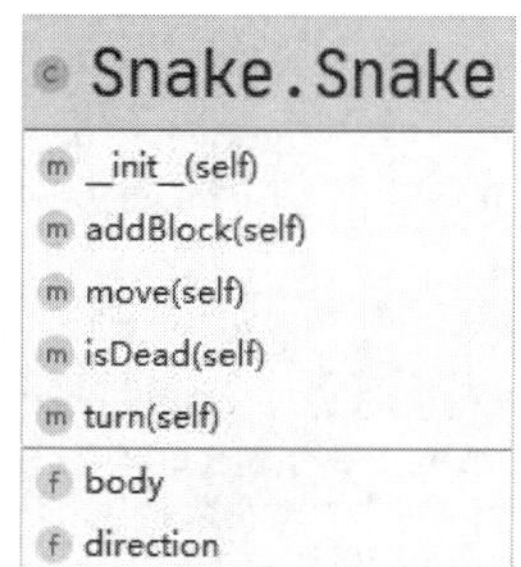

图 11-8　Snake 类的 UML 类图模型

11.4.2 Snake 类的结构

根据 11.3 节中的分析及绘制的 UML 图，可以首先构造 Snake 类的大体结构，然后逐步完善代码。

由第 8 章的知识可知，编写一个类需要以下几个步骤：

(1) 定义类。

(2) 定义类属性。

(3) 编写构造函数。

(4) 编写行为函数。

所以，先根据以上步骤编写 Snake 类的大体结构。

```
# 定义一个 Snake 的类，在这个类中，有代表蛇移动的属性及处理蛇移动等动作行为的方法
import pygame as pg

class Snake:
    def __init__(self):
        # 蛇的移动方向，默认向右
        self.direction = pg.K_RIGHT
        # 蛇的身体列表
```

```
        self.body = []

    def addBlock(self):
        pass
    def move(self):
        pass
    def isDead(self):
        pass
    def turn(self):
        pass
```

【代码分析】

(1) self.direction = pg.K_RIGHT 是指在默认情况下，创建出的 Snake 对象将向右边移动，pg.K_RIGHT 是 pygame 中表达方向键右键的写法。

(2) self.body = []用列表记录蛇的身体，每一步的位置、形状都会被记录到这个列表里。

每一个函数中，pass 关键字一般用在知道应该编写什么类函数，在程序中列出了这个函数，却还没来得及详细编写这个类函数的情况。比如此时，我们已经知道了大体的函数结构，却没有来得及编写函数，就需要在函数中使用 pass 关键字。

下面分别介绍 4 个函数的完成方法。

11.4.3　Snake 类中的 addBlock()函数

在 pygame 中绘制矩形需要使用 pg.Rect 来构造出矩形对象。使用 pg.Rect 构造来对象需要使用 4 个参数，分别是 left(距离左边距离)、top(距离顶边距离)、width(矩形的宽)、height(矩形的宽)。本节代码中出现的行号是 11.7 节中最终代码的行号。

在 Snake 类中，需要将一个一个的矩形 block 放入 body 列表，因此，需要使用 addBlock()方法。

除了绘制矩形外，还需要告诉计算机这个矩形的运动方向。

在 pygame 中，方向键的标识方法如下：

(1) pg.K_LEFT 代表方向键左键。

(2) pg.K_RIGHT 代表方向键右键。

(3) pg.K_UP 代表方向键上键。

(4) pg.K_DOWN 代表方向键下键。

假设用户按了方向键，按键与蛇的响应如下：

(1) 左键，block 将向左转向，意味着绘制的 block 高度 top 不变，距离左侧边界 left 需要减少 20，进行 left－20 的操作。

(2) 右键，block 将向右转向，意味着绘制的 block 高度 top 不变，距离左侧边界 left 需要增加 20，进行 left＋20 的操作。

(3) 上键，block 将向上转向，意味着绘制的 block 距离左边距 left 不变，距离顶边边界 top 需要减少 20，进行 top－20 的操作。

(4) 下键，block 将向下转向，意味着绘制的 block 距离左边距 left 不变，距离顶边边界 top 需要增加 20，进行 top＋20 的操作。

```
    def addBlock(self):
        # 构成蛇的方块的左顶角，距离左边与上边距离为 0, 0
        left, top = 0, 0
        if self.body:
            left, top = self.body[0].left, self.body[0].top
        # 使用 pg.Rect 构造出 block 对象，宽、高各为 20
        block = pg.Rect(left, top, 20, 20)
        # 根据方向调整 block 的位置
        if self.direction == pg.K_LEFT:
            block.left = block.left - 20
        elif self.direction == pg.K_RIGHT:
            block.left = block.left + 20
        elif self.direction == pg.K_UP:
            block.top = block.top - 20
        elif self.direction == pg.K_DOWN:
            block.top = block.top + 20
        # 在 body 列表的第 0 号位置添加一个 block 对象
        self.body.insert(0, block)
```

以上代码就是 addBlock()方法的分析与具体实现。

11.4.4 Snake 类中的 move()函数

绘制窗体图片时，不断地添加 block，body 列表中会被添加一长串的 block，如果这一长串的 block 统统被绘制出来，会变成一长串不断增加的 block，尾迹不会消失，而不会形成蛇移动的效果。蛇的移动意味着蛇头向前移动蛇尾也要向前移动，而不是头动尾不动。

解决这个问题的方法是移动时，头部前进一格的同时，尾部去掉一格，保持 body 列表中元素的个数不变，这就要使用 7.2.3 节中介绍的 pop()函数，将列表中最后一块 block 抛弃掉。移动操作放入 move()函数中，每次需要移动一格时，就调用一次 move()函数。

```
    def move(self):
        # 沿着运动方向增加一个方块
        self.addBlock()
        # 弹出最先进入列表的块
        self.body.pop()
```

11.4.5 Snake 类中的 isDead()函数

蛇头撞过边框之后或蛇碰到自己的身体之后，游戏结束。根据蛇头位置判断游戏是否结束的函数称为 isDead()函数，这个函数返回一个布尔值，如果碰到了，游戏结束，返回 True，否则返回 False。

```
    def isDead(self):
        # 越界，超过窗体大小
        if self.body[0].x > win_w - 20\
                or self.body[0].x < 0 \
                or self.body[0].y > win_h - 20\
                or self.body[0].y < 0:
            return True
```

```
116.         # 碰到自己身体的其他方块
117.         if self.body[0] in self.body[1:]:
118.             return True
119.         return False
```

11.4.6 Snake 类中的 turn()函数

贪食蛇在移动过程中，需要根据移动方向进行转向选择。当蛇进行上下移动时，按上下方向键无效，只有按左右方向键可以实现左右转向；当蛇左右移动时，按左右方向键无效，只有按上下方向键可以实现上下转向。因此需要使用分支语句来对蛇的运动状态及按键进行联合判断。

```
121.     def turn(self, turnDir):
122.         # 上下移动时，只能左右转向
123.         if (self.direction == pg.K_UP or self.direction == pg.K_DOWN)\
124.                 and \
125.         (turnDir == pg.K_LEFT or turnDir == pg.K_RIGHT):
126.             self.direction = turnDir
127.         # 左右移动时，只能上下转向
128.         if(self.direction == pg.K_LEFT or self.direction== pg.K_RIGHT)\
129.                 and \
130.         (turnDir == pg.K_UP or turnDir == pg.K_DOWN):
131.             self.direction = turnDir
```

11.4.7 Snake 类的构造函数调用 addBlock()函数

在构造函数中添加调用 addBlock()函数，添加初始状态下的蛇的长度。

```
74.     def __init__(self):
75.         # 蛇的移动方向，默认向右
76.         self.direction = pg.K_RIGHT
77.         # 蛇的身体列表
78.         self.body = []
79.         self.addBlock()
80.         self.addBlock()
81.         self.addBlock()
```

这样在调用构造函数之后，能创建一个在 body 列表中有 3 个 block 块的 Snake 实例。

至此，我们完成了 Snake 类的设计。在 11.7 节的完整代码中，第 73～131 行为 Snake 类的代码。

11.5 Food 类的设计与实现

除了 Snake 类之外，在贪食蛇游戏中，另外一个可以被抽象描述的类是 Food 类。与 Snake 类相比，Food 类比较简单。Food 类负责产生一个可以在窗体中的随机位置出现的方块。

11.5.1 Food 类的设计

蛇的食物是一个随机生成的 block 方格，然后在窗体中绘制这个 block。所以在 Food 类中，只需要一个属性，也就是这个方格。声明了这个方格属性之后，还需要 Food 类的行为函数，即表示食物被吃掉了的 beEaten()函数。

确定 Food 类的属性与方法之后，可以绘制出 Food 类的 UML 类图模型，如图 11-9 所示。

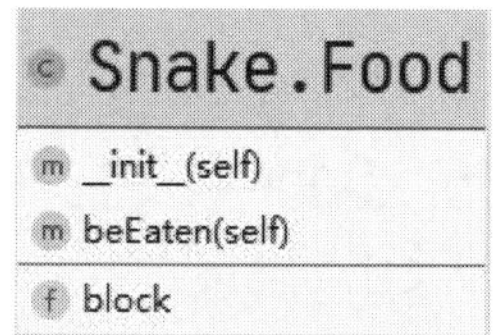

图 11-9　Food 类的 UML 类图模型

11.5.2 Food 类的结构

根据 11.4 节中的分析及绘制的 UML 图，可以首先构造出这个 Food 类的大体结构，然后逐项完善代码。

我们先根据 11.5.1 节介绍过的步骤编写 Food 类的大体结构。

```
import pygame as pg

class Food:
    def __init__(self):
        # 初始位置在坐标(200,200),大小为 20 * 20
        self.block = pg.Rect(200,200, 20,20)

    def beEaten(self):
        pass
```

其中，block 的默认位置在(200,200)，大小为 20×20。

11.5.3 Food 类中的 beEaten()函数

食物被吃掉后，会从窗体消失，可以将被吃掉的食物块的坐标移动到窗体之外。这样就算重绘窗体，也看不到被吃掉的食物。本节代码中出现的行号是最终代码的行号。

```
133.  class Food:
134.      def __init__(self):
135.          # 初始位置在坐标(200,200)，大小为 20 * 20
136.          self.block = pg.Rect(200,200, 20,20)
137.
138.      def beEaten(self):
139.          # 重新生成 block 属性的随机的 left 与 top
140.          self.block.left = random.randint(0, 20) * 20
141.          self.block.top = random.randint(0, 20) * 20
```

如果要生成随机整数，需要调用 random 模块的 randint()函数，这个知识在前面章节中介绍过。此时生成随机数，注意，需要在源文件开头的地方进行导入操作。

至此，我们已经介绍了贪食蛇游戏需要的全部组件，下面只需要将这些组件组装起来。

11.6 贪食蛇的实现

本节将修改 main()函数，在 main()函数中实现贪食蛇组件的安装。在这个程序中，main()这个函数名没有什么特殊意义，可以是任意名字。很多人习惯将程序的入口称作 main()函数，作为编程的初学者，可以保持这个习惯。

```
# 导入 pygame 模块，random 模块
import random
import pygame as pg
win_w = 400
win_h = 400
# 初始化 pygame
pg.init()
# 创建 pygame 的时钟对象，用来控制窗体刷新
clock = pg.time.Clock()

def main():
    # 创建窗口
    win = pg.display.set_mode((win_w, win_h))
    pg.display.set_caption("贪食蛇")


    snake = Snake()
    food = Food()
    while True:
        # 获取各种交互信息
        for event in pg.event.get():
            # 单击关闭按钮后进行关闭操作
            if event.type == pg.QUIT:
                exit()
            if event.type == pg.KEYDOWN:
                snake.turn(event.key)
                # 死亡后按空格键可以重玩
                if event.key == pg.K_SPACE and snake.isDead():
                    return main()
        # 如果蛇没有死，就可以控制移动
        if not snake.isDead():
            createWin(win)
            snake.move()
            # 画黑色的蛇身
            for b in snake.body:
                pg.draw.rect(win,(0,0,0), b, 0)

    # 吃到了食物
        if snake.body[0] == food.block:
            food.beEaten()
            snake.addBlock()
```

```
42.
43.             pg.draw.rect(win,(0,0,0), food.block, 0)
44.
45.
46.             # 每秒进行 5 次循环，以此控制蛇的速度
47.             pg.display.flip()
48.             clock.tick(5)
```

【代码分析】

(1) 第 2、3 行，向这个程序中导入了 pygame 模块与 random 模块。

(2) 第 5、6 行，设置了窗体的宽与高这两个变量。创建窗体时，将以此为参数。如果需要扩大或缩小窗体，可以更改此处的数值。

(3) 第 7 行，初始化 pygame 模块。

(4) 第 9 行，创建了 pygame 的时钟对象，用来控制窗体刷新。

(5) 第 11 行，定义了 main 函数。

(6) 第 13 行，创建了 win 窗体。

(7) 第 14 行，将窗体命名为“贪食蛇”。

(8) 第 17 行，创建了 Snake 类的实例对象，将这个实例命名为 snake。

(9) 第 18 行，创建了 Food 类的实例对象，将这个实例命名为 food。

(10) 第 19 行，创建了一个无限循环的结构，因为需要不断刷新窗口，因此才使用无限循环结构。但是创建了无限循环，并不意味着没有设计循环的退出机制。

(11) 第 21 行，在循环内，不断获取操作消息，pg.event.get()就是在人机交互中获取消息。各种各样的消息，如按键盘、单击鼠标等，都会被 pg.event.get()函数获取。

(12) 第 23、24 行，如果人机交互的消息中，有单击窗体关闭按钮的消息，则退出程序运行。pg.QUIT 就是 pygame 中单击了窗体关闭按钮的消息。只要单击了窗体关闭按钮，就必然会产生 pg.QUIT。一旦检测到消息中有 pg.QUIT，则退出程序。

(13) 第 25、26 行，如果人机交互的消息中有按动键盘的消息，则运行 snake.turn()对象函数。pg.KEYDOWN 的意思是获取到了任何键盘按键消息。由于在 snake.turn()对象函数中，通过判断分支只会执行方向键上下左右的按动操作。这个操作在第 11.4.6 节中已经做了介绍。

(14) 第 28、29 行，如果检测到了按动空格的消息，且 snake.isDead()对象函数返回 True，就重新调用 main()方法，也就是窗体开始重新绘制，游戏重开。

(15) 第 31～43 行，是在 snake.isDead()对象函数返回值为 False 时运行的，即蛇没有碰到窗体边缘或自己身体时运行，也就是在无限循环体中不断运行这些行的代码。

(16) 第 32 行，如第 11.3 节中介绍的，将第 13 行创建的窗体 win 的背景色设置为白色，且绘制网格。

(17) 第 33 行，调用 snake.move 对象函数，进行蛇身体的移动，具体逻辑如 11.4.4 节中介绍的。

(18) 第 35、36 行，蛇的 body 属性中，存有 block 列表，通过一个 for 循环遍历这个列表，取出所有的 block 并且使用 pg.draw.rect()方法，在 win 窗体上绘制黑色的方块蛇身。

(19) 第 39～42 行，判断蛇头是否碰到了食物。如果代表蛇头的 block 和代表 food 的 block 碰到了一起，即重合了，那么就意味着蛇吃到了食物。食物被吃的逻辑在 11.5.3 节中，蛇身体

变长了就意味着向蛇的 body 列表中添加一个 block，逻辑在 11.4.3 节中介绍了。

(20) 第 43 行，绘制食物。在循环中不断绘制出食物。

(21) 第 47 行，pg.display.flip()命令在不断重绘窗体。

(22) 第 48 行，限定循环每秒进行 5 次。次数是可以更改的，同学们可以试一下，修改这个数字会导致程序运行有什么不同。如果每秒刷新 60 次，循环进行 60 次，蛇运行的速度就是每秒 60 格。每秒刷新 5 次，蛇运行的速度就是每秒 5 格。改变这个数字能改变蛇运行的速度。

(23) 完成所有函数的设计之后，可以在程序源代码的最后一行调用 main()函数，开始执行贪食蛇程序。

至此，我们介绍完了一个简单的贪食蛇程序是如何被设计出来的。如果大家感兴趣，可以自行设计更加复杂的贪食蛇程序。

11.7 游戏代码

本节中的代码为游戏的完整代码。

例题 11.1 贪食蛇源代码(Snake.py)如下：

```
1.  # 导入 pygame 模块，random 模块
2.  import random
3.  import pygame as pg
4.  win_w = 400
5.  win_h = 400
6.  # 初始化 pygame
7.  pg.init()
8.  # 创建 pygame 的时钟对象，用来控制窗体刷新
9.  clock = pg.time.Clock()
10.
11. def main():
12.     # 创建窗口
13.     win = pg.display.set_mode((win_w, win_h))
14.     pg.display.set_caption("贪食蛇")
15.
16.
17.     snake = Snake()
18.     food = Food()
19.     while True:
20.         # 获取各种交互信息
21.         for event in pg.event.get():
22.             # 单击关闭按钮后进行关闭操作
23.             if event.type == pg.QUIT:
24.                 exit()
25.             if event.type == pg.KEYDOWN:
26.                 snake.turn(event.key)
27.                 # 死亡后按空格键可以重玩
28.                 if event.key == pg.K_SPACE and snake.isDead():
29.                     return main()
```

```
        # 如果蛇没有死，就可以控制移动
        if not snake.isDead():
            createWin(win)
            snake.move()
            # 画黑色的蛇身
            for b in snake.body:
                pg.draw.rect(win,(0,0,0), b, 0)

    # 吃到了食物
        if snake.body[0] == food.block:
            food.beEaten()
            snake.addBlock()

        pg.draw.rect(win,(0,0,0), food.block, 0)


        # 每秒进行 5 次循环，以此控制蛇的速度
        pg.display.flip()
        clock.tick(5)

def createWin(win):
    white = pg.Color(255, 255, 255)
    win.fill(white)

    # 在窗体中绘制 20 行 20 列网格
    drawGrid(win)

def drawGrid(win):
    black = pg.Color(0, 0, 0)
    grid_w = win_w // 20
    grid_h = win_h // 20

    grid_dx = 0
    grid_dy = 0
    for i in range(20):
        pg.draw.line(win, black, (grid_dx, 0), (grid_dx, win_h))
        pg.draw.line(win, black, (0, grid_dy), (win_w, grid_dy))
        grid_dx = grid_dx + grid_w
        grid_dy = grid_dy + grid_h




class Snake:
    def __init__(self):
        # 蛇的移动方向，默认向右
        self.direction = pg.K_RIGHT
        # 蛇的身体列表
        self.body = []
        self.addBlock()
```

```
        self.addBlock()
        self.addBlock()


    def addBlock(self):
        # 构成蛇的方块的左顶角，距离左边与上边距离为 0、 0
        left, top = 0, 0
        if self.body:
            left, top = self.body[0].left, self.body[0].top
        # 使用 pg.Rect 构造出 block 对象，宽、高均为 20
        block = pg.Rect(left, top, 20, 20)
        # 根据方向调整 block 的位置
        if self.direction == pg.K_LEFT:
            block.left = block.left - 20
        elif self.direction == pg.K_RIGHT:
            block.left = block.left + 20
        elif self.direction == pg.K_UP:
            block.top = block.top - 20
        elif self.direction == pg.K_DOWN:
            block.top = block.top + 20
        # 在 body 列表的第 0 号位置添加一个 block 对象
        self.body.insert(0, block)

    def move(self):
        # 沿着增加一个方块
        self.addBlock()
        # 弹出最先进入列表的块
        self.body.pop()

    def isDead(self):
        # 越界，超过窗体大小
        if self.body[0].x > win_w - 20\
                or self.body[0].x < 0 \
                or self.body[0].y > win_h - 20\
                or self.body[0].y < 0:
            return True
        # 碰到自己身体的其他方块
        if self.body[0] in self.body[1:]:
            return True
        return False

    def turn(self, turnDir):
        # 上下移动时，只能左右转向
        if (self.direction == pg.K_UP or self.direction == pg.K_DOWN)\
                and \
        (turnDir == pg.K_LEFT or turnDir == pg.K_RIGHT):
            self.direction = turnDir
        # 左右移动时，只能上下转向
        if (self.direction==pg.K_LEFT or self.direction == pg.K_RIGHT)\
                and \
```

```
            (turnDir == pg.K_UP or turnDir == pg.K_DOWN):
                self.direction = turnDir

class Food:
    def __init__(self):
        # 初始位置在坐标(200,200)，大小为 20 * 20
        self.block = pg.Rect(200,200, 20,20)

    def beEaten(self):
        # 重新生成 block 属性的随机的 left 与 top
        self.block.left = random.randint(0, 20) * 20
        self.block.top = random.randint(0, 20) * 20

main()
```

参 考 文 献

[1] 埃里克·马瑟斯. Python 编程从入门到实践[M]. 2 版. 袁国忠，译. 北京：人民邮电出版社，2020.

[2] Daniel Liang P. Python 语言程序设计[M]. 李娜，译. 北京：机械工业出版社，2015.

[3] 嵩天，礼欣，黄天羽. Python 语言程序设计基础[M]. 2 版. 北京：高等教育出版社，2017.

[4] 刘鹏，张燕，李肖俊，等. Python 语言[M]. 北京：清华大学出版社，2019.

[5] 马克·卢茨. Python 学习手册[M]. 5 版. 秦鹤，林明，译. 北京：机械工业出版社，2018.

[6] 王秀文，郭明鑫，王宇韬. 超简单：用 Python 让 Excel 飞起来[M]. 北京：机械工业出版社，2020.

[7] Magnus Lie Hetland. Python 基础教程[M]. 3 版. 袁国忠，译. 北京：人民邮电出版社，2018.

[8] 董付国. Python 程序设计[M]. 3 版. 北京：清华大学出版社，2020.